Digitalitätsforschung / Digitality Research

Reihe herausgegeben von

Sybille Krämer, Institut für Kultur und Ästethik Digitaler Medien, Leuphana Universität Lüneburg, Lüneburg, Deutschland

Jörg Noller, Lehrstuhl I für Philosophie, Ludwig-Maximilians-Universität München, München, Deutschland

Malte Rehbein, Lehrstuhl für Digital Humanities, Universität Passau, Passau, Deutschland

Das Phänomen der Digitalisierung ist erst seit kurzem in den Fokus der geistes- und kulturwissenschaftlichen Forschung gerückt, nachdem es in breiten Teilen der Gesellschaft Fuß gefasst hat. Philip Specht, Autor des Buches „Die 50 wichtigsten Themen der Digitalisierung", vertritt die These, die Digitalisierung werde uns „mit der wohl größten zivilisatorischen Herausforderung konfrontieren, die es je zu bewältigen galt." (Specht 2018, 10) Sollte dies zutreffen – und vieles spricht dafür –, dann dürfen gerade auch die Geistes- und Kulturwissenschaften dazu nicht schweigen. Bislang gibt es noch keine Reihe, die das Phänomen der Digitalisierung aus dezidiert geistes- und kulturwissenschaftlicher Perspektive behandelt. Hierfür soll der Begriff der „Digitalität" im Gegensatz zum rein technischen Begriff der „Digitalisierung" verwendet werden. Während die Digitalisierung das technische Phänomen der Umwandlung analoger in digitale Information betrifft, reflektiert die Digitalität von einer Metaebene auf diese Transformation. Sie befragt diese Transformation nach ihrer kulturellen, ästhetischen, ontologischen und ethischen Bedeutung. Die neue Metzler-Reihe soll ein Forum für Analysen dieses Phänomens aus unterschiedlichen Perspektiven der Kultur- und Geisteswissenschaften bieten.

Wissenschaftlicher Beirat:
Daniel Martin Feige (Stuttgart), Luciano Floridi (Oxford), Markus Gabriel (Bonn),
Gabriele Gramelsberger (Aachen), Ruth Hagengruber (Paderborn),
Uta Hauck-Thum (München), Gerhard Lauer (Basel), Janina Loh (Wien),
Christoph Lütge (München), Sebastian Ostritsch (Stuttgart),
Arno Schubbach (Zürich/Basel), Walther Ch. Zimmerli (Berlin)

Maria Schwartz · Meike Neuhaus ·
Samuel Ulbricht
(Hrsg.)

Digitale Lebenswelt

Philosophische Perspektiven

 J.B. METZLER

Hrsg.
Maria Schwartz
Fachgruppe Philosophie, Bergische
Universität Wuppertal
Wuppertal, Nordrhein-Westfalen
Deutschland

Meike Neuhaus
Institut für Philosophie und
Politikwissenschaft, TU Dortmund
Dortmund, Nordrhein-Westfalen
Deutschland

Samuel Ulbricht
Philosophisches Seminar, Johannes
Gutenberg-Universität
Mainz, Deutschland

ISSN 2730-6909   ISSN 2730-6917   (electronic)
Digitalitätsforschung / Digitality Research
ISBN 978-3-662-68862-5   ISBN 978-3-662-68863-2   (eBook)
https://doi.org/10.1007/978-3-662-68863-2

Die Deutsche Nationalbibliothek verzeichnet diese Publikation in der Deutschen Nationalbibliografie; detaillierte bibliografische Daten sind im Internet über https://portal.dnb.de abrufbar.

© Der/die Herausgeber bzw. der/die Autor(en), exklusiv lizenziert an Springer-Verlag GmbH, DE, ein Teil von Springer Nature 2024

Das Werk einschließlich aller seiner Teile ist urheberrechtlich geschützt. Jede Verwertung, die nicht ausdrücklich vom Urheberrechtsgesetz zugelassen ist, bedarf der vorherigen Zustimmung des Verlags. Das gilt insbesondere für Vervielfältigungen, Bearbeitungen, Übersetzungen, Mikroverfilmungen und die Einspeicherung und Verarbeitung in elektronischen Systemen.
Die Wiedergabe von allgemein beschreibenden Bezeichnungen, Marken, Unternehmensnamen etc. in diesem Werk bedeutet nicht, dass diese frei durch jedermann benutzt werden dürfen. Die Berechtigung zur Benutzung unterliegt, auch ohne gesonderten Hinweis hierzu, den Regeln des Markenrechts. Die Rechte des jeweiligen Zeicheninhabers sind zu beachten.
Der Verlag, die Autoren und die Herausgeber gehen davon aus, dass die Angaben und Informationen in diesem Werk zum Zeitpunkt der Veröffentlichung vollständig und korrekt sind. Weder der Verlag noch die Autoren oder die Herausgeber übernehmen, ausdrücklich oder implizit, Gewähr für den Inhalt des Werkes, etwaige Fehler oder Äußerungen. Der Verlag bleibt im Hinblick auf geografische Zuordnungen und Gebietsbezeichnungen in veröffentlichten Karten und Institutionsadressen neutral.

Planung/Lektorat: Franziska Remeika
J.B. Metzler ist ein Imprint der eingetragenen Gesellschaft Springer-Verlag GmbH, DE und ist ein Teil von Springer Nature.
Die Anschrift der Gesellschaft ist: Heidelberger Platz 3, 14197 Berlin, Germany

Das Papier dieses Produkts ist recycelbar.

Zur Einführung

Der Begriff der Lebenswelt ist ein genuin philosophischer Begriff, der ursprünglich in der Phänomenologie beheimatet ist und inzwischen von vielen anderen Fachwissenschaften sowie Fachdidaktiken aufgegriffen wurde. Geht es nun um die *digitale* Dimension der Lebenswelt oder – je nach Definition – die digitale Durchdringung derselben, ist die Forschung dementsprechend interdisziplinär aufgestellt.[1] Ein spezifisch philosophischer Zugang zur ‚digitalen Lebenswelt' findet sich bis dato nur vereinzelt[2] und soll mit diesem Band bewusst unternommen werden.

Im ersten, grundlegenden Teil (I) steht die Klärung des Begriffs ‚digitale Lebenswelt' im Vordergrund, die sich nicht nur auf das Verständnis des Digitalen, sondern insbesondere auch auf den Begriff der Lebenswelt erstreckt, welcher oft unhinterfragt vorausgesetzt wird. Während sich die ersten beiden Beiträge auf die Begriffsklärung konzentrieren, widmet sich ein weiterer dem Verständnis digitaler ‚Transformation' in Bezug auf Praxis und Technik, ein vierter behandelt den Aspekt der Zeitlichkeit und Prozessualität digitaler Lebenswelt.

Im zweiten Teil „Digitales Selbst – digitale Gemeinschaft" (II) werden konkrete Phänomene digitaler Lebenswelt(en) diskutiert, die sowohl unser Selbstbild und unsere Körperlichkeit betreffen als auch Gesellschaft und Zusammenleben. Im ersten der fünf Beiträge geht es grundlegend um das Verständnis ‚digitaler Körper', der zweite behandelt aus fachdidaktischer Perspektive das Thema Internet-Pornografie. Drei weitere Beiträge beschäftigen sich mit Charakteristika des ‚Metaversums', gesellschaftlichen Auswirkungen sozialer Netzwerke sowie Problemen digitaler Teilhabe.

---

[1] Genannt werden können exemplarisch: Adam, Marie-Helene, Szilvia Gellar, und Julia Knifka, Hrsg. 2016. *Technisierte Lebenswelt. Über den Prozess der Figuration von Mensch und Technik.* Bielefeld: transcript; Friese, Heidrun et al., Hrsg. 2020. *Handbuch Soziale Praktiken und Digitale Alltagswelten.* Wiesbaden: Springer VS; Kasprowicz, Dawid und Rieger, Stefan, Hrsg. 2020. *Handbuch Virtualität.* Wiesbaden: Springer (darin: Teil III Lebenswelten, S. 165–315); Rieger, Stefan, Armin Schäfer, und Anna Tuschling, Hrsg. 2021. *Virtuelle Lebenswelten.* Berlin/Boston: de Gruyter; Buck, Marc, und Miguel Zulaica y Mugica, Hrsg. 2023. *Digitalisierte Lebenswelten. Bildungstheoretische Reflexionen,* Heidelberg: Metzler.

[2] z. B. Noller, Jörg, 2022. *Digitalität. Zur Philosophie der digitalen Lebenswelt,* Basel: Schwabe.

Im letzten und dritten Teil „Digitale Spiele" (III) wird in vier Beiträgen ein Bereich ausführlicher thematisiert, der fester Bestandteil der Lebenswelt von zunehmend mehr Menschen aus allen Altersgruppen und sozialen Schichten ist. Anhand digitaler Spiele lassen sich sowohl Fragen des Selbst als auch der Gemeinschaft diskutieren, z. B. in Bezug auf Multiplayer-Spiele, die Strukturen sozialer Netzwerke aufweisen. Nach Grundsatzüberlegungen zur Ontologie des Computerspiel(en)s folgen Beiträge zur Möglichkeit von Rechtsverhältnissen in Spielen und zum narrativen Einsatz von Rache- und Vergeltungsmotiven. Der Band schließt mit einem Beitrag, der aus medienpädagogischer Perspektive nach dem Wert von Computerspielen für Umwelt- und Klimabewusstsein fragt.

Im Folgenden geben wir einen inhaltlichen Überblick über sämtliche Beiträge des vorliegenden Bandes.

I. Digitale Lebenswelt

Markus Bohlmann setzt sich in seinem Beitrag *Was ist die digitale Lebenswelt? Eine Explikation* mit der grundlegenden Frage auseinander, was unter dem Begriff ‚digitale Lebenswelt' zu verstehen ist. In der aktuellen Forschung wird er häufig nur heuristisch verwendet; eine präzise Definition wäre wünschenswert. Insbesondere im Kontext der philosophischen Tradition der Phänomenologie und der Kritischen Theorie ist der Begriff ‚digitale Lebenswelt' unklar und weist innere Widersprüche auf. Bohlmann nutzt Ansätze der Technikphilosophie, um eine klare, empirisch fundierte Definition des Begriffs ‚digitale Lebenswelt' zu erarbeiten. Diese definiert er als *digitale Lebenswelt**. Eine *digitale Lebenswelt** liegt vor, wenn die Beziehungen zwischen Menschen und digitalen Technologien einen Raum schaffen, in dem Handlungen, Erfahrungen und Interpretationen stattfinden können. Diese Beziehungen werden durch technologische Vermittlung aufgebaut und sind sowohl selbst politisch als auch politisch korrigierbar.

Christoph Durt unternimmt in seinem Beitrag *Die Digitalisierung der Lebenswelt: Von der Mathematisierung der Natur zur intelligenten Manipulation des menschlichen Sinn- und Erlebenshorizontes* in intensiver Auseinandersetzung mit Husserls *Krisis*-Schrift eine Anwendung Husserl'scher Gedanken auf die Digitalisierung. Die Mathematisierung der Natur stellt Daten in diskreter Form dar und kann insofern als ‚Digitalisierung' bezeichnet werden. Dies ist bereits bei Husserl nicht nur negativ konnotiert, führt aber letztlich zur Abwertung subjektiver, nicht mathematisch beschreibbarer Qualitäten. Der lebensweltliche Sinn geht in der mathematisch präzisen Wissenschaft verloren – ein Begriff ‚digitaler' Lebenswelt scheint daher zunächst widersprüchlich. Dennoch lässt er sich, wie Durt zeigt, in dreifacher Weise sinnvoll verstehen, nämlich mit Blick auf 1) digitale Artefakte, 2) digitale Ordnung und 3) digital manipulierte Lebenswelt, wie sie vor allem durch den Einsatz von KI-Technologie entsteht.

In seinem Beitrag *Technik und Praxis. Zur Spezifik der digitalen Transformation* stellt **Daniel Martin Feige** Überlegungen zum Zusammenhang von Digitalität,

Praxis und Technik an. Feige verteidigt die Auffassung, dass es sich bei der Digitalisierung nicht bloß um eine technische Weiterentwicklung, sondern um ein genuin neuartiges Phänomen handelt, welches das enge Zusammenspiel von Praxis und Technik neu bestimmt. Feige weist damit sowohl revisionistische als auch deflationistische Verständnisweisen digitaler Transformation zurück, wobei er nicht bestreitet, dass es Vorstufen des Digitalen gibt. Dennoch stellt die digitale Transformation einen Bruch mit vorangegangenen Entwicklungen dar, weil sie unsere Praktiken nicht nur verändert, sondern eine andersartige Logik in sie einführt. Herkömmlich bestimmen sich Praktiken durch ihre konkrete Umsetzung im Kontext einer freien, vernünftigen und selbstbewussten Lebensform, was auch die Verwendung von Technik(en) in ihre Bestimmungen einschließt. Digitale Praktiken lassen sich demgegenüber nicht allein durch ihren verständigen Gebrauch erschließen, sondern fordern die Berücksichtigung einer zusätzlichen, unzugänglicheren Ebene: der Ebene der Daten.

Domenico Schneider betrachtet in seinem Beitrag *Prozessualität und Zeitlichkeit der digitalen Lebenswelt* den Aspekt der Zeitlichkeit digitaler Lebenswelt, deren Verständnis sich durch die Prozessualität technischer Medien verändert. Die menschliche Erlebniszeit (Husserl, Bergson) unterscheidet sich von der Zeitauffassung, die der algorithmischen Prozessualität digital-datafizierten Speicherns und Vorhersagens zugrunde liegt. Aus prozessphilosophischer Perspektive wird a) danach gefragt, welche Prozesse für eine Veränderung der lebensweltlichen Bedingungen in einer digital-datafizierten Umgebung verantwortlich sind und b) wie neue Prozesse zu bestimmen sind, die Menschen in der Interaktion mit dieser Umgebung ausbilden. Schneider setzt sich dabei sowohl mit den Überlegungen N. Reschers auseinander als auch mit der Sozialphilosophie G. H. Meads.

II. Digitales Selbst – digitale Gemeinschaft

Die Frage nach der Körperlichkeit in der digitalen Lebenswelt steht im Fokus von **Patrizia Breil** Beitrag *Digitale Körper. Computergestützte Zugänge zum verkörperten Selbst*. Sie präsentiert vielfältige Anwendungsszenarien, die aufzeigen, in welcher Weise der Körper als Bezugspunkt für digitale Anwendungen dient. Digitale Körper umfassen insbesondere Virtuelle Influencer, wie sie auf verschiedenen Social Media-Plattformen zu finden sind, Avatare und virtuelle Assistenzsysteme. Zum digitalen Spektrum zählt auch die Nutzung von Tracking-Technologien, die zur Neubewertung der eigenen Körperlichkeit führen. Aus einer (post-)phänomenologischen Perspektive werden die verschiedenen computergestützten sowie physischen Einflüsse auf digitale Körper untersucht. Auch digitale, körperliche ‚Andere' werden als leiblich situiert wahrgenommen und verfügen über ein Gesicht, was ‚Begegnung' im phänomenologischen Sinne ermöglicht. Breil argumentiert für ein offenes Konzept eines sich ständig rekonfigurierenden Körpers, an dem die wechselseitige Verschmelzung von digitaler und physischer Körperlichkeit deutlich wird.

Meike Neuhaus behandelt im Beitrag *Pornografie – Fantasie, Fiktion und Lebenswelt* aus Perspektive der Philosophie- und Ethikdidaktik das lebensweltlich zugleich hochrelevante wie auch problematische Feld der Internet-Pornografie. Besonders Kinder und Jugendliche kommen – gewollt wie ungewollt – früh mit online zugänglicher Pornografie in Kontakt, ohne ausreichende Möglichkeit, ihre Erfahrungen zu reflektieren. Die Kompetenzen, die im Fach Praktische Philosophie vermittelt werden, sollten daher auch den Umgang mit diesem Thema einschließen. Die moralischen Problematiken, z. B. in Bezug auf die Arbeitsbedingungen in der Pornoindustrie, die Auswirkungen von Pornografiekonsum und die Verantwortung der Konsumenten, können und sollten bereits in der Sekundarstufe I thematisiert werden. Dabei ist inhaltlich der kontroverse Fachdiskurs zu beachten, methodisch müssen der Jugendschutz und die Privatsphäre der Schüler:innen berücksichtigt werden.

In *Sachen gibt's, die gibt es gar nicht! Digitale und hybride Objekte im Metaverse* fragt **Saša Josifović** nach dem ontologischen Status digitaler und hybrider Objekte. Dabei setzt er sich kritisch mit David Chalmers prominenter Bestimmung digitaler Objekte als genuin reale Objekte auseinander. Ausgehend von der Beobachtung, dass digitale Objekte zwar einerseits rechtlich und ökonomisch wirksam sind, andererseits aber aus physikalischen Naturnotwendigkeiten austreten, entwickelt Josifović eine differenzierte Betrachtung der ontologischen Stellung sogenannter NFTs (Non-Fungible Tokens) und hybrider Objekte. NFTs sind einzigartige digitale Objekte, mit denen im Web 3.0 gehandelt wird; hybride Objekte verbinden analoge und digitale Elemente (zum Beispiel ein Hoodie mit QR-Code, durch dessen Scan im Endgerät digitale Flügel am Rücken der Träger:in erscheinen). Obwohl sich digitale wie hybride Objekte auf physikalische Prozesse reduzieren lassen, sind sie laut Josifović nicht als genuin reale Objekte zu verstehen, wohl aber als (kausal) wirkliche Objekte: Sie nehmen zentrale politische, ökonomische oder rechtliche Stellungen in unserem Leben ein.

Der Beitrag **Oliver Zöllner** *Social Media. Alltag, Daten und Gesellschaft* betrachtet das Phänomen ‚Social Media' auf drei Ebenen: Der Mikroebene der Individuen, der Mesoebene der Unternehmen und der Makroebene gesamtgesellschaftlicher Auswirkungen. Auf erster Ebene ist vor allem der Affordanzcharakter sozialer Medien problematisch, der zu unmerklichem Autonomieverlust führen kann. Durch Geschäftsmodelle der Unternehmen entstehen auf zweiter Ebene sowohl Datenschutz- als auch Überwachungsprobleme. Der Preis für die Nutzung – nicht nur freier Apps, sondern auch der Premiumzugänge – sind die Daten der User:innen, welche dadurch von Kund:innen zum eigentlichen Produkt werden. Die gesellschaftlichen Auswirkungen sind massiv, da durch ‚Überwachungskapitalismus', Desinformation und Heteronomie (in Form der Orientierung an anderen Akteur:innen) demokratische Willensbildungsprozesse beeinträchtigt werden. Zöllner plädiert zuletzt für mehr Reflexion auf Abhängigkeiten und Autonomieverluste sowie eine ethische Infrastruktur (‚Infraethik'), die demokratische Gesellschaften stärkt.

Die wachsende gesellschaftliche Bedeutung der digitalen Lebenswelt wirft neue Fragen der sozialen Teilhabe auf, die **Hauke Behrendt** in seinem Beitrag *Was ist* *digitale Teilhabe? Anmerkungen zu den Gefahren digitaler Spaltung in einer zunehmend vernetzten Welt* diskutiert. Ausgehend von einer relational-egalitaristischen Konzeption von Teilhabegerechtigkeit, die einfordert, dass alle Individuen gleichermaßen in der Lage sein sollten, bestimmte soziale Rollen effektiv auszuüben, unterscheidet Behrendt drei Formen digitaler Teilhabenachteile: a) relative Nachteile, wenn digitale Aktionsmöglichkeiten gegenüber analogen deutlich im Vorteil sind, b) absolute Nachteile, wenn bestimmte Güter und Positionen ausschließlich im digitalen Raum verfügbar sind und c) komparative Nachteile, wenn unterschiedliche Nutzer:innen je nach Fähigkeiten unterschiedliche Vor- und Nachteile durch die Digitalisierung erfahren. Hinsichtlich der Risiken digitaler Exklusion unterscheidet Behrendt drei Ebenen, die sich wechselseitig beeinflussen und verstärken können: Auf materieller Ebene droht ein Ausschluss bestimmter Menschen, die aus materiellen Gründen (etwa wegen fehlender Hardware) keinen Zugang zu digitalen Räumen haben. Auf formeller Ebene können Menschen ausgeschlossen werden, denen grundsätzliche digitale Kompetenzen fehlen, um entsprechende Angebote effektiv nutzen zu können. Schließlich finden auch auf informeller Ebene Exklusionsprozesse statt, wenn zum Beispiel in Forendiskussionen bestimmte Teilnehmer:innen nicht als gleichwertige Diskussionspartner:innen betrachtet, sondern aus dem Diskurs ausgeschlossen werden.

III. Digitale Spiele

Im Beitrag **Jörg Noller** *Ontologie des digitalen Spiel(en)s. Zwischen Simulation, Fiktion und virtueller Realität* wird zunächst die lebensweltliche Bedeutung digitaler Spiele hervorgehoben, bevor nach dem ontologischen Status digitalen Spiel(en)s gefragt wird, das laut Noller als komplexe Praxis der Wirklichkeitsreflexion verstanden werden kann. Der Aspekt der Autonomie unterscheidet das digitale Spiel von herkömmlichen Spielen. Digitale Spiele sind Medien, die nicht nur rezeptiv konsumiert werden, sondern eine performative Dimension besitzen. Sie öffnen „Spielräume" in der Spannung von Realität und Möglichkeit, Fiktion und Simulation, Illusion und Virtualität. Wo moralische Grenzen und Realitätsbezug spielerisch verhandelt werden, kann digitales Spielen gleichermaßen als Form des Philosophierens wie auch als Bildungsprozess verstanden werden.

Samuel Ulbricht behandelt in *(Un-)Recht im Computerspiel? Ein naturrechtlicher Aufschlag mit J. G. Fichte* die Frage, ob im Kontext digitaler Spiele überhaupt von ‚Recht' und ‚Unrecht' gesprochen werden kann. Finden diese nicht in einem abgeschlossenen *magic circle* (Huizinga) jenseits der Alltagswelt statt, wo allenfalls die Spielregeln als einschränkende ‚Gesetze' gelten können? Unter Rückgriff auf Fichtes Definition eines Rechtsverhältnisses als Interaktion freier Vernunftwesen stellt Ulbricht fest, dass auch Spieler:innen notwendig ein Rechtsverhältnis konstituieren. Dieses wird praktisch wirksam, wenn beim Spielen entweder spielexterne Zwecke verfolgt werden, die andere Personen betreffen (‚virtuelles Handeln'), oder wenn in Multiplayer-Spielen miteinander interagiert wird. Allerdings können (gemeinsam festgelegte) Spielregeln Rechtsnormen überschreiben. Unrecht geschieht immer dann, wenn die Freiheitssphäre anderer beeinträchtigt wird, weil Spielende z. B. nicht freiwillig und wohlinformiert am Spiel teilnehmen.

Maria Schwartz wirft in ihrem Beitrag „*Er hat den Tod verdient.*" *Rache und Vergeltungshandeln in Computerspielen* einen vertiefenden Blick auf Rache- und Vergeltungsmotive in populären, narrativen Computerspielen. Schon im *Alten Testament* werden diese Motive diskutiert, was Computerspiele in eine lange Reihe narrativer Verhandlungsprozesse von (verwerflicher) Rache, (gerechter) Vergeltung und Vergebung setzt. Schwartz unterscheidet drei Weisen, wie Computerspiele Rache und Vergeltung narrativ einbinden können: 1) linear, wenn sie als Handlungsmotiv unkritisch dargestellt werden, 2) ambivalent, wenn sie als Handlungsmotiv teils eingesetzt, teils kritisch reflektiert werden, 3) kritisch, wenn sie als Handlungsmotiv klar verurteilt werden. Eine Rechtfertigung von Rache und Vergeltung findet oftmals durch das historische oder gesellschaftspolitische Setting der Spielwelt statt. Aus ethischer Perspektive sollte die narrative Bezugnahme auf Rache und Vergeltung nicht als mögliche Gefahr schädlicher Prägung verstanden werden, sondern als wesentliche spielmechanische Notwendigkeit, die positives Potenzial birgt insofern, dass sie ethische Reflexion auf unterschiedliche Begründungen von Gewalt anregen kann.

Susanna Endres, **Christian Gürtler** und **Claudia Paganini** behandeln in ihrem Beitrag *Playing for a Better Planet. Computerspiele und ihr Potenzial für die Umwelt- und Klimaethik* vor allem medienpädagogische Fragen. Nach der Erläuterung verschiedener Strömungen und Ansätze der Umweltethik sowie ihren zentralen Forderungen stehen Bedingungen im Vordergrund, die nicht nur sog. *Serious Games* erfüllen müssen, um sinnvoll im Rahmen moralischer Bildung eingesetzt werden zu können. Besonders der – wiewohl kontrovers diskutierte – Appell an Emotionen sowie ein Perspektivenwechsel kann bei Spielenden zu positiven Lerneffekten und zu einer Horizonterweiterung führen. Computerspiele stellen einen immersiven Imaginationsraum zur Verfügung, innerhalb dessen ethische Reflexion und Entscheidungsfindung geschult werden, was letztlich auch Auswirkungen auf reales, umwelt- und klimabewusstes Handeln haben kann.

Im Herbst 2023

Maria Schwartz
Meike Neuhaus
Samuel Ulbricht

Inhaltsverzeichnis

Digitale Lebenswelt

Was ist die digitale Lebenswelt? Eine Explikation 3
Markus Bohlmann

Die Digitalisierung der Lebenswelt: Von der Mathematisierung der Natur zur „intelligenten" Manipulation des menschlichen Sinn- und Erlebenshorizontes 17
Christoph Durt

Technik und Praxis. Zur Spezifik der digitalen Transformation 29
Daniel Martin Feige

Prozessualität und Zeitlichkeit der digitalen Lebenswelt 39
Domenico Schneider

Digitales Selbst – digitale Gemeinschaft

Digitale Körper. Computergestützte Zugänge zum verkörperten Selbst 59
Patrizia Breil

Pornografie – Fantasie, Fiktion und Lebenswelt 73
Meike Neuhaus

Sachen gibt's, die gibt es gar nicht! Digitale und hybride Objekte im Metaverse 95
Saša Josifović

Social Media. Alltag, Daten und Gesellschaft 109
Oliver Zöllner

Was ist digitale Teilhabe? Anmerkungen zu den Gefahren digitaler Spaltung in einer zunehmend vernetzten Welt 127
Hauke Behrendt

Digitale Spiele

Ontologie des digitalen Spiel(en)s. Zwischen Simulation, Fiktion und virtueller Realität 145
Jörg Noller

(Un-)Recht im Computerspiel? Ein naturrechtlicher Aufschlag mit J. G. Fichte 157
Samuel Ulbricht

„Er hat den Tod verdient." Rache und Vergeltungshandeln in Computerspielen 177
Maria Schwartz

Playing for a Better Planet. Computerspiele und ihr Potenzial für die Umwelt- und Klimaethik 195
Susanna Endres, Christian Gürtler und Claudia Paganini

Autorenverzeichnis

Hauke Behrendt Studium der Allgemeinen Geschichte und Philosophie in Rostock und Berlin; 2017 Promotion in Philosophie; seit 2018 Akademischer Rat am Institut für Philosophie der Universität Stuttgart.

Markus Bohlmann Studium der Physik, Geschichtswissenschaft, Philosophie und Erziehungswissenschaft in Münster (1. Staatsexamen); 2010–2014 Wissenschaftlicher Mitarbeiter Bildungsphilosophie (Prof. Bellmann); 2014 Promotion zur Science Education; 2015–2017 Vorbereitungsdienst in Hamm (2. Staatsexamen); 2017–2020 Studienrat in Münster; seit 2020 abgeordnet an das Philosophische Seminar der Universität Münster.

Patrizia Breil Studium der Germanistik, Philosophie und Erziehungswissenschaft (Staatsexamen) an der Eberhard Karls Universität Tübingen; 2021 Promotion zu Körpertheorien in Phänomenologie und Bildungsphilosophie an der Eberhard Karls Universität Tübingen; 2021–2022 Postdoktorandin am Zentrum für Digitalisierung in der Lehrerbildung Tübingen; seit 2022 Postdoktorandin im Sonderforschungsbereich 1567 „Virtuelle Lebenswelten" der Ruhr-Universität Bochum im Teilprojekt „Virtuelle Körper".

Christoph Durt Studium der Philosophie, Psychologie, Computerlinguistik und Interkulturellen Kommunikation in Heidelberg, Tucson, München und Berkeley, PhD in Santa Cruz 2012. Danach wissenschaftlicher Mitarbeiter und Principle Investigator in Heidelberg, Wien, Pullach (Parmenides-Stiftung) und Freiburg. Universitäre Lehre in München, Santa Cruz, Berkeley, Wien und Online. Siehe auch: www.durt.de

Susanna Endres Studium der Kunst und Germanistik für das Lehramt an Realschulen sowie den Master „Medien-Ethik-Religion" an der Friedrich-Alexander-Universität Erlangen-Nürnberg; 2022 Promotion zum Thema „Medienethische Bildung und Kompetenz"; seit 2023 Professorin für Pädagogik mit Schwerpunkt Medienpädagogik und Digitale Bildung an der Katholischen Stiftungshochschule München.

Daniel Martin Feige Studium des Jazz-Pianos, der Philosophie, Germanistik und Psychologie; 2009 Promotion in Philosophie an der Goethe-Universität Frankfurt/M.; 2017 Habilitation an der Freien Universität Berlin; seit 2018 Professor für Philosophie und Ästhetik an der Staatlichen Akademie der Bildenden Künste Stuttgart.

Christian Gürtler Studium der Germanistik, Geschichte und Darstellendes Spiel für das Lehramt an Gymnasien; seit 2019 Promotion zu Bildungspotenzialen von Spielen; seit 2019 wissenschaftlicher Mitarbeiter am Lehrstuhl für Medienkommunikation, Medienethik und Digitale Theologie.

Saša Josifović Studium der Philosophie, Englischen Philologie und osteuropäischen Geschichte in Köln; Promotion 2009, Habilitation 2013; Forschungsschwerpunkte historisch Klassische Deutsche Philosophie und systematisch Theorie des Bewusstseins und Selbstbewusstseins, Handlungstheorie, Ethik sowie Technikphilosophie; akademische Tätigkeit als Wissenschaftlicher Mitarbeiter und Privatdozent an der Universität zu Köln sowie 2017 Professor an der Lomonossov Moscow State University.

Meike Neuhaus Studium der Philosophie, Germanistik und Bildungswissenschaft in Heidelberg, Köln, Düsseldorf und Leipzig (1. Staatsexamen); 2013–2023 Referendariat (2. Staatsexamen) und anschließende Lehrtätigkeit, 2019–2023 Fachleiterin für Praktische Philosophie am ZfsL Dortmund; 2023 Promotion in Angewandter Ethik; seit 2015 Mitarbeiterin am Institut für Philosophie und Politikwissenschaft der Technischen Universität Dortmund.

Jörg Noller Studium der Philosophie, Literaturwissenschaft, Geschichte und Theologie in Tübingen und München. Forschungsaufenthalte an den Universitäten Notre Dame, Chicago und Pittsburgh. Promotion 2015 über Kants Autonomiebegriff, Habilitation 2021 über personale Lebensformen. Im Anschluss Lehrstuhlvertretungen für Praktische Philosophie an den Universitäten Konstanz und Augsburg.

Claudia Paganini Studium der Philosophie und Theologie in Innsbruck und Wien; 2005 Promotion in Kulturphilosophie; 2018 Habilitation in München; seit 2021 Professorin für Medienethik an der HFPH München.

Domenico Schneider Studium der Philosophie und Mathematik; Tätigkeit als Modellierer und Programmierer; 2013–15 Wiss. Mitarbeiter im Exzellenzcluster TOPOI (Berlin); 2017 Dissertation im Bereich Sprachphilosophie und Embodiment; seit 2013 Forschung und Lehre in Philosophie und angewandter Mathematik an Universitäten und Hochschulen in Berlin und Braunschweig.

Maria Schwartz Studium der Philosophie und kath. Theologie an HfPh und LMU München; 2012 Promotion zu Platon; 2020 Habilitation an der Universität Augsburg in der praktischen Philosophie; nebenberuflich Tätigkeit im IT-Bereich; 2012 Akad. Rätin a. Z. an der Universität Augsburg, seit 2021 Studienrätin/LbA an der Bergischen Universität Wuppertal.

Samuel Ulbricht Studium der Philosophie und Germanistik in Stuttgart; 2019 Erstes Staatsexamen an der Universität Stuttgart; 2021 Zweites Staatsexamen am Seminar für Ausbildung und Fortbildung der Lehrkräfte in Heidelberg; seit 2021 wissenschaftlicher Mitarbeiter am Philosophischen Seminar der Johannes Gutenberg-Universität in Mainz.

Oliver Zöllner Studium der Publizistik- und Kommunikationswissenschaft, Kunstgeschichte, Theater-, Film- und Fernsehwissenschaft sowie Geschichte Chinas an den Universitäten Bochum, Wien und Salzburg; 1996 Promotion in Bochum; 1997–2004 Leiter der Abteilung Markt- und Medienforschung der Deutschen Welle; seit 2006 Professor an der Hochschule der Medien in Stuttgart (dort Ko-Leiter des Instituts für Digitale Ethik) sowie Honorarprofessor an der Heinrich-Heine-Universität Düsseldorf.

Digitale Lebenswelt

Was ist die digitale Lebenswelt? Eine Explikation

Markus Bohlmann

Zurzeit gibt es unterschiedliche Varianten des Begriffes der digitalen Lebenswelt in der Forschung; mal findet sich der Begriff im Plural, mal im Singular. Die technologischen Attribute sind ähnlich: digitale, virtuelle, mediale, mediatisierte Lebenswelt(en) (Lampert 2006; Süss et al. 2010; Rieger et al. 2021; Noller 2022). Die jeweilige Attribution eröffnet dabei eigentlich spezifische philosophische Forschungsfelder. Wer aber den Begriff der digitalen Lebenswelt oder eine seiner Varianten verwendet, dem geht es in der Regel nicht darum, das Attribut zu klären, um damit dann den Begriff der Lebenswelt intensional und extensional einzuschränken.[1] Die digitale Lebenswelt ist in der aktuellen Verwendung auch keine *spezifische* Lebenswelt, wie sie das Resultat einer soziologischen Unterscheidung in unterschiedliche Sphären oder Milieus sein könnte. Die unterschiedlichen technischen Attribute lassen insgesamt keine Differenzierung zu; nicht einmal eine Charakterisierung ist möglich. Bei den in der Forschung zur Digitalität verwendeten Begriffen wie „virtuelle Lebenswelten" oder „digitale Lebenswelt" geht es den Autor:innen stattdessen eher darum, den Begriff möglichst offen zu halten, um möglichst viele lebensweltlich relevante Phänomene der Digitalität in den Blick zu bekommen.

Digitale Lebenswelt und ähnliche Begriffe werden also erst einmal eher als Forschungsheuristiken verwendet. So schreiben Stefan Rieger, Armin Schäfer und Anna Tuschling mit Blick auf die für den Bochumer Sonderforschungsbereich namensgebenden *virtuellen Lebenswelten*: „Die Thematisierung der Virtualität ist nicht mehr auf die Frage, was sie ist, einzugrenzen, sondern vielmehr ist zu

---

[1] Zur Unterscheidung analog–digital siehe z. B. den Beitrag von Christoph Durt in diesem Band.

M. Bohlmann (✉)
Philosophisches Seminar, Universität Münster, Münster, Deutschland
E-Mail: markus.bohlmann@uni-muenster.de

fragen: Wann und wo tritt Virtualität auf?" (Rieger et al. 2021, S. 7). In der Arbeitsgruppe der *Deutschen Gesellschaft für Philosophie* namens *Philosophie der Digitalität* gibt es eine Fokusgruppe *Digitale Lebenswelt & Games,* aus deren Kreis auch einige der Beiträge dieses Sammelbandes stammen. Mit Blick auf dieses Forschungsfeld schreibt Jörg Noller: „Indem die Digitalisierung nicht mehr nur eine technische Entwicklung darstellt, sondern selbst Teil, ja Struktur unserer Lebenswelt wird, wird sie zur Digitalität. Ein rein technikphilosophischer oder medienwissenschaftlicher Zugriff scheint also nicht mehr zu genügen" (Noller 2022, S. 9). So sind bisher eher weite Heuristiken und öffnende Perspektiven mit Begriffen wie „virtuelle Lebenswelten" oder „digitale Lebenswelt" gefasst. Diese weiten Heuristiken machen es aber schwer, näher zu sagen, was die digitale Lebenswelt denn nun *ist.* Man kann zwar grundsätzlich sagen, dass eine Abgrenzung der begrifflichen Varianten wenig sinnvoll erscheint; digitale, virtuelle, mediale und mediatisierte Lebenswelt(en) sind wohl alle die „digitale Lebenswelt". Aber was meinen wir, wenn wir von digitaler Lebenswelt sprechen? Begriffe sind die Bausteine unseres Denkens (Margolis und Laurence 2022). Oft nehmen wir Dinge erst wahr, wenn wir sie auf den Begriff gebracht haben. Gerade, um bei der „digitalen Lebenswelt" etwas genauer hinsehen zu können, ist wohl eine Bestimmung des Begriffs sinnvoll, der über die gegenwärtigen Forschungsheuristiken hinausgeht.

Der Begriff digitaler Lebenswelt, der das Ergebnis dieses Beitrags sein wird, wird mithilfe eines Verfahrens gewonnen, das man als *Conceptual Engineering* bezeichnen kann. Wenn man es jedoch einfacher halten möchte, dann kann man auch davon sprechen, das dies hier eine Carnapsche *Explikation* ist, weil es wesentlich um Klarheit gehen wird.[2] Im Sinne Carnaps geht es mir darum, den Begriff der digitalen Lebenswelt in seiner derzeitigen undeutlichen Verwendung

---

[2] Prominent hat David Chalmers darauf verwiesen, dass Carnaps Projekt der Explikation im metaphilosophischen Projekt des *Conceptual Engineering* Anschluss gefunden hat: „Conceputal Engineering has been all over the Carnap literature for decades" (Chalmers 2020, S. 6). So kann man die Kontexte der Edukation und des Digital Gamings, die ich am Ende beschreibe, auch als „metasemantic base" des Begriffs digitaler Lebenswelt verstehen (Cappelen 2018, S. 57–60). Der Fakt, dass Lehren und Lernen heute digital stattfindet und das Spielende nicht mehr On-Life von Off-Life trennen, kann dann als wichtige Basis dafür begriffen werden, was „digitale Lebenswelt" heute bedeuten mag. Mitgetragen wird dies vom Überbau dieser Metasemantik, nämlich der heute weit geteilten Überzeugung, dass digitales Lernen und Spielen eben gerade keine Pathologien mehr darstellen. Daher „darf" man diese also auch als digitale Lebenswelt beschreiben. Im Gegensatz zur Situation von vor nicht einmal zehn Jahren sind Digital Education und Gaming heute nämlich zu rechtfertigen und teilweise sogar geradezu erwünscht. Hier hat sich also deutlich etwas an den normativen Bedingungen unserer Bedeutungen verändert, sodass „digitale Lebenswelt" unter diesem metasemantischen Überbau als sinnvoller Begriff erscheint. Wichtig ist, dass man sich mit dem *Conceptual Engineering* selbst immer auch bewusst ist, dass ameliorierte Begriffe wie „digitale Lebenswelt" selbst ihre Wirkung auf die Bedeutungsstrukturen in der Welt haben. Auch das sollte hier also klar sein: der Begriff „digitale Lebenswelt" ist selbst ein Beitrag zu einer kritisch-reflektierten Digitalisierung und trägt seinen Teil zu den Veränderungen von Bildung, Freizeit u. a. bei.

("explicandum") in eine konzisere begriffliche Form zu bringen ("explicatum") (Carnap 1947, S. 8). Zur besseren Unterscheidung rede ich in der Alltagsbedeutung von der digitalen Lebenswelt, die explizierte Form werde ich dann als digitale Lebenswelt* bezeichnen. Man kann also am Sternchen den verbesserten Begriff erkennen. Auf dem Weg der Explikation werde ich in Abschnitt 1 die bestehenden Begriffsunschärfen darstellen. Im 2. Abschnitt werde ich ein Explikat in Form einer Definition auf der Basis aktueller Technikphilosophie darstellen. In Abschnitt 3 beziehe ich die digitale Lebenswelt* beispielhaft auf zwei Forschungsprojekte aus den Bereichen der digitalen Edukation und des Gamings.

1 Digitale Lebenswelt – ein notorisch unklarer Begriff

Beginnen wir mit der maximal kritischen Position: Kann man überhaupt *irgendetwas* Sinnvolles über die digitale Lebenswelt sagen? Das Attribut „digital" scheint erst einmal nur die nächste Stufe der Verwirrung des notorisch unklaren Begriffs der Lebenswelt anzuzeigen. Schon Niklas Luhmann beschrieb innerhalb seines wissenssoziologischen Projekts der Aufarbeitung semantischer Traditionen der Gesellschaft den Gebrauch des Begriffes der Lebenswelt in der wissenschaftlichen Literatur als „zentral (und deshalb undefiniert) oder nachlässig (und deshalb undefiniert)" (Luhmann 1986, S. 176). Mit dem Attribut „digital" ist vielleicht nicht mehr hinzugefügt als eine weitere Dimension unklarer Verwendung: *modernistisch (und deshalb undefiniert)*. Ich werde noch etwas drastischer: In ganz einfacher Variante könnte „digitale Lebenswelt" schlichtweg das sein, was Harry Frankfurt einen „Bullshit"-Begriff nennt: „hot air" und „fakery" (Frankfurt 2005, S. 43 und 47). Die Tech-Branche und auch der edukative Sektor, in denen oft von „digitaler Lebenswelt" die Rede ist, sind durchaus anfällig für Wörter wie „disruption" oder „flipped classroom". Der Medienpädagoge Neil Selwyn spricht in diesem Zusammenhang von „the hyperbole that surrounds digital technology and education" (Selwyn 2016, S. 437). Folgt man dieser kritischen Sicht, dann ist „digitale Lebenswelt" vielleicht noch nicht einmal ein klassischer Begriff, der eine Intension und eine Extension aufweist, sondern ein inhalts- und bedeutungsleeres Wort, das man verwendet, um modern und lebensnah zu wirken, während man z. B. irgendein Argument zur Lernendenorientierung hervorbringt, mit dem aber eigentlich gar nichts inhaltlich gemeint ist. Eine Funktion hätte digitale Lebenswelt dann nur in fragwürdigen Tech-Debatten. Nehmen wir aber zumindest einmal für den Moment an, dass solch eine Verwendung nicht immer und vor allem nicht zwangsläufig der Fall sein muss. Selbst dann ist der Begriff der digitalen Lebenswelt notorisch unklar.

Notorisch unklar sind Begriffe, die sich bei genauerer Analyse selbst widersprechen.[3] Genau das scheint bei der „digitalen Lebenswelt" der Fall zu sein,

---

[3] Das wären für Carnap in seiner semantischen Phase solche definitorischen Sätze, die in einer gegebenen symbolischen Sprache logisch falsch sind, die also für jede Zustandsbeschreibung

wenn man die Genese des Lebensweltbegriffs verfolgt. Seinen Ausgangspunkt hat der Begriff der Lebenswelt in Husserls Spätphilosophie. In der Krisis-Schrift heißt es, die Lebenswelt sei Voraussetzung unserer schlichten „Erfahrungsgewißheit, vor allen wissenschaftlichen […] Feststellungen" (Husserl 1962, S. 113). Diese direkt erfahrbare Lebenswelt der Dinge selbst sei, so Husserl, durch das galileische Weltbild moderner Naturwissenschaft überformt. Eine mathematische Konstruktion lege sich über unsere eigentliche Lebenswelt. So stellten wir uns den Raum etwa als kartesischen Raum in drei Dimensionen und durchzogen von Maßeinheiten vor, wo er doch in Wahrheit von Phänomenen in der Lebenswelt geprägt sei:

> Aber nun ist als höchst wichtig zu beachten eine schon bei Galilei sich vollziehende Unterschiebung der mathematisch substruierten Welt der Idealitäten für die einzig wirkliche, die wirklich wahrnehmungsmäßig gegebene, die je erfahrene und erfahrbare Welt – unsere alltägliche Lebenswelt. (Husserl 1962, S. 52)

Wenn man ausgehend von Husserl nun konstatiert, dass Leibniz' duales System und die Binärcodes von heute wohl als Folge dieser geometrischen Abstraktion interpretiert werden müssten, dann ist der Begriff digitaler Lebenswelt ein Widerspruch. Ist sie nämlich digital, dann kann es gerade keine Lebenswelt sein, und ist sie eine Lebenswelt, dann ist es ausgeschlossen, dass sie digital ist.

Man kann aber natürlich auch sagen, dass die Digitalität erst einmal nichts Mathematisch-Wissenschaftliches, sondern etwas von Menschen technisch Verfertigtes ist. Kann das den Begriff retten? Positive Technologieverständnisse in Einbindung in die Lebenswelt sind bei Husserl zumindest angelegt und drei verschieden ausgearbeitete Varianten finden sich dann bei Heidegger:

1. *Der Tempel und die Opferschale.* Das sind menschliche Artefakte, denen man einen Nutzen zuschreiben kann und die eine starke Bindung an die Lebenswelt ermöglichen, indem sie eine Verbindung von Erde und Himmel herstellen (Heidegger 1977, S. 27).
2. *Das „Gestell" und die Schuhe der Bäuerin.* Hier verbinden die Technologien mit der Lebenswelt, indem sie den Menschen auf den Boden der Erde zurückholen (Heidegger 1977, S. 19).
3. *Der Hammer des Zimmermanns und der Hobel des Tischlers.* Das sind Heideggers bekannte „Toolshop"-Beispiele (Ihde 2010, S. 52). Hier wird die Technologie als „zuhanden" verkörpert, verschwindet aus der Wahrnehmung und wir werden beim Handwerken mit dem Werkzeug zum Handwerker (Heidegger 1976, S. 42).

---

falsch sind (Carnap 1947, S. 10–11). Damit geht Carnap die Analytisch-Synthetisch-Unterscheidung mit. Diese Sätze sind also im traditionellen Sinne bereits analytisch falsch. Ich brauche an dieser Stelle nicht die Rigidität Carnaps. Es reicht hier, mitzugehen damit, dass die folgenden Bestimmungen von digitaler Lebenswelt nicht nur hier und dort einmal, sondern „notorisch" unklar sind. Ob das jetzt logische oder reale Unmöglichkeit impliziert und was Unmöglichkeit in diesem Fall heißt, ist Teil der Debatte seit Carnap (vgl. vor allem: Kripke 1980).

Jetzt kann man sicherlich argumentieren, dass digitale Technologie durch eines dieser Technologieverständnisse ganz gut gefasst wird. Zumindest die haptischen Handwerksbeispiele sind nicht weit vom Handling eines Tablets, Smartphones etc. entfernt. Heidegger selbst wird man mit solch einer Deutung jedoch kaum gerecht. Bei ihm gibt es nämlich noch zwei weitere, negative Technologieverständnisse in Abgrenzung zur Lebenswelt, mit denen er selbst wohl viel eher die digitalen Technologien gefasst hätte:

4. *Der Staudamm und der Tagebau.* Angelehnt an die Beschreibung des Rheins bei Hölderlin kritisiert Heidegger hier Ressourcen abschöpfende und Natur eingrenzende Technologie (Heidegger 2000, S. 8).
5. *Die Weltraumtechnik und die Kybernetik.* Das sind die Beispiele der finalen Technologiekritik Heideggers in seinem erst postum veröffentlichten Interview für das Magazin *Der Spiegel* (Heidegger et al. 1976). Sie stehen insbesondere im Widerspruch zu der erdgebundenen, bäuerlichen Technologie (planetar vs. terrestrisch/irdisch; vgl. jüngst: Latour 2018). In der Kybernetik sah Heidegger die Gefahr, sogar die Philosophie selbst technologisch zu ersetzen.

Die Nähe der Digitalität zu Kybernetik und Weltraumtechnologie ist offensichtlich. Sicherlich wären auch das Data-Mining und der Energieverbrauch der Rechner von Heidegger nicht unbeobachtet geblieben. Bezieht man also den Lebensweltbegriff in der „digitalen Lebenswelt" nicht von Husserl, sondern von Heidegger, dann liegt auch hier ein Widerspruch nahe. Es macht vielleicht eher Sinn mit dem Populärphilosophen des Digitalen, Byung-Chul Han, von „Umbrüchen der Lebenswelt" durch die Digitalität zu sprechen, wenn man Heideggers Lebensweltbegriff anlegt (Han 2021).

Neben den klassischen phänomenologischen Lebensweltbegriffen hat auch Jürgen Habermas' kommunikationstheoretische Reinterpretation der Lebenswelt einigen Anklang in der Philosophie gefunden. Auch hier kann „digitale Lebenswelt" aber nur als Widerspruch verstanden werden. Vermittelt über Alfred Schütz versteht Habermas unter der Lebenswelt „nicht mehr wie bei Husserl das Bewusstseinsleben eines transzendentalen Egos, sondern die kommunikative Beziehung zwischen mindestens zwei Teilnehmern, Alter und Ego" (Habermas 2011b, S. 66). Die kommunikationstheoretisch verstandene Lebenswelt, die Habermas in seiner mittleren Phase konzipiert, besteht aus all den impliziten, aber notwendigen, persönlichen, kulturellen und gesellschaftlichen Vorbedingungen gelingender Kommunikation. Ohne den lebensweltlichen Hintergrund wäre kein kommunikatives Handeln möglich und alles müsste ständig infrage gestellt werden (Habermas 2011a, S. 185 ff.). Ist die Lebenswelt allerdings aus den Fugen geraten, so zeichnen sich nach Habermas psychische, soziale und gesellschaftliche Pathologien ab. Die Therapie beruhe dann anders als in der phänomenologischen Wendung zu den Dingen selbst in einem Urvertrauen in deliberative Verfahren, die Reflexivität der Sprache und – in Habermas' Spätphase – in Philosophie übersetzbare religiöse Glaubenssätze. Zentral ist und bleibt für Habermas die Differenz von *System* und *Lebenswelt*. Unter *System* versteht Habermas die funktionalen Kommunikationen, die Ökonomie und Verwaltung durchziehen. Geld und Macht ermöglichen einen äquivalenten Tausch, der ebenso wie in der Lebenswelt Kommunikation unnötig macht. Anders aber als in der Lebenswelt überlagern und verunmöglichen die Zahlungsmittel funktionaler Systeme für Habermas den Austausch von Gründen in authentischen Kommunikationen. Das System kann dann auch nicht restauriert werden. Es muss hingegen durch Recht und öffentlichen Diskurs in seinen kolonialistischen Tendenzen eingegrenzt werden. Habermas sieht neuerdings in der „gesellschaftsweit verbreiteten Krisenempfindlichkeit" ein Zeichen für weitgehende „Funktionsstörungen in einzelnen Teilsystemen" (Habermas 2019, S. 46). Die Qualitätspresse, insbesondere den öffentlich-rechtlichen Rundfunk, begriff er immer als eine Reflexionsinstanz demokratischer Gesellschaft. Hier konnten Diskurse kuratiert und so in sinnvoller Weise geführt werden. In Habermas viel diskutiertem Essay hierzu beschreibt er den *neuen Strukturwandel der Öffentlichkeit* so:

> Die ‚neuen' unterscheiden sich von den traditionellen Medien dadurch, dass sich digitale Unternehmen diese Technologie zunutze machen, um den potenziellen Nutzern die unbegrenzten digitalen Vernetzungsmöglichkeiten wie leere Schrifttafeln für eigene kommunikative Inhalte anzubieten. Sie sind nicht wie die klassischen Nachrichtendienste oder Verlage, wie Presse, Radio oder Fernsehen für eigene ‚Programme' verantwortlich, also für kommunikative Inhalte, die professionell hergestellt und redaktionell gefiltert sind. Sie produzieren nicht, sie redigieren nicht und sie selegieren nicht; aber indem sie als ‚unverantwortliche' Vermittler im globalen Netz neue Verbindungen herstellen und mit der kontingenten Vervielfältigung und Beschleunigung überraschender Kontakte inhaltlich unvorhersehbare Diskurse anstoßen und intensivieren, verändern sie den Charakter der öffentlichen Kommunikation tiefgreifend. (Habermas 2022, S. 44)

Habermas identifiziert also Digitalität mit Kommunikationen auf neuen Plattformen, die wirtschaftlichen Interessen folgen, aber ansonsten unreguliert und damit willkürlich sind. Deliberationsprozesse, die zur Restauration der Lebenswelt in modernen Demokratien notwendig seien, fänden in diesem kommunikativen Chaos nicht mehr statt. Habermas' kritischer Blick auf das Digitale fokussiert Phänomene wie die Datenwirtschaft der Social-Media-Riesenkonzerne (Habermas 2022, S. 54) und die Genese von Fake News (Habermas 2022, S. 67–68). Es dürfte mittlerweile klar geworden sein: Auch vor dem Hintergrund des Lebenswelt-Begriffes von Jürgen Habermas ist und bleibt der Begriff der digitalen Lebenswelt ein Widerspruch. Das Digitale ist bei Habermas nämlich gerade die Grundlage für die Zersetzung einer politischen Öffentlichkeit, in der eine aus den Fugen geratene Lebenswelt wieder restauriert werden könnte. Eine öffentlich-rechtlich unregulierte digitale Lebenswelt wäre nach Habermas eine Welt, in der keine Kommunikation mehr sicher ist. In ihr, so seine drastische Schilderung, würde „kein Kind mehr aufwachen können, ohne klinische Symptome zu entwickeln" (Habermas 2022, S. 67).

Husserl, Heidegger, Habermas – nach diesen drei prominenten Denotationen der Lebenswelt ist also das Digitale jeweils bereits begrifflich ausgeschlossen. Digitale Lebenswelt markiert damit einen Widerspruch, der maximal ein Zeichen fataler Moderne sein kann. Der unklare Begriff könnte so also maximal noch verstanden werden als Chiffre typisch moderner, technisch-wissenschaftlich-ökonomisch induzierte Zerrissenheit menschlichen Lebens.

2 Digitale Lebenswelt*

Der Begriff der digitalen Lebenswelt braucht also eine Überarbeitung, wenn mit ihm tatsächlich etwas klar ausgedrückt sein soll: digitale Lebenswelt*. Hilfreich kann hier der Bezug zur gegenwärtigen Technikphilosophie sein. Der Begriff der Lebenswelt wird in zwei Strömungen empirisch arbeitender Technikphilosophie verwendet, die regelmäßig als Methodologien für Technikanalysen in der Digitalität herangezogen werden (Bohlmann 2022, Kap. 10). Es handelt sich um den von Marcuse-Schüler Andrew Feenberg vorgebrachten *Critical Constructivism* (Feenberg 1991, 2017) und die von Don Ihde aus amerikanischem Pragmatismus und Phänomenologie entwickelte *Postphänomenologie* (Ihde 1990, 2009). Beide Technikphilosophien sind höchst voraussetzungsreich, stehen in Traditionen und Absetzbewegungen zur marxistischen Tradition, zur Kritischen Theorie und zur Phänomenologie bei Husserl, Heidegger und Merleau-Ponty. Auch die frühe französische Technikphilosophie bei Bergson, Simondon und Ellul wird hier aufgearbeitet (vgl. z. B. Ihde 1993; Feenberg 2016). Natürlich kann man in aufwendigen rekonstruktiven Verfahren den jeweiligen Lebensweltbegriff dieser Theoriekomplexe herausarbeiten. Im Zuge der Begriffsexplikation digitaler Lebenswelt ist für mich hier aber nur eine Minimaldefinition interessant, die einen gemeinsamen Grundton der jeweiligen technologiebezogenen Lebensweltbegriffe trifft. Für eine Explikation digitaler Lebenswelt bieten diese beiden Theorien eine empirisch gesättigte Grundlage.[4] Auf dieser Grundlage lässt sich der Begriff der digitalen Lebenswelt* in mehreren Punkten genauer bestimmen. Hieraus lässt sich dann eine Definition kompositorisch gewinnen.

Die digitale Lebenswelt* als Mensch-Technologie-Relation. Sowohl *Critical Constructivism* als auch Postphänomenologie sehen Technologien nicht nur als Teil der Lebenswelt, sondern als irreduziblen Bestandteil derselben. Feenberg setzt sich dabei explizit von Habermas ab, indem er betont, dass einerseits das Technosystem immer bereits in alle Lebensweltbezüge hineinragt, andererseits aber Technologien aus der Lebenswelt heraus veränderbar sind (Feenberg 2017, S. 44 ff.). Systemlogiken verselbstständigen sich für Feenberg demnach nicht, sondern Menschen arbeiten in Kommunikationen an den Technologien, was selbst ein politischer Akt ist (vgl. hierzu auch Fuchs 2016, S. 185 ff.). Sehr ähnlich argumentiert auch Ihde, der in seinem Hauptwerk *Technology and the Lifeworld* vor allem den Romantiken eines vortechnologischen Garten Edens unberührter Lebenswelt widerspricht, wie sie sich bei Heidegger und anderen finden (Ihde 1990, S. 11). Die Lebenswelt sei hingegen, so Ihde, immer schon, auch in der griechischen Antike, „technologically textured" (Ihde 2010, S. 84). Für unsere Explikation digitaler

---

[4] Eine frühe Analyse digitaler Technologie Feenbergs behandelt das sog. Minitel-System, einen Vorläufer des Personal Computers in Frankreich (Feenberg 1995, S. 165). Don Ihdes *Bodies in Technology* ist eine frühe Studie der Verkörperung in Internet und Cyberspace (Ihde 2002). In der empirisch arbeitenden Technikphilosophie sind beide Theorien heute wichtige Analysemuster, auch wenn es insbesondere in der Frage nach den soziopolitischen Bedingungen von Technologie gewichtige Differenzen gibt. Vgl. hierzu Ausgabe 1/2 (2020) der Zeitschrift *Techné* mit Beiträgen zum Thema *Critical Constructivism and Postphenomenology: Ethics, Politics, and the Empirical*.

Lebenswelt ist hier bedeutend, dass es in beiden Theorien, dem *Critical Constructivism* und der Postphänomenologie, keine Lebenswelt jenseits von Technologie gibt. Die digitale Lebenswelt* ist also die einzig mögliche Lebenswelt, weil digitale Technologien heute in alle Weltbezüge hineinragen. Dieser Zustand, in dem sich das Digitale und das Nicht-Digitale nicht mehr einfach voneinander trennen lassen, wird manchmal auch mit der etwas unglücklichen Bezeichnung der *Postdigitalität* beschrieben (vgl. Feenberg 2019; im deutschen Raum z. B. Jörissen et al. 2020). Während *Postdigitalität* auch als Zustand nach oder jenseits der Digitalität verstanden werden kann, ist bei der digitalen Lebenswelt* klar, dass das Digitale in der Allgegenwärtigkeit nicht endet. Die Postphänomenologie denkt in jeder Mensch-Welt Relation eine technologische Vermittlung mit und mit der umfassenden Verbreitung digitaler Technologien ist diese Vermittlung von Welt eben digital. Wie Robert Rosenberger und Peter-Paul Verbeek es ausdrücken: „Technologies, to be short, are not opposed to human existence; they are its very medium" (Rosenberger und Verbeek 2015, S. 13). Aber ist es nicht doch so, dass bestimmte existentielle menschliche Zustände nach wie vor frei vom Digitalen sind? Aus der Phänomenologie geht doch auch zum Beispiel der Existentialismus hervor und sind hier nicht Zustände beschrieben, die nichts Technisches haben? Nehmen wir noch einmal kurz ein Beispiel aus dem Urbestand des Existentialismus. Bekanntlich wurden zentrale Fragen dieser Denkschule im Pariser Café de Flore erörtert. Und was ist existentieller und freier vom Digitalen als in einem Café zu sitzen und die Passanten und Kellner zu beobachten? Aber auch dieser existentielle Ort hat heute eine Facebookseite, Instagram und eine Homepage, er wird bei Google Maps gefunden und ich kann sagen, wie voll es dort gerade ist, weil Google permanent die Ortungsdaten auswertet. Ohne digitale Verdopplung wäre auch der Mythos dieses Cafés der Existentialisten wohl ein anderer und das Erlebnis, dort zu gastieren, wäre ein anderes. Selbst noch ein unhintergehbarer existentieller Zustand, etwa die Angst, wie sie von Sartre oder Kierkegaard diskutiert wurde, ist heute nicht frei vom Digitalen. Robert Rosenberger hat hierfür ein schönes Beispiel: das Phantomvibrieren des Handys als verkörperlichte Angst (Rosenberger 2015). Die digitale Lebenswelt* kann vor diesem Hintergrund wohl gut erst einmal grundlegend als Mensch-Technologie Relation begriffen werden, um zu klären, dass es keine Welt gibt, die nicht technologisch vermittelt ist.

Die digitale Lebenswelt* als Handlungs-, Erfahrungs- und Interpretationsraum. Die Postphänomenologie kennt vier grundlegende Mensch-Technologie Relationen: die Relation der Verkörperung, des Verstehens, des Anderen und des Hintergrundes (Ihde 1990, S. 72–123; Rosenberger und Verbeek 2015). Noch grundlegender findet hier jeder Lebensweltbezug doppelt statt: einmal in direkter Aufmerksamkeit und unmittelbar, was Ihde *microperception* nennt, und einmal schon kulturell eingebettet, als *macroperception*. Von beiden Ebenen lässt sich nicht abstrahieren:

> What is usually taken as sensory perception (what is immediate and focused bodily in actual seeing, hearing, etc.), I shall call microperception. But there is also what might be called a cultural, or hermeneutic, perception, which I shall call macroperception. Both belong equally to the lifeworld. (Ihde 1990, S. 29)

Bei Andrew Feenberg findet sich in Bezug auf die Verwendung des Computers eine sehr ähnliche Passage:

> The lifeworld of technology is the medium within which the actors engage with the computer. In this lifeworld, processes of interpretation are central. Technical resources are not simply pregiven but acquire their meaning through these processes. (Feenberg 2003, S. 99)

Die digitale Lebenswelt* kann daher nicht nur ein Raum sein, in dem wir handeln, z. B. in Computerspielen, in denen wir Erfahrungen weit jenseits des Offline-Erlebens machen. Sie stellt auch einen weiten Raum der Interpretationen dar, in dem Referenzen, Querverweise und Zeichen das Digitale selbst schon begreiflich machen. Hyperlinks und Chatbots helfen uns bei Deutungen der digitalen Lebenswelt*, während sie selbst natürlich auch ein Teil eben dieser Lebenswelt sind.

Die digitale Lebenswelt* durch Mediation. Beiden Theorien zufolge ist die digitale Lebenswelt technologisch mediatisiert. Die Mensch-Technologie Relationen, unsere Handlungen, Erfahrungen und Wahrnehmungen sind nicht frei wählbar oder gestaltbar, sondern werden vermittelt. Die digitale Lebenswelt* ist kein Medium, das uns eine Information nur bereitstellt; unsere Displays sind transparent, aber das Digitale strukturiert unsere Wahrnehmung eigenwillig vor. Technologie ist in diesem Sinne in beiden Theorien *aktiv,* sie mediiert die digitale Lebenswelt* der Mensch-Technologie Relationen. In der Postphänomenologie hat Peter-Paul Verbeek in Anschluss an Ihde eine Theorie der technologischen Mediation ausgearbeitet (eine kurze Einführung ist: Verbeek 2015):

> Phenomenology – in my elementary definition – is the philosophical analysis of the structure of the relations between human beings and their lifeworld. From such a perspective, the central idea in the philosophy of mediation is that technologies play an actively mediating role in the relationship between human beings and reality. (Verbeek 2011, S. 7)

Im *Critical Constructivism* erstreckt sich die Mediation vor allem auf die *Rationalität* von Technologien (Feenberg 2013, S. 8). Was vernünftigerweise und sinnvoll mit digitaler Technologie gemacht werden kann, wozu sie „da" und „gedacht" ist, das ist ihre Rationalität, die nicht immer guten Zwecken dienen mag. Feenberg verweist zum Beispiel auf drei unterschiedliche Rationalitäten des Internets: das „information model" freier wissenschaftlicher Nutzung aus den Anfängen des World-Wide-Web, das „consumption model" der ökonomischen Nutzung und Verwertung und das „community model" der sozialen Netzwerke (Feenberg 2013, S. 21). Man kann aber das Internet nicht ohne Weiteres für ein Viertes nutzen – die Mediation führe nämlich zu technologischen *Biases,* so Feenberg. Wenn man digitale Lebenswelt* technologisch mediiert versteht, dann sind auch problematische Sackgassen und Irrationalitäten mitgedacht.

Die digitale Lebenswelt* als politische Sphäre. Aus der Mediation der Lebenswelt durch Technologien ergibt sich bereits, dass diese problematisch sein können. Das betrifft nicht nur die Funktion der Technologien, sondern auch deren soziopolitische Folgen. Sowohl Postphänomenologie als auch *Critical Constructivism* sind insofern kritische Theorien (mit kleinem k), weil sie politisch problematische Aspekte von Technologie erkennbar machen und Wege benennen, wie sich eine Veränderung herbeiführen lässt. Dass sich problematische Technologien durch Analyse und Kritik verändern lassen, betonte in der Postphänomenologie bereits Ihde (Ihde 2010, S. 85). In neuerer Postphänomenologie ist es vor allem eine an Michel Foucault angelehnte Analytik technologischer Macht, die zur politischen Kritik verwendet wird (Bantwal Rao et al. 2015; Verbeek 2020; Bergen und Verbeek 2021). Im *Critical Constructivism* wird eine sog. *soziale Rationalität* der Nutzer im aktiven Protest gegen die Rationalität der Technologien ins Feld geführt. Die Akteure durchschauen nach Feenberg ihre technologische Eingebundenheit und liefern so die Grundlage einer „rational critique of rationality" von innen (Feenberg 2008, S. 14). Auch wenn sich die jeweiligen soziopolitischen Analysen hier also deutlich unterscheiden, ist doch unumstritten, *dass* technologische Lebenswelten selbst politisch und durch politische Aktion korrigierbar sind.

Nun können wir abschließend den defizitären Begriff digitaler Lebenswelt auf Basis des Lebensweltbegriffs in der empirisch arbeitenden Technikphilosophie explizieren:

Digitale Lebenswelt* $=_{df}$ Relationen von Menschen und digitalen Technologien (1), die einen Handlungs-, Erfahrungs- und Interpretationsraum schaffen (2), durch technologische Mediation aufgebaut wurden (3) und selbst politisch, sowie politisch korrigierbar sind (4).

In einer Kurzfassung lässt sich die Definition auch auf den ersten Term beschränken (Relationen von Menschen und digitalen Technologien). Streng genommen sind die folgenden Terme eine Folge des ersten. Da diese Definition aber dem Zweck dient, den Begriff für die wissenschaftliche Verwendung zu schärfen, sind diese weiteren Aspekte hier explizit, damit sie gesehen werden.

3 Zwei Beispiele aus der digitalen Lebenswelt* der Digital Education und des Gamings

Abschließend möchte ich den Begriff der digitalen Lebenswelt* beispielhaft auf zwei schon bestehende Forschungsbereiche in der Philosophie anwenden. Das soll zeigen, dass die Explikation für Forschung im Feld tatsächlich im Carnapschen Sinn fruchtbar („fruitful") ist (Carnap 1947, S. 1, 1959, S. 15). Ich gehe die Sätze der Explikation an den Beispielen nacheinander durch.

Das erste Beispiel ist eine Studie, die Martin Wilmer und ich im Herbst 2022 durchgeführt haben. Wir haben Tiefeninterviews zur Tabletnutzung mit sog. „early adopters" in der Schule geführt, d. h. Schüler:innen, die Tablets im Rahmen von „bring your own device" im Unterricht verwendeten, in der kurzen Zeit als diese zwar im Regelunterricht erlaubt, aber noch nicht schulseitig flächendeckend eingeführt waren (Bohlmann und Wilmer 2024). Gleich mehrere Mensch-Technologie Relationen (1) wurden von den Interviewten beschrieben. Die Lernenden verkörperten die Ordnungsfunktionen des Tablets, sie beschrieben, wie sie sich als „Collegeblock-Menschen" geradezu befreit von der eigenen Unordnung und vom

Gewicht der Bücher und Schreibutensilien fühlten. Gleichzeitig verkörperten sie aber auch die Schreibfunktion so sehr, dass sie selbst zum Zeitvertreib in langweiligem Unterricht nicht im Internet surften oder spielten, sondern wie auf einem Zeichenblock kritzelten. Das Tablet substituierte also nicht den Collegeblock, sondern führte den Handlungsraum (2) dieser Technologie weiter. Es entstand darüber hinaus ein Interpretationsraum (2), in dem die Klasse als in zwei Gruppen zerfallend verstanden wurde: die „Tablets" und diejenigen, die keine elektronischen Hilfsmittel nutzten. Die Gruppe der „Tablets" teilte per Airdrop das Arbeitsblatt zu Beginn der Stunde, ein Ritual, das schnell zur Etablierung dieser „Zwei-Klassen-Gesellschaft" führte (Transkript B-19-M, Z. 132). Die Mediation des Tablets (3) ist in dieser frühen Phase nicht zu trennen von der Technologie des Collegeblocks, der in der Schule die Funktionen des Ordners, des Notizblocks und der Mitschrift erfüllt. Nie aber wurde das Tablet von unseren Studienteilnehmer:innen zu aktivem Lernen genutzt, obwohl dies eine im deutschen Bildungswesen weit verbreitete politische Hoffnung darstellt (4) (Aufenanger 2020, S. 31). Eine Studienteilnehmerin schilderte sogar, wie sie das Tablet beim Lernen für das Abitur zunächst verwendete, dann aber weglegte und Karteikarten benutzte. „Auf nem Tablet ist ja alles gleich" (Transkript D-21-W, Z. 61 f.), daher könne man damit nicht lernen. Unsere Studie deutete also darauf hin, dass die Politik der Tabletnutzung in der Schule mehr die gruppenbildenden, sozialen Funktionen im Unterricht betrifft und weniger den Lerneffekt in selbstgesteuerten Phasen.

Mein zweites Beispiel betrifft die digitale Lebenswelt* des Computerspielens. In seiner grundlegenden Studie zur Ethik des Computerspielens beschreibt Samuel Ulbricht die Mensch-Technologie Relationen beim Computerspielen als Verkörperung der im Computerspiel handelnden Person (1): „Maria spielt gegen Peter die Fußballsimulation Fifa 19 auf einer Spielkonsole und hat mit einer dem Fußballprofi Thomas Müller nachempfundenen Spielfigur das entscheidende Tor geschossen" (Ulbricht 2020, S. 21). Ulbricht beschreibt den Handlungsraum digitaler Lebenswelt* (2) in Anlehnung an literaturwissenschaftliche Begriffe durch drei Arten von Computerspielhandlungen, *virtuelle Handlungen, fiktionale Handlungen* und *fiktive Handlungen* (Ulbricht 2020, S. 44). Mithilfe des technikphilosophisch explizierten Begriffs digitaler Lebenswelt* lässt sich nun Folgendes näher ausdeuten: Die technologische Mediation (3) ist im Fall virtueller Handlungen die eines Werkzeugs: „Ich will Peter besiegen […] indem ich die Knöpfe xyz drücke" (Ulbricht 2020, S. 25). Im Falle fiktionaler Handlungen ist diese Mediation aber eher bei visuellen Narrativen zu suchen, etwa dem Film oder dem Theater. Computerspielhandlungen sind dann Fiktionen, in die man eingreifen kann. Politisch (4) ist eine Handlungstheorie des Computerspielens, weil sie die Grundlage für eine Ethik des Computerspielens liefert, die auch politische Konsequenzen, z. B. in der Gesetzgebung, haben kann. Nicht erst seit der Debatte um Shooter-Games wird Computerspielen als moralisch verwerflich oder aber als moralisch irrelevant gekennzeichnet. Ulbricht schreibt: „Der Fokus auf die verwerfliche Variante ist dadurch begründet, dass diese vorrangig in der Computerspielethik behandelt und vom ludischen Amoralisten primär infrage gestellt wird" (Ulbricht 2020, S. 110). Ulbrichts handlungstheoretische Fundierung führt nun jedoch zu der politisch relevanten Einschätzung, dass Computerspielhandlungen zwar in manchen Fällen ethisch relevant sein können, das aber auch in positiver Hinsicht gelte. Tatsächlich kann man also wohl auch beim Computerspielen ein guter Mensch sein, vielleicht kann man dabei sogar Tugend lernen.

Die kurze Ausdeutung dieser beiden Beispiele aus der philosophischen Forschung konnte hoffentlich zumindest eine Idee davon geben, was der Begriff digitaler Lebenswelt* in seiner explizierten Form für die Forschung leisten kann. Er kann den Fokus bestehender Studien und zukünftiger Forschungen in der Philosophie – seien es empirische oder theoretische Beiträge – noch einmal auf die dahinterliegenden Mensch-Technologie Relationen lenken. Die digitale Lebenswelt* – das hat sie mit der klassischen Lebenswelt bei Husserl, Heidegger und Habermas gemein – ist ein oft nicht gesehener Hintergrund unserer alltäglichen Welt. Mit der hier vorgeschlagenen Explikation aus der empirisch arbeitenden Technikphilosophie ist unser Eingebundensein in die technologische Lebenswelt verstehbar. Über die digitale Lebenswelt* denken wir an vielen Stellen typischerweise nämlich gar nicht nach. Sie muss also erst zum Gegenstand der Philosophie gemacht werden.

Literatur

Aufenanger, Stefan. 2020. Tablets in Schule und Unterricht – Pädagogische Potenziale und Herausforderungen. In *Mobile Medien im Schulkontext,* Hrsg. Dorothee M. Meister und Ilka Mindt, 29–45. Wiesbaden: Springer Fachmedien Wiesbaden.

Bantwal Rao, Mithun, Joost Jongerden, Pieter Lemmens, und Guido Ruivenkamp. 2015. Technological Mediation and Power: Postphenomenology, Critical Theory, and Autonomist Marxism. *Philosophy & Technology* 28: 449–474.

Bergen, Jan Peter, und Peter-Paul Verbeek. 2021. To-Do Is to Be: Foucault, Levinas, and Technologically Mediated Subjectivation. *Philosophy & Technology* 34: 325–348.

Bohlmann, Markus. 2022. *Bildung – Philosophie – Digitalisierung. Eine Curriculumtheorie.* Reihe Digitalitätsforschung, Band 3, Hrsg. Jörg Noller, Malte Rehbein und Sybille Krämer. Berlin, Heidelberg: J. B. Metzler.

Bohlmann, Markus, und Martin Wilmer. 2024. Equipping Tablets. An In-Depth Interview Study on Technology Relations of Early Adopters in German Schools (forthcoming). In *Postphenomenology and Technologies within Educational Settings,* Hrsg. Markus Bohlmann und Patrizia Breil, x–x. Lanham, Md.: Lexington Books.

Cappelen, Herman. 2018. *Fixing Language: An Essay on Conceptual Engineering.* Oxford: Oxford University Press.

Carnap, Rudolf. 1947. *Meaning and Necessity. A Study in Semantics and Modal Logic.* Chicago, Ill.: University of Chicago Press.

Carnap, Rudolf. 1959. *Induktive Logik und Wahrscheinlichkeit,* Hrsg. Wolfgang Stegmüller. Wien: Springer.

Chalmers, David J. 2020. What is conceptual engineering and what should it be? *Inquiry (United Kingdom).* https://doi.org/10.1080/0020174X.2020.1817141.

Feenberg, Andrew. 1991. *Critical Theory of Technology.* New York [u. a.]: Oxford University Press.

Feenberg, Andrew. 1995. *Alternative Modernity. The Technical Turn in Philosophy and Social Theory.* Berkeley, Calif.: Univ. of California Press.

Feenberg, Andrew. 2003. Modernity Theory and Technology Studies: Reflections on Bridging the Gap. In *Modernity and Technology,* Hrsg. Thomas J. Misa, Philip Brey und Andrew Feenberg, 73–104. Cambridge, MA.: MIT Press.

Feenberg, Andrew. 2008. From Critical Theory of Technology to the Rational Critique of Rationality. *Social Epistemology* 22: 5–28.
Feenberg, Andrew. 2013. The Mediation is the Message. Rationality and Agency in the Critical Theory of Technology. *Techné: Research in Philosophy and Technology* 17: 7–24.
Feenberg, Andrew. 2017. *Technosystem: The Social Life of Reason.* Cambridge, MA [u. a.]: Harvard University Press.
Feenberg, Andrew. 2019. Postdigital or Predigital? *Postdigital Science and Education* 1: 8–9.
Feenberg, Andrew Lewis. 2016. Concretizing Simondon and Constructivism: A Recursive Contribution to the Theory of Concretization. *Science, Technology, & Human Values* 42: 62–85.
Frankfurt, Harry G. 2005. *On Bullshit.* Princeton: Princeton University Press.
Fuchs, Christian. 2016. *Critical Theory of Communication. New Readings of Lukács, Adorno, Marcuse, Honneth and Habermas in the Age of the Internet.* London: University of Westminster Press.
Habermas, Jürgen. 2011a. *Theorie des kommunikativen Handelns. Band 1. Handlungsrationalität und gesellschaftliche Rationalisierung.* Frankfurt a. M.: Suhrkamp.
Habermas, Jürgen. 2011b. Von den Weltbildern zur Lebenswelt. In *Lebenswelt und Wissenschaft. XXI. Deutscher Kongress für Philosophie 15.–19. September 2008 an der Universität Duisburg-Essen. Kolloquienbeiträge,* Hrsg. Carl Friedrich Gethmann, 63–88. Hamburg: Meiner.
Habermas, Jürgen. 2019. *Auch eine Geschichte der Philosophie. Band 2. Vernünftige Freiheit. Spuren des Diskurses über Glauben und Wissen.* Berlin: Suhrkamp Verlag.
Habermas, Jürgen. 2022. *Ein neuer Strukturwandel der Öffentlichkeit und die deliberative Politik.* Berlin: Suhrkamp.
Han, Byung-Chul. 2021. *Undinge. Umbrüche der Lebenswelt.* Berlin: Ullstein.
Heidegger, Martin. 1976. *Sein und Zeit. Gesamtausgabe Band 2,* Hrsg. Friedrich-Wilhelm von Herrmann. Frankfurt a. M.: Klostermann.
Heidegger, Martin. 1977. Der Ursprung des Kunstwerkes (1935/36). In *Holzwege. Gesamtausgabe Band 5,* Hrsg. Friedrich-Wilhelm von Herrmann, 1–74. Frankfurt a. M.: Klostermann.
Heidegger, Martin. 2000. Die Frage nach der Technik (1953). In *Vorträge und Aufsätze. Gesamtausgabe Band 7,* 5–36. Frankfurt a. M.: Klostermann.
Heidegger, Martin, Rudolf Augstein, und Georg Wolff. 1976. Nur noch ein Gott kann uns retten. *Der Spiegel* 30: 193–219.
Husserl, Edmund. 1962. *Die Krisis der europäischen Wissenschaften und die transzendentale Phänomenologie. Eine Einleitung in die Phänomenologische Philosophie. Husserliana Band VI,* Hrsg. Walter Biemel. Haag: Martinus Nijhoff.
Ihde, Don. 1990. *Technology and the Lifeworld. From Garden to Earth.* Bloomington, Ind.: Indiana University Press.
Ihde, Don. 1993. *Philosophy of Technology. An Introduction.* New York: Paragon House.
Ihde, Don. 2002. *Bodies in Technology. Electronic Mediations Volume 5.* Minneapolis; London: University of Minnesota Press.
Ihde, Don. 2009. *Postphenomenology and Technoscience. The Peking University Lectures.* Albany: State University of New York Press.
Ihde, Don. 2010. *Heidegger's Technologies: Postphenomenological Perspectives.* New York: Fordham University Press.
Jörissen, Benjamin, Martha Karoline Schröder und Anna Carnap. 2020. Postdigitale Jugendkultur. Kernergebnisse einer qualitativen Studie zu Transformationen ästhetischer und künstlerischer Praktiken. In *Kulturelle Bildung. Theoretische Perspektiven, methodologische Herausforderungen und empirische Befunde,* Hrsg. Susanne Timm, Jana Costa, Claudia Kühn, und Annette Scheunpflug, 61–78. Münster: Waxmann.
Kripke, Saul. 1980. *Naming and necessity.* Oxford: Basil Blackwell.
Lampert, Claudia. 2006. Mediensozialisation. In *Medien von A bis Z,* 234–236. Wiesbaden: VS Verlag für Sozialwissenschaften.
Latour, Bruno. 2018. *Das terrestrische Manifest,* Hrsg. Bernd Schwibs. Berlin: Suhrkamp Verlag.

Luhmann, Niklas. 1986. Die Lebenswelt – nach Rücksprache mit Phänomenologen. *ARSP: Archiv für Rechts- und Sozialphilosophie/Archives for Philosophy of Law and Social Philosophy* 72: 176–194.

Margolis, Eric, und Stephen Laurence. 2022. Concepts. In *The Stanford Encyclopedia of Philosophy (Fall 2022 Edition),* Hrsg. Edward N. Zelta, und Uri Nodelman.

Noller, Jörg. 2022. *Digitalität. Zur Philosophie der digitalen Lebenswelt.* Basel: Schwabe.

Rieger, Stefan, Armin Schäfer, und Anna Tuschling. 2021. Virtuelle Lebenswelten: Zur Einführung. In *Körper – Räume – Affekte,* Hrsg. Stefan Rieger, Armin Schäfer, und Anna Tuschling, 1–10. Berlin, Boston: De Gruyter.

Rosenberger, Robert. 2015. An experiential account of phantom vibration syndrome. *Computers in Human Behavior* 52: 124–131.

Rosenberger, Robert, und Peter-Paul Verbeek. 2015. A Field Guide to Postphenomenology. In *Postphenomenological Investigations: Essays on Human–Technology Relations,* Hrsg. Robert Rosenberger und Peter-Paul Verbeek, 9–42. Lanham, Md.: Lexington Books.

Selwyn, Neil. 2016. Minding our language: why education and technology is full of bullshit... and what might be done about it. *Learning, Media and Technology* 41: 437–443.

Süss, Daniel, Claudia Lampert, und Christine W Wijnen. 2010. Mediensozialisation: Aufwachsen in mediatisierten Lebenswelten. In *Medienpädagogik: Ein Studienbuch zur Einführung,* Hrsg. Daniel Süss, Claudia Lampert, und Christine W Wijnen, 29–52. Wiesbaden: VS Verlag für Sozialwissenschaften.

Ulbricht, Samuel. 2020. *Ethik des Computerspielens. Eine Grundlegung.* Berlin: J. B. Metzler.

Verbeek, Peter-Paul. 2011. *Moralizing Technology: Understanding and Designing the Morality of Things.* Chicago: University of Chicago Press.

Verbeek, Peter-Paul. 2015. Beyond Interaction: A Short Introduction to Mediation Theory. *Interactions* 22: 26–31.

Verbeek, Peter-Paul. 2020. Politicizing Postphenomenology. In *Reimagining Philosophy and Technology, Reinventing Ihde,* Hrsg. Glen Miller, und Ashley Shew, 141–155. Cham: Springer International Publishing.

Die Digitalisierung der Lebenswelt: Von der Mathematisierung der Natur zur „intelligenten" Manipulation des menschlichen Sinn- und Erlebenshorizontes

Christoph Durt

1 Einleitung

Wie lassen sich „Lebenswelt", „Digitalisierung" und folglich dann auch die „digitale Lebenswelt" bestimmen? Diese Frage ist nicht nur wichtig, weil digitale Technologie eine immer größere Rolle im Leben der Menschen spielt, diese Begriffe zunehmend zusammen diskutiert werden, und die Diskussionen sehr von einer klareren Begrifflichkeit profitieren können. Eine Klärung ist auch aus einem Grund wichtig, der meist übersehen wird: weil die Digitalisierung von Anfang an und immer mehr mit der Lebenswelt verwoben ist. Der Lebensweltbegriff ist ein Schlüssel zum Verstehen der Digitalisierung, insbesondere in Bezug auf den Einfluss neuerer Technologien wie Künstliche Intelligenz (KI). Es handelt sich hier um eine viel reichhaltigere philosophische Thematik als üblicherweise angenommen, die schon von ihrem Umfang her nicht leicht zu fassen ist. Sie soll in diesem Beitrag zumindest ansatzweise geklärt werden.

Der Begriff der Lebenswelt scheint sich auf etwas sehr Bekanntes zu beziehen: die Welt, in der wir leben, in der Weise, wie sie erlebt wird. Aber was genau heißt das? In den meisten Artikeln, die den Begriff der Lebenswelt benutzen, wird er nicht klar definiert und oft einfach synonym mit ‚Alltagswelt,' ‚Umwelt' oder ‚soziale Umgebung' verwendet. Das ist nicht notwendigerweise falsch, verwischt aber die Bedeutung des Begriffs und verdeckt eine insbesondere für das Verhältnis zum Digitalen wichtige Unterscheidung. Diese hat schon Edmund Husserl in

---

C. Durt (✉)
Phänomenologische Sektion, Universität Heidelberg, Heidelberg, Deutschland
E-Mail: christoph@durt.de

C. Durt
STS Department, Technische Universität München, München, Deutschland

© Der/die Autor(en), exklusiv lizenziert an Springer-Verlag GmbH, DE, ein Teil von Springer Nature 2024
M. Schwartz et al. (Hrsg.), *Digitale Lebenswelt,* Digitalitätsforschung / Digitality Research, https://doi.org/10.1007/978-3-662-68863-2_2

dem Werk gemacht, das den Begriff der Lebenswelt in die weitere philosophische Diskussion eingebracht hat: *Die Krisis der Europäischen Wissenschaften und die Transzendentale Phänomenologie: Eine Einleitung in die Phänomenologische Philosophie* (Husserl 1962; im Weiteren: *Krisis*). Die Unterscheidung betrifft das Verhältnis von Anschauung und mathematischer Abstraktion, welches den Mathematiker und späteren Begründer der Phänomenologie Husserl schon seit seinen frühen Schriften beschäftigt hatte (Husserl 1970a, 1983).

Für diese Thematik ist es daher sinnvoll, sich genauer mit Husserls Begriff der Lebenswelt in Verbindung mit mathematischer Abstraktion auseinanderzusetzen. Husserls *Krisis* baut auf in Wien und Prag im Jahr 1935 gehaltenen Vorträgen auf. Teil I und II der Krisis wurden bereits 1936 veröffentlicht, und Husserl arbeitete bis zum Ausbruch einer Krankheit im August 1937, der er im nächsten Jahr erlag, unermüdlich an dem eigentlich zentralen Teil III der *Krisis* (*Krisis,* S. XIV). Das unvollendete Buch ist zusammen mit ergänzenden Texten 1953 posthum erschienen, und 17 Jahre später auf Englisch (Husserl 1970b). Es hat einen großen direkten und indirekten Einfluss auf die nachfolgenden Generationen von Philosophen und Philosophinnen ausgeübt. Zu aktuellen Fragen der Digitalisierung werden die *Krisis* und andere Werke Husserls allerdings kaum herangezogen, obwohl die detaillierten Studien zum Zusammenhang von Erleben, Berechnung und Lebenswelt insbesondere für KI wertvolle Beiträge bieten.

Der bisherige Mangel an Untersuchungen dieser Beiträge hat verschiedene Gründe. Zum einen ist der Zusammenhang von Begriffen wie Lebenswelt und Mathematisierung zur Digitalisierung und KI nicht offensichtlich, zumal Husserl sich natürlich nicht namentlich auf diese Diskussionen bezieht und eine komplexe und schwer zugängliche Terminologie verwendet. Zum anderen wird digitale Technologie häufig nur in Bezug auf logische oder ethische Fragen untersucht und ihre Einbettung in phänomenologische Zusammenhänge nicht berücksichtigt. Im Gegenzug wird der Begriff der Lebenswelt oft völlig losgelöst von seinem Kontrast zu technischen Methoden *(technē)* und der Mathematisierung verwendet, der zumindest für Husserl grundlegend war. Der vorliegende Sammelband leistet daher einen wichtigen Beitrag zur Untersuchung der Bedeutung der Lebenswelt für die Digitalisierung. Der Begriff der Lebenswelt bei Habermas (z. B. Habermas 1968) wurde im vorangegangenen Beitrag M. Bohlmanns besprochen. Der vorliegende Beitrag konzentriert sich vor allem auf Husserls grundlegende Überlegungen und ihre Implikationen für die seither weit fortgeschrittene Digitalisierung.

Erschwert wurde die Rezeption auch durch die Entwicklung der Phänomenologie selbst. Spätere Philosoph:innen wie Martin Heidegger haben in ihrem Bemühen, ihre eigene Herangehensweise zu profilieren, Husserls Beiträge verzerrt und abgewertet (Carr 1999, S. 26 ff.). Heideggers Erzählung zur eigenen Bedeutung und zu der Husserls haben insbesondere in der phänomenologischen Untersuchung der Technologie ihre Spuren hinterlassen. In der Folge haben einflussreiche Autoren wie Hubert Dreyfus und Don Ihde zwar Aspekte von Husserls Werk untersucht, Husserls grundlegendste Beiträge zur Philosophie der Technologie aber nicht aufgegriffen. Beide haben darüber hinaus auch Husserls tatsächliche oder angebliche Ansichten entschieden zurückgewiesen (Dreyfus und Hall 1982; Ihde 1990). Das hat in den folgenden Jahrzehnten viele, die nicht tiefgehend mit

Husserls Phänomenologie vertraut sind, beeinflusst. Wofür sollte man sich auch mit einem derart komplexen Philosophen auseinandersetzen, wenn doch die führenden Autoritäten auf dem Gebiet unisono sagen, dass Begriffe wie „transzendentale Subjektivität" nur Ausdruck eines intellektualistischen Vorurteils sind, das das Subjekt reifiziert und die Sicht auf die einfachsten Dinge versperrt?

Aber auch wer sich von dem angeblich irreführenden Charakter von Husserls Denken nicht abhalten lässt, Husserl selber zu studieren, wird womöglich nicht viel damit anfangen können. Denn die meisten Werke Husserls sind schwer zugänglich, auch wenn einige, wie die *Krisis,* das wenig zutreffende Wort „Einführung" im Untertitel führen. Der vorliegende Beitrag lässt sich von derartigen Hindernissen nicht irritieren und untersucht zumindest einzelne von Husserls Studien zur Lebenswelt und Mathematisierung und ihre Anwendbarkeit auf die Digitalisierung. Er versucht, damit gerade für digitale Technologie und KI wichtige Überlegungen in die Diskussion zu bringen, die in dem Bestreben, über die klassische Phänomenologie hinauszugehen (post-), bislang zumeist übersehen wurden. Die ebenfalls wertvollen Beiträge Heideggers und der Postphänomenologie sollen damit nicht abgewertet werden. Vielmehr wird die Möglichkeit geschaffen, diese Beiträge mit Husserls Einsichten im Hinblick auf den Untersuchungsgegenstand Lebenswelt und Digitalisierung zu bereichern. Tatsächlich verbindet diese phänomenologischen Richtungen mehr als sie trennt und trotz oder gerade wegen ihrer Unterschiede können sie sich ergänzen und eine wertvolle Grundlage für neue Einsichten, insbesondere zur Digitalisierung, bilden.

2 Die Digitalisierung der Lebenswelt

Die namensgebende „Krisis der Europäischen Wissenschaften" bezieht sich einerseits auf die Wissenschaften, die sich in einer besonderen Weise im europäischen Umfeld (und nicht dem deutschen, oder unabhängig von Kultur und Geistesgeschichte) entwickelt haben und andererseits auf den „Verlust ihrer Lebensbedeutsamkeit" (Husserl 1962, S. 3). Andererseits kann die *Krisis* aber auch (Heffernan 2017) oder ausschließlich verstanden werden als Verlust der „Wissenschaftlichkeit" der Wissenschaften, die wiederum auf eine Krise der Wissenschaftlichkeit der Philosophie zurückgeht (Trizio 2016, S. 191, vgl. auch 2020), und den Verlust der Lebensbedeutsamkeit der Wissenschaften nach sich zieht. Weder der Verlust der Wissenschaftlichkeit noch der der Lebensbedeutsamkeit lassen sich mit dem Begriff der Krisis einer Einzelwissenschaft im Kuhn'schem Sinn (Kuhn 1996) fassen. Es geht Husserl um eine viel grundsätzlichere Krise, die nicht den Fortschritt der Naturwissenschaften betrifft (den er anerkennt), sondern philosophische Missverständnisse, die sich aus einem technischen Zugang zur Welt ergeben und das Verhältnis des Menschen zur Welt und zu sich selbst betreffen.

Der Begriff der Mathematisierung der Natur ist der Schlüssel zum Begriff der Lebenswelt, den Husserl in Abgrenzung von der „mathematisierten" Welt der Naturwissenschaften benutzt. Insbesondere seit Galileo Galilei haben die Naturwissenschaften und in der Folge auch die Philosophie die Welt als an sich mathematisch konzipiert. Galileos Konzeption war allerdings noch nicht numerisch, sondern geometrisch. Das „Buch der Natur" ist zwar in der „Sprache der Mathematik" geschrieben, ihre Zeichen sind jedoch „Dreiecke, Kreise und andere geometrische Figuren" (Galilei 1933, S. 232), und diese hat Galileo im Rahmen einer Geometrie gedacht, die noch nahe an der Anschauung war. Erst in der weiteren Entwicklung der Mathematik kam es zu einer „Arithmetisierung der Geometrie" (*Krisis*, S. 44), welche anschauliche oder ideale geometrische Figuren in numerischen Vektoren ausdrückt und im Rahmen einer formalen Mathematik arithmetisch berechenbar macht.

Die Mathematisierung der Natur ist zunächst kein Problem, sondern ein echter Fortschritt, der Präzision und Berechenbarkeit ermöglicht. Zudem lassen sich die abstrakten Berechnungen wieder zurück in anschauliche geometrische Figuren transformieren. Daher wird auch leicht übersehen, dass es sich hier um eine radikale Transformation von anschaulichen Figuren in ideale mathematische Größen handelt, die in ihrer Idealität der Anschauung nicht zugänglich sind. Husserl sieht sie als ein Resultat der Anwendung technisch-unanschaulicher Methoden, die jedoch ihre Grundlagen in der Anschauung haben. Zu Problemen kommt es allerdings, wenn erstens der anschauliche Ursprung der mathematisch gefassten Weltbeschreibung übersehen wird und es zweitens zu einer „Unterschiebung der idealisierten Natur für die vorwissenschaftlich anschauliche Natur" (*Krisis*, S. 50) kommt. Die Welt wird als mathematisch bestimmbare „res extensa" aufgefasst, in der nur die mathematisch fassbaren Qualitäten, „primäre Qualitäten", real sind. Andere Qualitäten, die zwar anscheinend den Dingen zugehören, wie beispielsweise Farben, sich aber nicht direkt mathematisch beschreiben lassen, werden hingegen zu subjektiven „sekundären Qualitäten" degradiert. Der Streit zwischen vier inkompatiblen Theorien des Weltbezuges von subjektiven Empfindungen (Qualia) reicht seitdem bis in die heutige *Philosophy of Mind* hinein, nämlich in den Streit zwischen den Positionen des Projektivismus, Dispositionalismus, Eliminativismus, und naiven Realismus.[1]

Solche metaphysischen Streitigkeiten innerhalb der Lehnstuhlphilosophie mögen keine größeren Konsequenzen auf die Lebenswelt haben. Allerdings scheint gerade damit der beklagte Verlust der Lebensbedeutsamkeit[2] nicht nur für die Naturwissenschaften, sondern auch für die Philosophie bestätigt. Wenn aber nicht alle Philosophie losgelöst vom Leben ist, dann sind philosophische Einsichten und Missverständnisse lebensrelevant, insbesondere wenn sie die Natur des Menschen und des menschlichen Geistes betreffen, oder die Möglichkeit, menschliches Leben rational zu ordnen. Die Frage nach dem Verhältnis von lebensweltlichem, sinnhaftem Erleben und der Digitalisierung wird spätestens dann bedeutend, wenn die Digitalisierung die Lebenswelt umkrempelt und sich alte

---

[1] Eine detaillierte Aufschlüsselung dieser Thematik habe ich in meiner Dissertation unternommen (Durt 2012).

[2] Weil Wissenschaft dem lebensweltlichen Sinn enthoben scheint, scheint es vielen Menschen, dass sie nichts zu ihren Sinnfragen sagen kann: „In unserer Lebensnot – so hören wir – hat diese Wissenschaft uns nichts zu sagen" (*Krisis*, S. 4).

philosophische Probleme bezüglich der Berechenbarkeit der Welt, des Denkens und des Erlebens neu stellen.

Den Begriff der Lebenswelt führt Husserl im Versuch ein, die anschaulichen und sinnhaften Voraussetzungen der theoretisch-abstrakten Weltbeschreibung zu beleuchten; sie ist das „Reich ursprünglicher Evidenzen" (*Krisis,* S. 130). Die Lebenswelt ist die „raumzeitliche Welt der Dinge, so wie wir sie in unserem vor- und außerwissenschaftlichen Leben erfahren und über die erfahrenen hinaus als erfahrbar wissen" (*Krisis,* S. 141). Sie ist „die Welt, in der wir anschaulich leben, mit ihren Realitäten, aber so, wie sie uns zunächst in der schlichten Erfahrung sich geben" (*Krisis,* S. 159). Auch heute gehen noch viele naturalistisch orientierte Philosoph:innen davon aus, dass es hinter der Welt der „subjektiven" und „fehlerhaften" Anschauung die „objektive" und „wahre" Welt der Wissenschaften gibt. Diese „produziert" angeblich die subjektiven Anschauungsweisen, welche demnach supervenient zur eigentlich wahren Welt sind. Husserl sieht darin den Versuch, die subjektive Lebenswelt mit einer unanschaulichen „Substruktion" zu ersetzen:

> Der Kontrast zwischen dem Subjektiven der Lebenswelt und der ,objektiven', der ,wahren' Welt liegt nun darin, daß die letztere eine theoretisch-logische Substruktion ist, die eines prinzipiell nicht Wahrnehmbaren, prinzipiell in seinem eigenen Selbstsein nicht Erfahrbaren, während das lebensweltlich Subjektive in allem und jedem eben durch seine wirkliche Erfahrbarkeit ausgezeichnet ist. (*Krisis,* S. 130)

Husserl benutzt zwar nicht die Worte „analog" und „digital" in einer für die Frage nach der „digitalen Lebenswelt" relevanten Bedeutung. Er hat aber zum Begriff der digitalen Lebenswelt viel zu sagen, wenn wir seine Unterscheidung zwischen Lebenswelt und der mathematisierten Natur auf die zwischen analog und digital anwenden. Die mathematisierte Natur besteht aus diskret in symbolischer Form dargestellten Daten, die sich auf Dinge und Zustände in der Welt beziehen. Diskrete Daten sind nach der heute üblichen Terminologie „digital". Weil die Welt der Naturwissenschaften in digitalen Repräsentationen, also Daten, gefasst ist, kann die Mathematisierung der Natur auch als Digitalisierung der Natur verstanden werden. Daten können in vielfältiger Weise für Berechnungen genutzt werden, beispielsweise um prädiktiv andere Daten zu berechnen. Ob dafür elektronische oder menschliche Computer benutzt werden, ist zweitrangig – die ursprüngliche Berufsbezeichnung „Computer" ließ sich auch wegen der mit mathematischer Präzision durchgeführten Tätigkeit problemlos auf elektronische Maschinen übertragen. Berechnete Daten ermöglichen zahlreiche Anwendungen (z. B. für nautische Jahrbücher zur Standortbestimmung), und die exponentiell steigende Menge von zur Verfügung stehenden Daten sorgt wiederum für einen immer größeren Bedarf an Berechnungen.

Die Lebenswelt ist dagegen „analog" in dem Sinne, dass sie als erlebte Welt keine mathematische Präzision kennt, sondern ein anschauliches Kontinuum bildet. Die Lebenswelt ist etwas „im Ungefähren, in vagen Unterschieden der größeren oder geringeren Vollkommenheiten in Schwebe Bleibendes" (*Krisis,* S. 356). Um diskrete Einheiten zu bilden, muss die Lebenswelt erst digitalisiert werden.

Dann ist sie aber keine subjektiv-anschauliche Lebenswelt mehr, sondern eine mathematisch objektivierte Natur. Wenn also die Lebenswelt analog ist, und analog in prinzipieller Weise von digital zu unterscheiden ist, dann gibt es keine digitale Lebenswelt. Der Begriff der „digitalen Lebenswelt" ist so gesehen ein Oxymoron. Trotzdem ist er auch aus Husserls phänomenologischer Perspektive nicht sinnlos. Im Folgenden unterscheide ich drei Weisen, ihn zu verstehen.

3 Digitale Artefakte in der Lebenswelt

Die erste Weise (1) bezieht sich darauf, dass digitale Artefakte offensichtlich auch auf die Lebenswelt zurückwirken. Die Digitalisierung wird häufig auf technologische Artefakte wie digitale Uhren, Computer, Faxgeräte oder Handys bezogen, die in den letzten Jahrzehnten sowohl die Wissenschaften als auch das Alltagsleben eines großen Teils der Weltbevölkerung stark verändert haben. Die Frage, wie technologische Artefakte und ihre Benutzung menschliches Leben und die Welt, in der wir leben, verändern, ist eine Grundfrage der Archäologie, die ja aus Artefakten Rückschlüsse auf Leben, Kultur und Weltsicht ziehen muss. Artefakte können aber auch philosophisch untersucht werden und werden in der „philosophy of artifacts" (Verbeek und Crease 2005, S. 104) zum zentralen Untersuchungsgegenstand gemacht.

Die Philosophie der Artefakte untersucht, wie technische Artefakte das Verhältnis des Menschen zur Welt vermitteln (*mediate,* Verbeek und Crease 2005, S. 11). Damit geht sie über die Konzeption von technischen Artefakten als materielle Objekte im Kontrast zu menschlichen Subjekten hinaus. Fundamental ist hier Don Ihdes Unterscheidung zwischen verschiedenen Formen der Vermittlung (Ihde 1990). Schon aus dieser Sicht lässt sich festhalten, dass technische Artefakte mehr als nur ein Mittel zum Zweck sind. Denn zwar können sie sowohl zu „guten" als auch zu „schlechten" Zwecken eingesetzt werden, sie sind deswegen aber nicht „neutral". Vielmehr legt Technologie bestimmte Nutzungsweisen nahe, was beispielsweise bei Schnellfeuerwaffen offensichtlich, und bei Tischformen nur wenig subtiler ist – ein langer Tisch ist besser als ein runder geeignet, Hierarchien zu untermauern (Baird 2015). Neben den beabsichtigten Konsequenzen der Nutzung digitaler Geräte können natürlich auch unerwartete Wirkungen und Nebeneffekte untersucht werden (Dreyfus 2009, S. 1).

Auch für Husserl sind im vor- und außerwissenschaftlichen Sinn materielle Dinge von grundlegender Bedeutung. Wie oben erwähnt, sind sie ein grundlegender Bestandteil der Lebenswelt, die ja „die raumzeitliche Welt der Dinge" ist (*Krisis*, S. 141). Dazu gehören selbstverständlich Artefakte wie (heutzutage) Handys, die zwar moderne Wissenschaft voraussetzen, aber in der Lebenswelt gebraucht werden. Husserl sieht jedoch noch eine andere Dimension in bestimmten technischen Artefakten, nämlich in Messinstrumenten wie dem Thermometer (*Krisis*, S. 476). Diese ermöglichen es, digitale Größen aus beobachtbaren Vorgängen zu ermitteln. Die „Meßkunst" (*Krisis*, S. 24 ff., 35, 40, 49) ist u. a. auch vorausgesetzt im „Grundgedanken" Galileos einer „stetig zu steigernden Approximation an die geometrische Idealgestalt, die als leitender Pol fungiert" (*Krisis,* S. 26). Sie sind also zentral für den Prozess der Mathematisierung bzw. Digitalisierung.

Ihdes Vorwurf an Husserl, er würde die vermittelnde Funktion von Beobachtungsinstrumenten vergessen (Ihde 2011), ist unzutreffend (vgl. auch Wiltsche 2017). Husserl spricht explizit über Fernrohre (*Krisis,* S. 449), unterscheidet sie aber von Messinstrumenten. Messinstrumente transformieren Erfahrungen in digitale Größen. Beobachtungsinstrumente hingegen erweitern den Erfahrungsbereich, anstatt ihn zu verlassen. Nicht nur für Ihde (Ihde 2011, S. 80), sondern auch für Husserl bleibt Galileo daher immer „im universalen Rahmen der Lebenswelt, in die alle Leistungen einströmen und alle Menschen und leistenden Tätigkeiten und Vermögen immerfort hineingehören" (*Krisis,* S. 141 fn1).

Husserl differenziert zudem die schon bei Galileo angelegten verschiedenen Abstraktionsstufen, die sich aus der Anwendung von Messtechniken im Zusammenhang mit der modernen Auffassung der Welt als mathematischer ergeben. In der „Mathematisierung der anschaulichen umweltlich vorgegebenen Natur" (*Krisis,* S. 41) lassen sich vier Prozesse unterscheiden: Generalisierung, Idealisierung, Formalisierung und Symbolisierung (Durt 2012). Die jeweils korrelierenden Objekte gehören grundsätzlich verschiedenen Objektklassen an. Ein und dieselbe Figur, wie beispielsweise ein Dreieck, kann als konkret gesehenes Dreieck wahrnehmungsmäßig gegeben sein, generalisiert mit einem Allgemeinbegriff als Instanz einer Art, idealisiert als euklidische Figur und formalisiert in numerischen Winkeln und Seitenlängen. Bezeichnet werden verschiedenartige Objekte, die aber alle mit dem gleichen symbolischen Ausdruck „Dreieck" bezeichnet und daher auch leicht miteinander verwechselt werden. Galileos Konzeption einer geometrischen Sprache der Natur war zwar, wie bereits weiter oben beschrieben, noch nahe an der Anschauung. Dennoch hat Galileo mit ihr erste Mathematisierungsstufen vollzogen und wichtige Grundlagen für weitere Abstraktionen von der Lebenswelt gelegt.

4 Die digitale Ordnung der Lebenswelt

Technische Artefakte sind für Husserl nur ein Teil in einem weiteren Zusammenhang, der das Verhältnis der Menschen zur Welt, zueinander, und zu sich selbst prägt. Zwar vermitteln technische Artefakte innerhalb der Lebenswelt den Weltbezug in verschiedenen Weisen, wesentlich ist für Husserl aber nicht die Vermittlung von technischen Artefakten und Handlungsweisen innerhalb der Lebenswelt, sondern ihre Einbettung in Digitalisierungsprozesse seit in etwa Galileo, die mit der Entwicklung der modernen mathematisch-objektivistischen Weltsicht einhergehen.

Auch wenn digitale Geräte die Digitalisierung der Welt weiter voranbringen, gibt es die digitale Ordnung der Welt nicht erst, seit es elektronische Computer gibt. Für Husserl ist die Mathematisierung ein Jahrhunderte alter Prozess. Vorläufer der Galilei'schen Naturkonzeption sieht er schon bei den alten Pythagoräern (*Krisis,* S. 36). Es lässt sich noch weiter zurückgehen, wenn berücksichtigt wird, dass auch Zeichen diskrete Einheiten sind und es eine „embryonale Digitalität bereits im alphanumerischen Zeichenraum" gibt (Krämer 2022, S. 10). Mathematik, Schrift und andere mit der Digitalisierung zusammenhängende Techniken verändern natürlich auch lebensweltliche Praktiken und Anschauungen. Hier lassen sich zwei Weisen unterscheiden, wie digitale Techniken und mit ihnen verbundene theoretische Konzeptionen die Lebenswelt verändern.

Zum einen können Theorien in die Lebenswelt einströmen, indem sie in anschaulichen Begriffen gefasst werden. Dadurch verlieren sie zwar ihren wissenschaftlichen Charakter, wirken aber in neuen Weisen. Das Übersehen der Lebenswelt ist für Husserl viel mehr als nur ein „Grundlagenproblem der objektiven Wissenschaften" (*Krisis,* S. 137) und betrifft letztendlich alle „Wahrheits- und Seinsprobleme" (*Krisis,* S. 136). Das sind zunächst theoretische Probleme, sie können aber auch auf die Lebenswelt zurückwirken. Beispielsweise kann der Glaube, Menschen seien nur Maschinen, den Umgang von Menschen miteinander beeinflussen. Auch die existentielle Sinnkrise, die Husserl in der *Krisis* diagnostiziert, ist ein lebensweltlicher Ausdruck von theoretischen Missverständnissen.

Zum anderen können nicht nur Wissenschaft und ihre Welt digital konzipiert werden, sondern auch die Lebenswelt. Die Welt, in der wir leben, wird immer mehr digital geordnet und durch algorithmische Prozesse berechnet. Die Digitalisierung unserer Welt betrifft nicht nur die Natur, sondern auch kulturelle Ordnungen wie Gesellschaft, Wirtschaft und Politik. Man kann nicht mehr nur von der Natur sagen, dass sie sich „meldet und als ein System von Informationen bestellbar bleibt" (Heidegger 2000, S. 24), sondern auch vom modernen technoökonomischen System. Auch die Menschen werden in ihrer Funktion als Konsumenten zu „Maschinenteilen" (Anders 1995, S. 112). Der Konsumismus des Anthropozän hat nicht nur das äußere Antlitz der Welt stark verändert, sondern auch lebensweltliche Sinn- und Wahrnehmungsstrukturen. Gemeint sind nicht die allgemeinsten Strukturen der Lebenswelt (siehe nächster Abschnitt), sondern die sich im Zusammenhang mit der digitalen Ordnung ergebenden grundlegenden Einstellungs-, Sinn- und Wahrnehmungsmuster, sowie die mit ihnen einhergehenden Sicht- und Handlungsweisen.

Entscheidend für die neue digitale Ordnung der Lebenswelt sind nicht digitale Artefakte, sondern die digitale Manipulation des menschlichen Sinn- und Erlebenshorizontes. Software ist dabei mindestens so wichtig wie Hardware, und Hardware fügt sich oft gerade dadurch in die Lebenswelt ein, dass sie immer unsichtbarer wird. Mit der Weiterentwicklung digitaler Technologie kommt es zunehmend auch zu neuen Möglichkeiten der gezielten Manipulation von grundlegenden Einstellungs-, Sinn- und Wahrnehmungsmustern sowie Sicht- und Handlungsweisen, die im nächsten Abschnitt näher behandelt werden.

5 Die digital manipulierte Lebenswelt

Der Begriff der „digitalen Lebenswelt" kann drittens (3) auch auf eine neuartige Digitalisierung der Lebenswelt bezogen werden, zu der es im Zuge der Entwicklung neuer digitaler Technologien kommt. Gemeint sind Technologien, die heute oft als KI bezeichnet werden, obwohl sie meist nur unter spezifischen Bedingungen und nur im Ergebnis, selten hingegen in der Produktionsweise, mit natürlicher Intelligenz korrelieren. Im Rahmen eines szientistischen Weltbildes wird einerseits menschliche Intelligenz computeromorph definiert und andererseits KI als ein menschenähnliches Wesen anthropomorphisiert (Fuchs 2020). Anthropomorphismen sind schon menschlicher Wahrnehmung, Denken und Interaktion inhärent, was leicht dazu verführt, KI Absichten und sogar Gefühle zuzuschreiben (Fuchs 2022). Es ist zielführender, die Interrelationen von KI-Systemen mit dem Menschen, Daten, und ihre neuartige Integration in die Lebenswelt zu untersuchen (Durt 2022). KI vermittelt nämlich meist nicht nur in der Weise von klassischen technischen Artefakten, die in der Lebenswelt das Verhältnis von Menschen zur Welt und anderen Menschen vermitteln (siehe Abschn. 1). Vielmehr verhält sich KI zur Lebenswelt und ihren Bewohnern, aber nicht in der Weise von Lebewesen.

Beispielsweise muss ein selbstfahrendes Auto auf Stoppschilder, ein Winkzeichen, und eine Ansammlung junger Menschen am Straßenrand mit Protestplakaten richtig reagieren. Neben der Navigation der physikalischen Welt und der Beachtung von Straßenregeln muss KI auch die Lebenswelt navigieren. Ein Chatbot muss die für den Input relevanten Informationen in einer Weise präsentieren, die in der Lebenswelt verstanden werden kann und gleichzeitig den Konventionen einer Kultur angemessen ist. KI wird zudem oft auch eingesetzt, um eine Verhaltensänderung bei Menschen zu erreichen, beispielsweise durch „nudging" oder „persuasive technology". Dafür kann KI sich sehr viel gezielter auf individuelle Verhaltensmuster und lebensweltliche Konventionen einlassen und diese in real-time Interaktion beeinflussen *(targeting)*. KI kann mit prädiktiven Verfahren und anderen Berechnungen ganz grundlegend menschliche Orientierung verändern (Durt 2023).

Derartige Fähigkeiten erwecken leicht den Eindruck, dass es sich bei KI um ein intelligentes Wesen handelt. Bislang haben nur Lebewesen derartige Fähigkeiten gezeigt und es liegt in der Natur menschlicher Kognition, einen Handelnden oder Autor hinter anscheinend sinnvollen Handlungen und Texten zu vermuten. KI benutzt hingegen Verfahren wie Deep Learning, die sich grundsätzlich von menschlicher Kognition unterscheiden. Zwar lassen sich grobe Ähnlichkeiten mit neuronalen Netzen im Gehirn erkennen, aber schon die Menge der dabei verarbeiteten Daten übersteigt menschliche Kapazitäten. Zur Erklärung der oft erstaunlichen Fähigkeiten von KI wird eine neue Herangehensweise benötigt. Was manche KI-Systeme „intelligent" macht, ist nicht ihre scheinbare Ähnlichkeit mit menschlichen Fähigkeiten, sondern die Tatsache, dass sie menschliche Sinn- und Erlebenshorizonte navigieren und effektiv verändern.

Husserls Analyse der Mathematisierung der Lebenswelt ermöglicht ein Verständnis der Fähigkeiten von KI, die sowohl der Funktionsweise der Datenverarbeitung als auch der Tatsache gerecht wird, dass KI sich in einer neuartigen Weise in die Lebenswelt integriert. Die Prozesse der Mathematisierung der Lebenswelt zeigen, wie digitale Repräsentationen aus lebensweltlichen Gegenständen gebildet werden können, die in der Folge berechenbar werden. Beispielsweise können aus den Repräsentationen prädiktiv neue Daten errechnet werden, die dann als

Vorhersage von Geschehnissen in der Lebenswelt dienen. Der Prozess der Mathematisierung kann also auch umgedreht werden und über digitale Interfaces, die den menschlichen Körper metaphorisch oder im wörtlichen Sinn umkleiden, anschauliche Eindrücke erzeugen (Durt 2020). Es handelt sich hier um eine Analogisierung des Digitalen, die invers zu den Digitalisierungsprozessen der Mathematisierung verschiedene Analogisierungsprozesse umfasst. Im Prinzip unanschauliche Daten werden umgewandelt in erlebbare Eindrücke.

Dabei bleibt die grundsätzliche Differenz zwischen Anschauung und digitaler Repräsentation zwar erhalten, die immer weitere Annäherung digitaler Technologie an den (verkörperten) Leib und an lebensweltliche Anschauungsweisen ermöglicht aber eine immer bessere Manipulation derselben durch digitale Technologie. Die digitalen technischen Prozesse werden dadurch zwar selbst nicht anschaulich, aber digitale Technologie integriert sich immer nahtloser in Anschauungs- und Sinnprozesse in der Lebenswelt. Die Integration ergibt sich nicht einfach aus dem Einströmen digitaler Artefakte und Prozesse in die Lebenswelt, sondern immer mehr aus der gezielten Veränderung der Lebenswelt durch digitale Prozesse. Menschliche Anschauungs- und Sinnmuster werden immer autonomer durch digitale Technologie gesteuert, indem die Lebenswelt digital überwacht, kontrolliert und manipuliert wird. Auch in diesem stärkeren Sinn lässt sich von einer digitalen Lebenswelt sprechen.

Trotz der vielfältigen Auswirkungen der Digitalisierung auf die Lebenswelt verändern sie diese allerdings nicht in jeder Hinsicht. Husserl weist auf eine grundsätzliche Struktur der Lebenswelt hin, die durch das Einströmen nicht verändert wird: „Diese wirklich anschauliche, wirklich erfahrene und erfahrbare Welt, in der sich unser ganzes Leben praktisch abspielt, bleibt, als die sie ist, in ihrer eigenen Wesensstruktur, in ihrem eigenen konkreten Kausalstil ungeändert, was immer wir kunstlos oder als Kunst tun" (*Krisis*, S. 51). Husserl möchte universale Strukturen herausarbeiten wie „Raumgestalt, Bewegung, sinnliche Qualitäten und dergleichen" (*Krisis*, S. 142). Gemeint sind wieder nicht wissenschaftliche Auffassungen, sondern Raum, Kausalität, Bewegung, und sinnliche Qualitäten in der Weise, wie sie anschaulich erlebt werden. Schon aufgrund ihrer Allgemeinheit verändert auch die Digitalisierung solche Strukturen nicht oder nur sehr schwer. Husserls Präferenz für universale Strukturen wurde vielfach kritisiert (Waldenfels 1997, S. 61–62), an ihn anschließende Gedanken aber auch produktiv in eine „Phänomenotechnik" umgesetzt, die die Eingriffe von Technologie in die Erfahrung behandelt (Waldenfels 2002, S. 362). Diese Herangehensweise hat Waldenfels auch auf Fragen der Digitalisierung angewendet (Waldenfels 2022).

Während Husserls Hauptinteresse den allgemeinen Strukturen, der „universalen Lebenswelt" (S. 141, fn1) gilt, enthält die Lebenswelt auch vieles, das relativ zu Kulturen oder Gruppen ist (*Krisis*, S. 135 ff.). Neben allgemeinen Sinn- und Erlebensstrukturen der Lebenswelt lassen sich daher auch solche untersuchen, die relativ zu Gruppierungen sind. Hier lässt sich auch von Lebenswelten im Plural sprechen. Anstelle von universalen Strukturen geht es um partikuläre Ordnungen, die aufgrund ihrer Partikularität besser als Muster bezeichnet werden können. Die Lebenswelt ist von Erlebens- und Sinnmustern durchzogen. Diese sind für KI zugänglich – nicht, weil KI selbst erlebt oder versteht, sondern weil sie auf Digitalisierungsprozessen aufbaut, welche die statistischen Konturen von Sinn- und Erlebensmustern in Datenmuster umwandeln. KI rechnet die statistischen Konturen um und wirft sie schließlich durch Analogisierungsprozesse über Interfaces zurück in den Sinn- und Erlebensraum der Lebenswelt. Um Erlebens- und Denkprozesse vorherzusagen und zu berechnen, braucht KI nicht selbst zu denken, erleben, oder in das Gehirn zu schauen. Die digitale Lebenswelt ist auch unsere schöne neue Lebenswelt, deren Erlebens- und Sinnmuster zunehmend von digitaler Technologie überwacht, kontrolliert und manipuliert werden.

Literatur

Anders, Günther. 1995. *Über die Zerstörung des Lebens im Zeitalter der dritten industriellen Revolution*. München: Beck.
Baird, George. 2015. *Writings on Architecture and the City*. London: Artifice Press.
Carr, David. 1999. *The paradox of subjectivity: The self in the transcendental tradition*. Oxford: Oxford University Press.
Dreyfus, Hubert L. 2009. *On the internet*. 2nd ed. Milton Park, Abingdon, Oxon; New York, NY: Routledge.
Dreyfus, Hubert L., und Harrison Hall, Hrsg. 1982. *Husserl, intentionality, and cognitive science*. Cambridge, MA: MIT Press.
Durt, Christoph. 2012. "The Paradox of the Primary-Secondary Quality Distinction and Husserl's Genealogy of the Mathematization of Nature. Dissertation." eScholarship University of California. http://www.durt.de/publications/dissertation/.
Durt, Christoph. 2020. The Computation of Bodily, Embodied, and Virtual Reality: Winner of the Essay Prize „What can corporality as a constitutive condition of experience (still) mean in the digital age?" *Phänomenologische Forschungen,* Nr. 2: 25–39.
Durt, Christoph. 2022. Artificial Intelligence and Its Integration into the Human Lifeworld. In *The Cambridge Handbook of Responsible Artificial Intelligence,* Hrsg. Silja Voeneky, Philipp Kellmeyer, Oliver Mueller und Wolfram Burgard, 67–82. Cambridge: Cambridge University Press.
Durt, Christoph. 2023. The Digital Transformation of Human Orientation: An Inquiry into the Dawn of a New Era (Winner of the $10.000 essay prize). In *How does the digitization of our world change our orientation? Five award-winning essays of the prize competition 2019–21 held by the Hodges Foundation for Philosophical Orientation,* Hrsg. Reinhard G. Mueller und Werner Stegmaier. Nashville: Orientations Press.
Fuchs, Thomas. 2020. *Verteidigung des Menschen. Grundfragen einer verkörperten Anthropologie*. Berlin: Suhrkamp Verlag.
Fuchs, Thomas. 2022. Understanding Sophia? On human interaction with artificial agents. *Phenomenology and the Cognitive Sciences*. https://doi.org/10.1007/s11097-022-09848-0.
Galilei, Galileo. 1933. Il Saggiatore. In *Le Opere di Galileo Galilei*. Firenze.
Habermas, Jürgen. 1968. Technischer Fortschritt und soziale Lebenswelt. In *Technik und Wissenschaft als „Ideologie",* 104–118. Frankfurt a. M.: Suhrkamp Verlag.
Heffernan, George. 2017. The Concept of Krisis in Husserl's The Crisis of the European Sciences and Transcendental Phenomenology. *Husserl Studies* 33: 229–257.
Heidegger, Martin. 2000. Die Frage nach der Technik. In *1. Abteilung: Veröffentliche Schriften 1910–1976: Vorträge und Aufsätze, Band 7, Gesamtausgabe,* 5–36. Frankfurt a. M.: Vittorio Klostermann.

Husserl, Edmund. 1962. *Die Krisis der europäischen Wissenschaften und die transzendentale Phänomenologie: eine Einleitung in die phänomenologische Philosophie,* Hrsg. Walter Biemel. Dordrecht: Kluwer.

Husserl, Edmund. 1970a. *Philosophie der Arithmetik mit ergänzenden Texten, 1890–1901,* Hrsg. Lothar Eley und Herman Leo Van Breda. Den Haag: Martinus Nijhoff.

Husserl, Edmund. 1970b. *The crisis of European sciences and transcendental phenomenology: An introduction to phenomenological philosophy.* Evanston: Northwestern University Press.

Husserl, Edmund. 1983. *Studien zur Arithmetik und Geometrie: Texte aus dem Nachlass 1886–1901,* Hrsg. Ingeborg Strohmeyer. The Hague: M. Nijhoff.

Ihde, Don. 1990. *Technology and the lifeworld: from garden to earth.* Bloomington: Indiana University Press.

Ihde, Don. 2011. Husserl's Galileo Needed a Telescope! *Philosophy & Technology* 24: 69–82.

Krämer, Sybille. 2022. Kulturgeschichte der Digitalisierung: Über die embryonale Digitalität der Alphanumerik. *Aus Politik und Zeitgeschichte* 72: 10–11.

Kuhn, Thomas S. 1996. *The structure of scientific revolutions.* 3rd ed. Chicago, IL: University of Chicago Press.

Trizio, Emiliano. 2016. What is the Crisis of Western Sciences? *Husserl Studies* 32: 191–211.

Trizio, Emiliano. 2020. Crisis. In *The Routledge Handbook of Phenomenology and Phenomenological Philosophy,* Hrsg. Daniele De Santis, Burt C. Hopkins und Claudio Majolino. New York: Routledge.

Verbeek, Peter-Paul, und Robert P. Crease. 2005. *What things do: philosophical reflections on technology, agency, and design.* 2. printing. University Park, PA: Pennsylvania State University Press.

Waldenfels, Bernhard. 1997. *Topographie des Fremden.* Frankfurt a. M.: Suhrkamp.

Waldenfels, Bernhard. 2002. *Bruchlinien der Erfahrung: Phänomenologie, Psychoanalyse, Phänomenotechnik.* Frankfurt a. M.: Suhrkamp.

Waldenfels, Bernhard. 2022. *Globalität, Lokalität, Digitalität: Herausforderungen der Phänomenologie.* Berlin: Suhrkamp.

Wiltsche, Harald A. 2017. Mechanics Lost: Husserl's Galileo and Ihde's Telescope. *Husserl Studies* 33: 149–173.

Technik und Praxis. Zur Spezifik der digitalen Transformation

Daniel Martin Feige

Jürgen Habermas hat jüngst festgehalten, dass die neuen Medien einen „revolutionären Charakter" haben: „[B]ei ihnen handelt es sich nicht bloß um eine Erweiterung des bisherigen Medienangebots, sondern um eine mit der Einführung des Buchdrucks vergleichbare Zäsur in der menschheitsgeschichtlichen Entwicklung der Medien" (Habermas 2022, S. 31). Diese Diagnose scheint mir zutreffend: Wir befinden uns derzeit in einem Prozess gesamtgesellschaftlicher Transformation, der anhand der Digitalisierung gefasst werden kann. Nicht ausgemacht ist allerdings, worin genau diese Transformation besteht und was unter ‚Digitalisierung' spezifischer zu verstehen ist. Im Folgenden möchte ich aus technikphilosophischer und praxistheoretischer Perspektive Überlegungen zur Spezifik der digitalen Transformation anstellen. Meiner These nach besteht das Spezifische des digitalen Wandels darin,[1] dass digitale Medien und Infrastrukturen (im Folgenden spreche ich mit Luciano Floridi von Informations- und Kommunikationstechnologien, kurz ‚IKTs'; Floridi 2015, Kap. 1) in unsere Praktiken eine diesen *fremde und andersartige Logik* einführen. Stehen Praxis und Technik grundsätzlich in einem interdependenten Verhältnis, ist dieses im Zuge der Digitalisierung aufgekündigt: Es gibt hier eine andersartige Logik *hinter* unseren Praxiszusammenhängen zu entdecken, da im Zuge der Digitalisierung alle relevanten Aspekte der Praxis in Daten und damit der Lingua Franca der digitalen Transformation überführt werden müssen. Die These, dass es hinter unseren Praxiszusammenhängen eine andersartige Logik zu entdecken gilt, besagt dabei gerade nicht, dass diese letztlich in nichts anderem

---

[1] Ausführlicher entwickle ich diesen Gedanken in Feige (2024, Kap. 1).

D. M. Feige (✉)
Staatliche Akademie der Bildenden Künste Stuttgart, Stuttgart, Deutschland
E-Mail: daniel.feige@abk-stuttgart.de

© Der/die Autor(en), exklusiv lizenziert an Springer-Verlag GmbH, DE, ein Teil von Springer Nature 2024
M. Schwartz et al. (Hrsg.), *Digitale Lebenswelt,* Digitalitätsforschung / Digitality Research, https://doi.org/10.1007/978-3-662-68863-2_3

als Daten bestehen (dieser Gedanke gehört zur Ideologie der digitalen Transformation). Sie besagt vielmehr, dass Praxiszusammenhänge nicht länger transparent sind hinsichtlich der Zwecke, denen sie dienen.

Diese Überlegungen werde ich im Folgenden in zweieinhalb Schritten entwickeln. Im ersten Schritt (1) werde ich den Begriff der Digitalität diskutieren und hier die Alternativen, die digitale Transformation entweder als bloße Verlängerung vorangehender Techniken oder als bloßen Bruch mit vorangehenden Techniken zu sehen, als falsche Alternativen zurückweisen. Auch wenn man Habermas' eingangs zitiertem Verdikt zustimmt, ist man nicht genötigt, retrospektive Vorstufen und Vorläufer der Logik der Digitalität in Abrede zu stellen. Im zweiten Schritt (2) werde ich Begriffe des ‚Technischen' und der ‚Praxis' entwickeln, die die Kontinuität der digitalen Transformation zu vorangehenden Techniken nicht bestreiten, und dennoch in ihr einen Bruch erkennen: Wir haben es hier mit Techniken zu tun, die aus der Perspektive der Praxis nicht länger dechiffrierbar sind. In einem letzten kurzen Schritt (3) werde ich einen Ausblick für die sich hier andeutende kritische Perspektive formulieren.

1 Digitalisierung, Ereignis und Geschichte

Ein naheliegender Ausgangspunkt für ein Verständnis des Begriffs der Digitalität findet sich in zeichen- und symboltheoretischen Überlegungen und hier vor allem in der Philosophie Nelson Goodmans. Denn, so der Leitgedanke, bei der Digitalisierung handelt es sich um die immer weitere Durchdringung aller gesellschaftlichen Bereiche mit Techniken, die eine bestimmte *Form* der Zeichenverarbeitung aufweisen.

Goodman hat in seinem kunstphilosophischen Hauptwerk *Sprachen der Kunst* digitale Systeme von analogen Systemen anhand der „syntaktisch und semantisch durchgängigen [D]ifferenziert[heit]" (Goodman 1997, S. 154) unterschieden.[2] Dass ein Zeichensystem syntaktisch differenziert ist, heißt, dass es zwischen zwei Elementen nicht noch ein drittes gibt. Das gilt für das Alphabet: Etwas ist entweder ein ‚A' oder ein ‚B'; insofern ich es aber mit Buchstaben des Alphabets zu tun habe, kann jede Inskription (etwa an der Tafel oder handschriftlich) eben nur einer der Buchstaben sein, die im Alphabet existieren. Für syntaktisch dichte Zeichensysteme würde hingegen gelten, dass jeder minimale Unterschied der Inskription auch ein neues Element des Systems konstituieren würde. Man kann festhalten: Digitale Systeme sind solche, die aus einer endlichen Menge von Elementen bestehen, während analoge Systeme solche sind, die aus einer unendlichen Menge von Elementen bestehen; jeder noch so minimale Punkt in einem Kontinuum macht hier einen Unterschied. Dasselbe gilt nun auch für die semantische Seite: Die Zeichen stehen hier jeweils für etwas, das entweder dieses oder jenes

---

[2] Jens Schröter hat bereits früh Goodmans Begriffe für Fragen des Begriffs der Digitalität fruchtbar gemacht (Schröter 2004, S. 7–30).

ist. Damit sind digitale Systeme so aufgebaut, dass sie aus einer endlichen Anzahl von Elementen bestehen, die jeweils für etwas stehen, das klar voneinander unterschieden ist.

Es sollte offenkundig sein, warum Goodmans Theorie attraktiv ist für eine Bestimmung des Begriffs der Digitalität: Sie erlaubt, den atomaren Charakter digitaler Zeichensysteme zu denken und damit auch, dass ihre Elemente kombinierbar und substrahierbar sind. Ohne dass damit eine erschöpfende Bestimmung des Begriffs der ‚Daten' oder des Begriffs der ‚Information' auch nur ansatzweise geleistet wäre, ist dieser atomare Charakter ein Signum des digitalen Wandels: Damit überhaupt etwas im Rahmen der IKTs verarbeitet werden kann, muss es in Daten in Form des Binärcodes übersetzt werden. Und mit Goodman lässt sich zugleich festhalten, dass diese Übersetzung nicht bloß als Verlust zu bezeichnen ist: Natürlich lässt sich keine digitale Beschreibung kleinster Farbverläufe eines Gemäldes von Claude Monet angeben – dafür können digitale Systeme aber etwas anderes, denn sie stellen eine universale Form der Übersetzbarkeit her. Es ist in diesem Sinne nicht legitim, eine Kritik der Digitalisierung auf der Grundlage der sinnlichen Fülle, der Anschaubarkeit und der Körperlichkeit unseres Weltverhältnisses zu betreiben – denn diese Kandidaten sind nicht nur ebenso wenig unmittelbar, sondern, wenn Goodman recht hat, sind sie schlichtweg Ausdruck einer anderen Logik als der digitalen Logik im Sinne von Eigenarten unterschiedlicher Formen von Zeichensystemen.

Diese Attraktivität hat allerdings einen Preis, der mich dazu führen wird, dass ich Goodman an dieser Stelle letztlich nicht folgen werde. Die Probleme eines Vorschlags im Geiste Goodmans kann man anhand der folgenden Konsequenz seiner Theorie klar machen: Das ‚Digitale' hat eigentlich nichts mit der Entstehung konkreter Techniken zu tun und erst recht nichts mit der Entstehung des Computers – es ist schon in der Entstehung des Alphabets in bestimmter Weise verwirklicht. Anhänger:innen einer gewissermaßen transzendentalen Zeichentheorie im Geiste Goodmans können deshalb auch darauf verweisen, dass Leibniz und andere Autor:innen den Computer eigentlich schon erfunden haben, ohne ihn bauen zu können. Was bei einem solchen Gedanken unter den Tisch fällt, ist allerdings die *Konkretion* entsprechender Zeichenlogiken in unseren Praxiszusammenhängen und die *Geschichtlichkeit* der Entwicklung von Zeichenlogiken.

Ich möchte ein Verständnis der digitalen Transformation im Geiste von Goodmans Zeichentheorie als ein *revisionistisches* Verständnis der Digitalisierung bezeichnen: Aus der Perspektive der digitalen Transformation entdeckt diese in Geschichte und Gegenwart eigentlich (zeichentheoretisch) immer nur wieder sich selbst. Revisionistischen Diskursen lassen sich *deflationistische* Diskurse gegenüberstellen,[3] die in anderer Weise bestreiten, dass die Digitalisierung so neuartig sei: IKTs mögen besonders leistungsfähige technologische Lösungen bieten, aber

---

[3] Ich entlehne diesen Begriff der philosophischen Wahrheitstheorie. Vor allem Frank Ramsey wird zugeschrieben, die erste vollwertige deflationistische Auffassung von Wahrheit vertreten zu haben (Ramsey 1991).

die vor-digitale Lebenswelt bleibt dennoch intakt und weiterhin der positive Bezugspunkt unseres Zusammenlebens. Entsprechend zucken Positionen, die ich deflationistischen Diskursen zuordne, angesichts der Digitalisierung entweder mit den Achseln oder warnen vor dem Verlust eines ursprünglichen, vor-digitalen Verhältnisses.

Bei den Alternativen von revisionistischen und deflationistischen Diskursen handelt es sich um falsche Alternativen, weil beide Spielarten des Nachdenkens über die Digitalisierung die digitale Transformation selbst nicht angemessen denken können. Sie verschwindet aus dem Bild. Aus der Tatsache, dass sich aus einer gegenwärtigen, zunehmend durch IKTs geprägten Gesellschaft *Vor*geschichten der Digitalisierung erzählen lassen, folgt nicht, dass das, was dabei als Vorgeschichte präsentiert wird, im Kern dasselbe ist wie jenes, aus dessen Perspektive es erzählt wird. Um Leibniz als Erfinder der Computertechnologie zu profilieren oder das Alphabet als erstes digitales Symbolsystem zu begreifen, muss man in Wahrheit logisch die historische Zensur voraussetzen, die die Digitalisierung darstellt; erst durch diese können wir auf die Idee kommen, solche Arten von Geschichten zu erzählen. Die digitale Transformation als Transformation zu denken, heißt damit, sie sowohl als etwas qualitativ Neues zu begreifen, als auch zu sehen, dass sie Vorläufer und Vorstufen in der Geschichte hat. Vorläufer und Vorstufen kann aber nur etwas haben, das als historisches Ereignis eine Zäsur darstellt (verschiedene solcher Ereignisse zeitigen damit verschiedene Reihen von Vorläufern und Vorstufen). Erst das historisch spätere Ereignis macht es logisch möglich, diese Art von retrospektiver Vorgeschichte zu erzählen (Danto 1980, Kap. 8). Spielen revisionistische Diskurse die Zäsur, die die Digitalisierung darstellt, gewissermaßen durch ihre Verlängerung in die vor-digitale Zeit (im Sinne der Ausbreitung der IKTs) herunter, so unterschätzen deflationistische Diskurse auf der anderen Seite gerade das Ereignis, das die Digitalisierung darstellt: Mit ihr bricht tatsächlich ein neues Zeitalter dessen, was Arbeit, Kommunikation und Gegenständlichkeit heißt, an und es hilft hier nichts, sich in eine vor-digitale Welt zurückzuwünschen und sie als normative Richtschnur unserer Praxiszusammenhänge zu begreifen. Demgegenüber gilt es, die digitale Transformation in der Weise als (historisch-kategoriales) Ereignis zu denken, dass sie eine Neubestimmung unserer etablierten Selbst- und Weltverhältnisse in der Praxis meint – mit der Qualifikation, dass diese Neubestimmung zugleich eine (retrospektive) Weiterbestimmung ist. Wie das Ereignis der Digitalisierung genauer zu qualifizieren ist – dazu werde ich nun im zweiten Teil aus praxis- und technikphilosophischer Perspektive Überlegungen anstellen.

2 Digitalität, Praxis und Technik

Auch wenn ich hier die These vertreten werde, dass das Spezifikum der digitalen Transformation darin besteht, dass hier eine andere Logik in unsere Praxiszusammenhänge eingeführt wird, die in ihnen selbst nicht transparent werden kann, so bin ich doch der Auffassung, dass die digitale Transformation nicht ohne die Rolle, die IKTs in unseren Praktiken spielen, angemessen verstanden werden kann. Wäre es nicht der Fall, dass unsere Praxiszusammenhänge zunehmend von IKTs durchdrungen werden, so wäre die digitale Transformation nicht das derart relevante Thema, als welches sie derzeit behandelt wird. Das wirft zum einen die Frage auf, was hier genauer unter Praxiszusammenhängen verstanden werden kann und warum sie derart grundlegend sein sollen, wie ich es hier angedeutet habe. Zum anderen wirft das die Frage auf, was unter Techniken, die solche Praxiszusammenhänge zunehmend in neuartiger Weise bestimmen, verstanden werden kann.

Unter ‚Praxiszusammenhängen' verstehe ich kollektive Formen des Tätigseins, die nicht unabhängig von einer Perspektive der dabei involvierten auf eben jene Tätigkeitsformen begriffen werden können. Praktiken sind meiner Auffassung nach damit keine bloß habitualisierten Tätigkeitsformen – obwohl sie auf Gewohnheiten aufruhen (und Gewohnheiten damit für sie in bestimmter Weise durchaus konstitutiv sind; Menke 2018, S. 41–46), gehen sie nicht auf in entsprechenden Gewohnheiten. Denn Praktiken sind Ausdruck einer freien, vernünftigen und selbstbewussten Lebensform (Feige 2022b, Kap. 2). Das heißt nun keineswegs, dass alles, was wir tun, rational wäre und wir nicht in vielen Kontexten verschiedenen Arten von Zwängen unterliegen. Das zu bestreiten wäre abwegig. Es heißt aber durchaus, dass man nicht verstehen kann, was wir tun, wenn wir nicht begreifen, dass wir einen Begriff des eigenen Tuns und einen Begriff der Tätigkeit, in der wir gerade involviert sind, haben – und diese Begriffe im Kontext weiterer Begriffe und Verständnisse verortet werden müssen. In *diesem,* einem *hermeneutischen* oder auch *reflexiven* Sinne, müssen Praktiken so verstanden werden, dass sie nicht ohne eine Perspektive derjenigen, die in ihnen involviert sind, angemessen begrifflich eingeholt werden können. Das heißt auch, dass Praktiken prinzipiell immer kritisierbar sind (wenn auch immer nur vor dem Hintergrund anderer Formen des Tätigseins[4]): Sowohl die Zwecke, denen diese Praktiken dienen, als auch die Art und Weise, wie diese Zwecke in entsprechenden Praktiken verwirklicht sind, sind prinzipiell in Reichweite der Frage, ob sie so sein sollen.

Martin Heidegger hat in *Sein und Zeit* in radikaler Weise den Gedanken eines Vorrangs der Praxis im Rahmen seiner Zeuganalyse verteidigt (Heidegger 2001, § 15–§ 18). In dieser hat er den Gedanken verteidigt, dass die primäre Form unseres Weltbezugs in unserem praktischen Tätigsein in der Welt besteht, im Rahmen dessen wir verständig mit alltäglichen Gebrauchsgegenständen (aber auch der als sinnhaft erschlossenen Natur) umgehen. Damit ist er der Auffassung, dass die primordiale Bedingung aller weitergehenden Verständnisse das praktische Verstehen im Sinne eines Tuns und eines Könnens ist. Paradigmatisch lässt sich das an seinem Lieblingsbeispiel, einem im Gebrauch befindlichen Hammer, verständlich machen. Einen Hammer zu verstehen heißt weder, ihn anzuschauen, noch, ihn hinsichtlich seiner molekularen Beschaffenheit im Labor untersuchen zu lassen, sondern schlicht und einfach ihn dazu zu verwenden, wozu er da ist. Naturwissenschaftliche

---

[4] Diese Einsicht in den holistischen Charakter unserer Verständnisse haben in unterschiedlicher Weise Gadamer und Davidson betont (Gadamer 1990, S. 270–296; Davidson 2001, S. 167–185).

Beschreibungen führen uns hier ebenso wenig zum Kern der Sache wie theoretische Beschreibungen; es ist vielmehr der verständige Umgang mit dem Werkzeug, welcher es in dem, was es ist, erschließt. Bei einem solchen Umgang kann es zu vielfältigen Störungen kommen – das Werkzeug kann fehlen, unpassend sein oder beschädigt sein. Aber wenn wir aus den Praxiszusammenhängen hier gewissermaßen zur Seite treten, so stoßen wir dennoch nicht auf das, was ein Werkzeug eigentlich ist – aus Heideggers Perspektive scheint hier vielmehr der vorthematische Sinnzusammenhang auf, in dem wir uns notwendigerweise immer schon bewegen, und den er terminologisch ‚Welt' nennt.

Heidegger entwickelt mit dieser Analyse den Gedanken, dass es keine hinter der Praxis liegende fundierende Ebene der Erklärung gibt und auch keine Form der Beschreibung, auf die jene reduzibel ist. Vielmehr ist die Praxis in gewisser Weise selbstgenügsam (wozu auch gehört zu verstehen, welchem Zweck sie dient). Heideggers Zeuganalyse klagt dabei einen wichtigen Punkt ein: Dass unsere Praxis derart selbstgenügsam ist, dass sie explanatorisch irreduzibel ist, heißt nicht, dass sie sich um sich selbst drehen würde. Sie ist vielmehr in vielfältiger Weise in einer Welt verortet, zu der in zentraler Weise auch Artefakte gehören. Und dieser Gedanke erweist sich auch dann als fruchtbar, wenn man der Auffassung ist, dass der Begriff der Praxis ausgehend von einer Analyse unserer selbst als freier, vernünftiger und selbstbewusster Lebewesen erfolgen muss.[5] Er lässt sich nicht allein artefakt- und designtheoretisch explizieren, sondern auch aus einer technikphilosophischen Perspektive.

Aus einer technikphilosophischen Perspektive gilt es, folgenden Gedanken im Kontext der bisherigen praxistheoretischen Überlegungen geltend zu machen: Eine Praxis dreht sich nicht derart um sich selbst, dass sie in einer sinnhaften menschlichen Welt verortet ist, die sich in unterschiedlicher Hinsicht in ihrer Widerständigkeit artikulieren kann (wozu nicht allein materielle Dimensionen, sondern auch träge gewordene kollektive Konventionen gehören). Vielmehr ist die Praxis auch bestimmt von den Gegenständen und auch Techniken, derer sie sich bedient. Nicht allein lassen sich bestimmte Dinge nur unter Rückgriff auf spezifische Typen von Gegenständen bewerkstelligen – der Gedanke, ohne einen Begriff des Hammers und der Nägel jene in die Wand hämmern zu wollen, ist unverständlich. In diesem Sinne sind spezifische Werkzeuge ermöglichend und auch entdeckend hinsichtlich bestimmter Aspekte der Wirklichkeit. Aber noch in einem spezifischeren und stärkeren Sinne ist die Praxis von ihren Gegenständen bestimmt: Je nachdem, welcher spezifischen Unterklasse der Art von Gegenständen ich mich bediene (bis hin zu solchen Unterscheidungen, die nochmal feingliedriger sind, wenn man hier etwa an einen industriell hergestellten Stuhl im Kontrast zu einem Einzelstück eines Handwerks denkt), gewinnt meine Praxis selbst einen anderen Sinn und eine andere Kontur. Zwar kann ich auch mit einem Stuhl einen Einbrecher erschlagen,

---

[5] In diesem Sinne könnten sich die Alternativen, die sich in der Kontroverse zwischen Dreyfus und McDowell aufgespannt haben, weniger harsch ausnehmen, als es erschienen sein mag (Schear 2013).

aber in diesem Fall bediene ich mich eines Gegenstandes, dessen eigentliche Funktion in etwas anderem besteht (sonst wäre für den Gebrauch von Stühlen ein Waffenschein vonnöten, was nicht der Fall ist; Preston 2003, S. 601–612). Eine Waffe hingegen lässt mich nicht allein andere Dinge tun, sondern, wie Bruno Latour geltend gemacht hat, zu einer anderen Art von Akteur werden: Der Bürger, der eine Schusswaffe mit sich führt, wird „jemand Anderes (eine Bürger-Waffe, ein Waffen-Bürger)" (Latour 2002, S. 217). Man muss Latours überspitzte Distribution von Handlungsfähigkeit gar nicht unterschreiben, um zu sehen, dass er hier einen wichtigen Punkt benennt: Je nach Techniken, derer ich mich im Rahmen einer Praxis bediene, ist die Praxis jeweils eine andere Praxis. Generische Begriffe wie ‚Sitzgelegenheit' oder selbst ‚Waffe' sind damit abstrakt, da sie genau die Artefaktebene und die Technikebene nicht länger in den Blick zu nehmen erlauben. Kurz gesagt: Es lässt sich mit Blick auf den Zusammenhang von Praxis und Technik sowohl die *Interdependenz* von Praxis und Technik behaupten, wie sich die *Nicht-Neutralität* von Techniken behaupten lässt.

Einige Anmerkungen zum hier verwendeten Begriff der ‚Technik' oder der ‚Techniken'. Von ‚Technik' kann auf mindestens zwei Weisen die Rede sein: ‚Techniken' kann eine spezifische Art und Weise des Hervorbringens meinen und damit ein ‚wie'. Der Begriff kann aber auch im Sinne von ‚der Technik' die involvierten Apparate, Infrastrukturen, Gegenstände usf. im Sinne eines ‚was' meinen.[6] Wenn ich von einer Nicht-Neutralität des Technischen spreche, so adressiere ich damit folgenden Gedanken: Das ‚was' und das ‚wie' des ‚Technischen' sind *intrinsisch miteinander verbunden*. Eine Beschreibung der einen oder der anderen Seite stellt eine Abstraktion dar, da auch vermeintlich neutrale Infrastrukturen (als welche die digitale Transformation im Sinne der beteiligten Techniken oft verstanden worden ist) in Wahrheit allein schon durch die Tatsache, dass sie beliebigen und auch widerstreitenden Zwecken dienen können, gerade *nicht* neutral sind (sie abstrahieren z. B. von einem in bestimmter Weise verstandenen ‚Guten' als Orientierung der in Frage stehenden Praxis). Wenn man das Technische und die Techniken in der Mittelrelation von Handlungserklärungen verortet, heißt das nicht allein (Feige 2022a, S. 35–51), dass hier Mittel und Zweck in einem *dialektischen* Verhältnis zueinander stehen (Hubig 2006, Abschn. 4.2). Es heißt auch, dass sich die in Frage stehenden Zwecke in und durch die Mittel *konkretisieren* und dadurch zugleich *andere werden* als in dem Fall, in dem sich anderer Mittel bedient würde.

Warum stellt die digitale Transformation aber nicht einfach eine neue Technik dar, die zu bislang bestehenden Techniken hinzutritt? Das lässt sich noch einmal mit Blick auf den in Anschlag gebrachten Begriff der Praxis ausweisen. Zwar ist es so, dass sich alle Praxiszusammenhänge, in denen wir uns bewegen, nicht um sich selbst drehen, sondern immer auch von den Techniken bestimmt sind, die im Rahmen ihrer gebraucht werden. Das ist nicht nur derart zu verstehen, dass bestimmte Dinge unter einer angemessen feingliedrigen Beschreibung nur unter

---

[6] Klaus Kornwachs hat in dieser Weise zwischen einem formalen und einem materialen Begriff der Technik unterschieden (Kornwachs 2013, S. 18–19).

Rückgriff auf diese Techniken getan werden können, sondern dass der Sinn des Tuns je nach gebrauchten Techniken ein anderer ist. Aber dennoch gibt es bei solchen Praxiszusammenhängen eben keine dahinter liegende Ebene zu entdecken, sondern die verständige Teilnahme an der Praxis entdeckt alles, was hier relevant ist. Das ist mit der Entstehung der IKTs nicht länger der Fall. Denn für die IKTs, selbst wenn sie uns ein scheinbar verständliches Gesicht zukehren (Floridi 2015, S. 45–56), gilt, dass ihre grundlegende Grammatik nicht diejenige der Praxis ist, sondern diejenige der *Daten*. Die Digitalisierung gewinnt praxistheoretisch Gestalt als *Datifizierung* aller Gegenstände (inklusive der Praktiken und der dort getroffenen Entscheidungen der beteiligten Subjekte). Alles, was in ihnen auftauchen kann, muss in Form von Daten neugeschaffen werden. Meine These lautet hier, dass das zentrale Charakteristikum der mit der Digitalisierung verbundenen Techniken ist, dass sie keine Techniken sind, die in der Praxis aufgehen, *sondern die Praxis selbst im Rahmen einer digitalen Logik neufassen.* Zwar lassen sich auch Hämmer und Stühle auf ihrer chemischen und physikalischen Ebene beschreiben – aber diese Beschreibung dringt, wie wir mit Heidegger gesehen haben, nicht zum eigentlichen Kern der Sachen vor. Zwar ist auch im Kontext der digitalen Transformation die Ebene der Praxiszusammenhänge irreduzibel, aber in ihnen gibt es im Unterschied zu anderen Techniken durchaus eine andere, weitergehende Ebene zu entdecken: die Ebene der Daten. Damit behaupte ich nicht, dass die Wahrheit unseres Gebrauchs digitaler Techniken der Code sei (und damit Programmierer über ein letztes Meta-Wissen verfügen), sondern allein, dass es eine Seinsweise der in Frage stehenden Gegenstände gibt, die eben nicht aus der Perspektive ihres verständigen Gebrauchs erschließbar ist und die zugleich eine ganz andersartige Logik in unsere Praxis einführt als diejenige der Praxis selbst. Dass diese Neufassung zwar einerseits produktiv ist (insofern sie, wie im ersten Teil dieses Beitrags argumentiert, tatsächlich einen Einschnitt darstellt), schließt nicht aus, dass sie Ausdruck einer problematischen Produktivität ist. Warum sie letzteres sein könnte – darauf gebe ich in einem kurzen dritten Teil ein Ausblick.

3 Digitalisierung, Vernunft und Kritik

Wenn die hier vorgestellten Überlegungen zur digitalen Transformation zutreffend sind, gilt, dass hier innerhalb unserer Praxiszusammenhänge eine andere Logik als diejenige Logik, die für die in den Praktiken involvierten Subjekte explizit thematisch werden kann, auszumachen ist. Wie ist diese genauer zu bestimmen? Die in den IKTs produzierten Daten sind nicht, das zeichnet sie aus, in der Hand der Nutzer:innen, sondern werden von den GAFA-Unternehmen, die ununterscheidbar von den betreffenden Märkten sind (Staab 2019), gesammelt. In diesem Sinne ist die Neuformatierung unserer Praxiszusammenhänge durch die digitale Transformation vielleicht eher im Kontext einer ökonomischen Theorie des Kapitalismus zu diskutieren als im Kontext epistemologischer oder ontologischer Fragen. Auch hier lässt sich die Lehre ziehen, die ich im ersten Teil meines Beitrags entwickelt habe; retrospektiv lässt sich eine Vorgeschichte weniger aus symbol- und zeichentheoretischer Perspektive herausarbeiten (die nämlich Veränderungen nicht mehr angemessen denken kann), sondern vielmehr aus der Perspektive einer ökonomischen Rationalität. Die relevante Transformation ist damit diejenige vom Industriezeitalter zum digitalen Zeitalter. Zugleich besteht sie darin, die dabei entstandenen neuen Formen der Herrschaft, die wesentlich in einem konstitutiven Unsichtbarmachen dessen, was sich gerade nicht länger der Logik der Datifizierung fügt, bestehen, in den Blick zu nehmen; mögen die verarmten Arbeiterschichten im Industriezeitalter ausgeblendet worden sein, konnte man dennoch über diese Menschen stolpern. Digitalisierung könnte in diesem Sinne als Form der Radikalisierung der instrumentellen Vernunft begriffen werden (Horkheimer und Adorno 1988); einer Vernunft, die nicht länger nach den Zwecken, sondern nur nach den Mitteln fragt. In diesem Sinne könnte ein Signum des digitalen Wandels sein, dass in dieser Logik noch einmal in radikalerer Weise als vorhergehende Formen instrumentelle Vernunft ausgemerzt wird als das, was sich ihr nicht fügt. Das verlangt nach neuen Formen und Infrastrukturen kritischer Praxis.

Literatur

Danto, Arthur C. 1980. *Analytische Philosophie der Geschichte.* Frankfurt a. M.: Suhrkamp.
Davidson, Donald. 2001. Vernünftige Tiere. In *Subjektiv, intersubjektiv, objektiv,* Donald Davidson, 167–185. Frankfurt a. M.: Suhrkamp.
Feige, Daniel M. 2022a. Das ‚Andere' der Technik, ein ‚anderes' Technisches. Anmerkungen zum Verhältnis von Kunst und Technik. *Jahrbuch Technikphilosophie* 8: 35–51.
Feige, Daniel M. 2022b. *Die Natur des Menschen. Eine dialektische Anthropologie.* Berlin: Suhrkamp.
Feige, Daniel M. 2024. *Gegen-Digitalisierung. Ästhetik, Rationalität und Kritik.* In Vorbereitung.
Floridi, Luciano. 2015. *Die 4. Revolution. Wie die Infosphäre unser Leben verändert.* Berlin: Suhrkamp.
Gadamer, Hans-Georg. 1990. *Wahrheit und Methode. Grundzüge einer philosophischen Hermeneutik.* Tübingen: Mohr.
Goodman, Nelson. 1997. *Sprachen der Kunst. Entwurf einer Symboltheorie.* Frankfurt a. M.: Suhrkamp.
Habermas, Jürgen. 2022. *Ein neuer Strukturwandel der Öffentlichkeit und die deliberative Politik.* Berlin: Suhrkamp.
Heidegger, Martin. 2001. *Sein und Zeit.* Tübingen: Niemeyer.
Horkheimer, Max, und Theodor W. Adorno. 1988. *Dialektik der Aufklärung. Philosophische Fragmente.* Frankfurt a. M.: Fischer.
Hubig, Christoph. 2006. *Die Kunst des Möglichen I. Grundlinien einer dialektischen Philosophie der Technik. Technikphilosophie als Reflexion der Medialität.* Bielefeld: Transcript.
Kornwachs, Klaus. 2013. *Philosophie der Technik. Eine Einführung.* München: C. H. Beck.
Latour, Bruno. 2002. *Die Hoffnung der Pandora. Untersuchungen zur Wirklichkeit der Wissenschaft.* Frankfurt a. M.: Suhrkamp.
Menke, Christoph. 2018. Autonomie und Befreiung. In *Autonomie und Befreiung. Studien zu Hegel,* Christoph Menke, 19–50. Berlin: Suhrkamp.
Preston, Beth. 2003. On Marigold Beer: A Reply to Vermass and Houkes. *British Journal for the Philosophy of Science* 54: 601–612.
Ramsey, Frank. 1991. *On Truth: Original Manuscript Materials (1927–1929),* Hrsg. Nicholas Rescher und Ulrich Majer. Dordrecht: Kluwer.

Schear, Joseph K., Hrsg. 2013. *Mind, Reason, and Being-in-the-World: The McDowell-Dreyfus-Debate*. London: Routledge.
Schröter, Jens. 2004. Analog/Digital – Opposition oder Kontinuum? In *Analog/Digital – Opposition oder Kontinuum? Zur Theorie und Geschichte einer Unterscheidung*, Hrsg. Alexander Böhnke und Jens Schröter, 7–30. Bielefeld: Transcript.
Staab, Philipp. 2019. *Digitaler Kapitalismus. Markt und Herrschaft in der Ökonomie der Unknappheit*. Berlin: Suhrkamp.

Prozessualität und Zeitlichkeit der digitalen Lebenswelt

Domenico Schneider

1 Einleitung

Die fortschreitende *Digitalisierung* als ein Schlagwort der Industrialisierung 4.0, verstanden als der Inbegriff eines postmodernen Lebensstils, aber auch konzeptionalisiert als bloße Transformation analoger Medien in digitale Medien, lässt sich kaum aus der alltäglichen Lebenswelt des globalen Nordens und der Schwellenländer bzw. der weltweiten urbanen Kultur wegdenken. Dabei verbindet sich der Prozess der Digitalisierung mit den schillernden und sich teilweise überschneidenden Begriffen der *Datafizierung* (Houben und Bianca 2018), des *Digital Lifestyle* (Dreyfus 2001) und der *Digitalität*. Gerade letzterer Begriff – Digitalität – scheint für eine *Kulturphilosophie der digitalen Netzkultur* insofern am brauchbarsten zu sein, als er in sich den Umgang mit digital-datafizierten Medien[1] als kulturelle Praxis versteht und gleichzeitig auf eine durchaus kognitive und lebensweltliche Seinsebene Bezug nimmt. Die umfangreiche Forschung, die hierzu bereits betrieben wurde und sich gerade in einer Findungsphase und Ablösungsphase befindet, kann hier nicht vollständig reflektiert werden. Insbesondere werden einerseits die verschiedenen Trends der Digitalitätsforschung, der Forschung zur Ethik des Digitalen

---

[1] Im Weiteren wird vorwiegend von *digital-datafizierter Netzkultur* gesprochen. Mit dem Adjektiv *digital* sollen primär die rechnergestützten Techniken und Endgeräte angesprochen werden, die der gegenwärtigen, technisch verwirklichten Netzkultur zugrunde liegen. Mit *Datafizierung* soll an den Umstand erinnert werden, dass zumeist alle Formen der sozialen, ökonomischen und politischen Interaktionen und Repräsentationen im besagten Netz über Daten in jeglicher nur denkbaren Form, letztendlich aber als Bits und Bytes, vorliegen.

D. Schneider (✉)
Institut für Philosophie, TU Braunschweig, Braunschweig, Deutschland
E-Mail: domenico.schneider@tu-braunschweig.de

© Der/die Autor(en), exklusiv lizenziert an Springer-Verlag GmbH, DE, ein Teil von Springer Nature 2024
M. Schwartz et al. (Hrsg.), *Digitale Lebenswelt,* Digitalitätsforschung / Digitality Research, https://doi.org/10.1007/978-3-662-68863-2_4

und der künstlichen Intelligenz beständig durch neuere Möglichkeiten lebensweltlich und forschungsbedingt eingeholt. Damit kann vieles von dem, was ehemals behauptet wurde, bald überholt sein, sich sachlich als falsch herausstellen oder muss zumindest neu überdacht werden. Auf der anderen Seite scheint sich aber eine *digitale Resignation* breit zu machen, da man nur bedingt die Hoffnungen von vollautonom fahrenden Autos (Haist 2016), vollständig humanoiden Robotern oder absolut intelligenten menschengleichen Sprachassistenten erfüllen kann. Es zeichnen sich zudem gewisse *Endmöglichkeiten* in der digitalen Performanz ab, was sich an verschiedenen Beispielen zeigen lässt: Weder haben sich die vor zehn Jahren als technische Revolution prophezeiten virtuellen Cyberbrillen – Google Glass usw. – im Alltag wirklich durchgesetzt, noch gibt es einen wirklich substanziellen Fortschritt im alltäglichen Einsatz von Holografie. Ferner bleibt die Robotik hinter den visionären und Science-Fiction-ähnlichen Wunschvorstellungen zurück. Damit soll nicht in Abrede gestellt werden, dass es in all diesen Sparten Fortschritte gibt, aber es zeichnet sich ein gewisses Wunschdenken ab, über welches man nicht hinauskommt, und gleichzeitig eine technische Sättigung. Man muss anerkennen, dass dahinter Prozesse der technischen Verfestigung von technischen Möglichkeiten und menschlicher Akzeptanz stehen, die im Weiteren zentral werden.

Mein Artikel möchte sich der faktischen Prozessualität von digital-datafizierten Interaktionsweisen nähern und hierbei neben der technischen Progression das temporale Moment und die damit verbundene Zeitlichkeit des alltäglichen Dahinlebens in der digital-datafizierten Netzkultur in den Blick bekommen. Auf beiden Seiten – der technischen Prozessualität und der Zeitlichkeit des digital-datafizierten Menschen – gehen eigene Weisen der Zeitigung und der Prozessualität vonstatten, die immense Auswirkungen auf das Individuum und die Gesellschaft haben. Ferner können die *Langzeitentwicklungen* oder die *Langzeitprozessualität* auf beide Bereiche separat, aber auch ineinander verschränkt betrachtet werden: In technischer Hinsicht schlägt sich die eine technische Innovation durch und bleibt beständig, andere Entwicklungen werden fallen gelassen. In gesellschaftlicher und menschlicher Hinsicht verändert sich unser Verständnis von Zeitlichkeit, was gerade mit der Prozessualität der technischen Medien zu tun hat. Man kommt nicht umhin, hier einen deskriptiven, enaktivistischen Ansatz (Fingerhut et al. 2013; Gallagher 2017) zu wählen, der zwar beides konzeptionell differenzieren kann, aber gleichzeitig darum weiß, dass es längst keine Welt ohne digital-datafizierte Prozessualität mehr gibt.

Mein Artikel wird daher zunächst einen Überblick über die Differenzierung von Zeitlichkeit und Prozessieren geben (2), wobei die Überlegung auf die lebensweltlichen Umstände der digital-datafizierten Netzkultur beschränkt wird. In Abschn. 2 wird insgesamt ein prozessphilosophischer Ansatz motiviert, der in Abschn. 3 durch einen sozialphilosophischen Blick aufgenommen wird. Mit Blick auf eine neuere Zeitdiagnostik wird dann parallel hierzu die Prozessualität in den Mikrointeraktionen der Mensch-Assistenz-Relation betrachtet. Unter Berücksichtigung von George Herbert Meads Konzept der *Haltungsübernahme* hilft dies dabei, spezifische Weisen der Haltungen gegenüber der digital-datafizierten Netzkultur deskriptiv zu erfassen.

2 Präliminarien – Zeit und Prozess

Wechselseitig scheint Prozessualität die Eigenschaft der Zeitlichkeit (und umgekehrt) zu beinhalten. Prozessualität im technischen Sinne haftet an einem technischen Verständnis der Zeit im Sinne der Uhrwerke und der Zeitmessung. Mithilfe des Prozesses wird ein philosophisches Problem der inneren phänomenalen Zeit gegenüber der objektiven Zeit der Physik oder Technik deutlich, welches bekanntermaßen durch Bergson (1994) und Husserl (1969) Anfang des letzten Jahrhunderts bereits angegangen wurde. Die exakte Zeitmessung und die physikalische Zeit, die eine Metapher des messbaren Raumes darstellt, lässt sich nur bedingt mit der Erlebniszeit, der *durée* oder eben dem inneren Zeitbewusstsein zusammenbringen. Husserl hat in seiner Vorlesung (1969) die klassische Trinität der Zeit, nämlich Vergangenheit, Gegenwart und Zukunft, um eine phänomenologische Trinität der Erlebniszeit erweitert: das Bewusstsein geht nicht in dezidierten, isolierbaren Jetztmomenten auf. Stattdessen erscheint, mit der Initialzündung, der Urimpression, ein mehr oder minder deutlicher Zeithof von Bewusstseinsinhalten, die in Form von Retention noematische Gesichtspunkte zurückhalten und in der Weise der Protention Bewusstseinsinhalte antizipieren. Dieser Umstand des natürlichen Bewusstseins ist fundamental anders als jegliches digital-datafizierte Speichern oder Vorhersagen. Letzteres, das Vorhersagen, basiert zumeist auf spezifischen *Familien neuronaler Netze* und *Familien probabilistischer Vorhersagemethoden*. Speichern und Vorhersagen können nicht mit den Formen des menschlichen phänomenalen Erinnerns und Antizipierens gleichgesetzt werden, auch wenn in der Debatte über den erweiterten Geist um diesen Punkt prominent gestritten wird. Selbstverständlich benutzt der Mensch seit jeher externe Erinnerungsmethoden und jede mediale Verwirklichung, ob in Form von Sprache, Bild, Text oder leiblich ausgeführter Performanz kann als eine externe Form des Erinnerns oder Vorhersagens gedeutet und missverstanden werden. Vieles von dem steht und fällt damit, wie der Mensch verstanden wird. Legt man ein bloß sensomotorisch verarbeitendes Gehirn zugrunde, so gelangt man schnell zu einer Analogisierung von Mensch und Rechner. Leibphänomenologische Ansätze (Merleau-Ponty 2011, Noë 2004; 2009) zeigen jedoch deutlich, dass diese Reduktion des Menschen auf sein Gehirn nicht gerechtfertigt zu sein scheint. Es macht viel eher Sinn, die husserlsche Zeitphilosophie leibphänomenologisch zu denken. Wenn man diesen Ansatz wählt, liegen die vermeintlich externen, medialen Gedächtnisstützen, z. B. Mimik, Gestik, Schrift, sofern man sie performativ versteht, eben in einer verleiblichten Form vor. Vermöge der Propriozeption sollte die Trinität von Protention, Urimpression und Retention in den interagierenden Leib verankert gedacht werden. Damit zerfällt das *Zur-Welt-Sein* auch nicht in ein unüberbrückbares Intern und Extern.

Neben der oben genannten fundamentalen Unterscheidung von phänomenal-leiblichem Erinnern und Antizipieren gegenüber dem digital-datafizierten Speichern und Vorhersagen gibt es ferner einen weiteren Unterschied, der gerade die Kontinuität des Bewusstseins anspricht. Husserl betont mehrfach die Kontinuität der Bewusstseinsverläufe, worin sich die *Abschattungen* der Bewusstseinsinhalte in dazugehörigen Kontinua stufenweise ergeben (Husserl, 1969, S. 29–32). Dieser Umstand führt mit einem ergänzenden Blick auf die oben diskutierten leibphänomenologischen Voraussetzungen zu einem Bild des Menschen, der in seinem Zur-Welt-sein leiblich-zeitliche Gestalten vollzieht, die in ihrem Vollzug gefühlt, retendiert, antizipiert werden, wobei die *Trias der Zeit* in einer spezifischen Weise sensomotorisch kontinuierlich verankert vorliegt. Dies erscheint mir eine spezifische Differenz zur digital-datafizierten Technologie unserer digitalen Netzkultur zu sein, die nicht einholbar ist. Letzteres kann von den entsprechenden digital-datafizierten Medien und der dazugehörigen Assistenzsysteme nur bedingt ausgeführt werden, da ihnen als algorithmenbasierte Ausführung die fühlend-kontinuierliche Akzeptanz fehlt. Sie speichern nur Zustände und greifen wieder nur in *Jetztmomenten* auf relevante Strukturen zu. Es bleibt der Eigenschaft des Algorithmus geschuldet, eine Schritt-für-Schritt-Anweisung zu sein, dass der Welt-Maschine-Assistenz die Kontinuität des leiblichen und organismischen Prozessierens verweigert bleibt. Diese Differenz führt in unterschiedlichen Kontexten des menschlich-digital-datafizierten Interagierens zu neuen Überformungen des Zeitlichen, was durch die Annäherung der Performanz der Assistenzsysteme an den Menschen bedingt ist, während der Mensch sich gerade in unterschiedlichen Kontexten an die algorithmische Prozessualität anpasst. Diesen Umstand näher herauszuarbeiten, soll der folgende Beitrag leisten.

Neben den technikphilosophischen Überlegungen zum Begriff des Prozesses (Winkler 2015) haben die abendländische und außereuropäische Philosophie seit jeher Traditionslinien, die sich mit dem *Werden* und *Vergehen* und damit implizit mit der Philosophie der Zeit auseinandergesetzt haben. Bei einer genaueren Sichtung dieser Philosophie der Zeit (Gloy 2008; Sieroka 2018; Wendroff 1989) lässt sich zeigen, dass prozessontologische Ansätze nicht notwendigerweise mit denselben Problemen deckungsgleich sein müssen, die sich innerhalb der Geschichte der Zeitphilosophie ergeben haben. Das diverse Programm einer Philosophie der Zeit beschäftigt sich im Wesentlichen mit der Frage nach dem *Wie* und dem *Was* an der Zeit, beispielsweise: Was ist die Zeit im Horizont einer ihr zugrunde liegenden Erfahrbarkeit? Diese Fragestellungen werden nun in prozessontologischen Ansätzen nicht notwendigerweise beiseitegeschoben, aber doch anders verstanden. Ohne dabei die vielen positiven Ergebnisse in der Philosophie der Zeit herabzusetzen, werden in prozessphilosophischen Ansätzen statt Fragen nach dem *Wie* und dem *Was* der Zeit verstärkter Fragen der Konsequenzen einer bloßen Hinnahme von Prozessen diskutiert: Alle Entitäten erscheinen aus dieser Blickrichtung als Prozesse und von dort aus müsse das *Wie der Dinge,* die Ordnung dieser Dinge und nicht nur die Ordnung des Vergehens überlegt werden. Dabei stellt sich die Frage, was unter einem Prozess zu verstehen ist. Etymologisch gesehen stammt das Substantiv *Prozess* vom lateinischen *procedere* ab, was so viel heißt wie ‚vorwärts gehen', ‚Trend' oder ‚Tendenz' von etwas, was Zeit benötigt. Nicholas Rescher gibt im zweiten Kapitel seines Buches *Process Philosophy – A Survey of Basic Issues* folgende Definition und leitet damit den Ansatz einer Prozessphilosophie ein:

> A process is an actual or possible occurrence that consists of an integrated series of connected development unfolding in programmatic coordination: an orchestrated series of occurrences that are systematically linked to one another either causally or functionally. Such a process need not necessarily be a change in an individual thing or object but can simply relate to some aspect of the general "condition of things". (Rescher 2000, S. 22)

Das Fluide bzw. Fließende der Welt wird bei Rescher nicht nur auf den Fluss des Bewusstseins wie bei Husserl oder James reduziert. Die vielen Prozesse in der Natur, die im Wesentlichen subjektlos sind und keinen Agenten haben, stellen sich für Rescher als pure Wirkverhältnisse dar, worunter beispielsweise die Hubble Expansion des gesamten Universums als ein allumfassender Prozess verstanden werden kann (Rescher 2000, S. 22).

Rescher beginnt seinen prozessphilosophischen Ansatz mit den leibnizschen Monaden, welche er als *Cluster von Prozessen* auffasst (Rescher 2000, S. 5). Das mögliche Entfalten von Einheiten mit spezifischen, dann auch phänomenal wahrnehmbaren Eigenschaften führt weg von bloßen statischen Vorstellungen und eröffnet die Möglichkeit, die Welt in ihren organismisch-biologischen und damit lebendigen Qualitäten zu sehen. Dieses Anliegen verfolgt Leibniz, der bekanntermaßen damit eine panpsychistische Weltanschauung vertritt, um die lebendigen und nichtorganischen Einheiten zu beachten. Rescher versucht unter Berücksichtigung des *panta rhei*-Konzeptes (Platon 1998, 401d) und Leibniz' Monadologie einige basale Propositionen für eine Prozessphilosophie zu formulieren:

1. Time and change are among the principal categories of metaphysical understanding.
2. Process is a principal category of ontological description.
3. Processes are more fundamental, or at any rate not less fundamental, than things for the purposes of ontological theory.
4. Several, if not all, of the major elements of the ontological repertoire (God, Nature as a whole, persons, material substances) are best understood in process terms.
5. Contingency, emergence, novelty, and creativity are among the fundamental categories of metaphysical understanding. (Rescher 2000, S. 5–6)

Dieses sicherlich ausbaufähige und kritisierbare Programm führt zu einer Priorisierung des Wandels, des Alternierens und des Vergehens vor einer Substanzialisierung der gegenständlichen und sozialen Welt, wobei hier unter Substanz der philosophische Begriff des einzelnen starren, beharrlichen und selbstständigen Seienden verstanden wird. Zusätzlich soll das prozessphilosophische Programm neben der Beschreibung von Realität auf die Wirklichkeit, u. a. die relationalen Gefüge von phänomenalen Wirkungen in subjektiven Wahrnehmungsakten, bezogen werden. Im Zuge der Tatsache, dass die kosmologische Welt aus unzähligen Prozessen besteht und in ihr wiederum unterschiedliche Prozesse vorgehen, kommt Rescher zu der Vorstellung, dass mit einem Prozess folglich nicht das Vergehen von festen Dingen gemeint sein kann (Rescher 2000, S. 7). Vielmehr kommt es nicht zur Aktion von Dingen – actions of things –, sondern die Prozesse bzw. die Aktionen selbst sind primär. Für Rescher wird die lateinische Rede von einem *operari sequitur esse* in ein *esse sequitur operari* umgekehrt: Das Sein hängt in allen Belangen vom Charakter des Tätigens und des Geschehens ab (Rescher 2000, S. 7). Die Annahme, dass ein Prozess eine Fragilität oder eine vergängliche, eben nicht greifbare und damit indiskutable oder gar uninteressante Eigenschaft sei, wird mit einem prozessphilosophischen Ansatz als eine unhinterfragte Annahme eines *Primats der stabilen Dinge* abgelehnt. Vielmehr bestehen die kosmologische Welt, aber auch die Lebenswelt, aus Clustern von prozess-orientierten Dispositionen, die als kategoriale Eigenschaften der Dinge herangezogen werden können (Rescher 2000, S. 7). Auf den ersten Blick könnte man bei einer solchen Annahme eines Primats der Prozesse als Gegenargument ins Feld führen, dass jeder Prozess ein Prozess von etwas *Nicht-Prozessierendem* oder *Statischem* impliziere. Dies lehnt Rescher jedoch als eine für ihn unplausible Vorannahme ab.

Die Zielgerade eines prozessphilosophischen Ansatzes zeigt sich in der Frage nach den Ereignissen oder dem *unmittelbaren Auftreten* in Raum und Zeit. Alles, was überhaupt sein kann, wird sich in Ereignissen in einem raumzeitlichen Kontinuum mit mehr oder wenigen stabilen Aspekten ergeben (Rescher 2000, S. 12). Mit den ereignishaften Prozessen als Ursprung der stabilen Dinge wird klar, dass das Wesen von Zeit und Raum als solches nicht unwesentlich für die Begriffsbestimmung der *Prozessualität* sein wird, da die in Frage stehenden Ereignisse in raumzeitlichen Strukturen eingebettet oder gerade für diese im generativen Sinne ursprünglich sind. Die Zeitphilosophie mit all ihren Ausläufern, die oben bereits angedeutet worden sind, muss in einer spezifischen Weise für das digital-datafizierte Interagieren herangezogen werden. Dies wird sich im Laufe des Artikels eingeschränkter an zwei Teilfragen orientieren müssen: Welches sind die zugrunde liegenden Prozesse, die für eine Veränderung der lebensweltlichen Bedingungen in einer digital-datafizierten Umgebung verantwortlich sind? Was sind die neuen Prozesse im Sinne des interagierenden sozialen Menschen im Horizont seiner facettenreichen Bewusstseinsprozesse (affektiv-emotional-kognitiv)? Die zugrunde liegenden Prozesse gliedern sich u. a. in medientheoretische und interaktionistische Bereiche.

Neben einer Definition des Prozessbegriffes macht Rescher deutlich, dass Typen von Prozessen voneinander zu unterscheiden sind: Man ist gezwungen, Modi von Prozessen zu differenzieren, die sich auf drei Perspektiven und damit verbundene Fragen konzentrieren:

1. What sort of structure?
2. What sort of occurences?
3. What sort of result? (Rescher 2000, S. 27)

Dabei ist die *Strukturierungsweise* (Rescher 2000, S. 27) der differenzierbaren Prozesse richtungsweisend, denn nach Rescher stellen die räumlich-zeitlichen stabilen Strukturen die Bedingungen für Prozesse überhaupt dar. Daher können sich gemäß der zweiten Frage ‚*Welche Art von Prozess erscheint?*' verschiedene Prozesse eröffnen: Biologische, organismische, mathematische, mentale usw. Prozesse können und müssen differenziert werden. Aufgrund der sozialphilosophischen Ausrichtung des vorliegenden Artikels wird in diesem Zusammenhang der mentale Prozess eine besondere Rolle spielen. Dieser wird nicht als bloßer kranialer Prozess zu verstehen sein, sondern wesentlich leiblich und sozial-interaktionistisch verstanden. Darüber hinaus wird die digital-datafizierende Prozessualität von *außen auf* die Maschine (Computer, Rechner, Endgeräte), aber auch von *innen aus* der Maschine zu überlegen sein. Im Hinblick auf den mentalen Prozess lassen sich bei Rescher bereits im ersten Kapitel Feststellungen finden: Die personale Identität kann nur als Prozess konzeptionalisiert werden und kann weder essentialistisch noch substanziell verstanden werden (Rescher 2000, S. 13–14). Die Gründe für die Ablehnung eines festen unveränderlichen Selbst sind vielschichtig. Ein Selbst bzw. eine personale Identität im Sinne von ‚*eine Identität haben*' hängt vom Wandel der gesellschaftlichen Prozesse und der damit verbundenen ontogenetischen bzw. organismischen Prozesse ab. Das Selbst erscheint daher nicht völlig kontingent und unbestimmbar, sondern sollte vielmehr als einheitliche Mannigfaltigkeit von aktualen und potenziellen Prozessen verstanden werden (Rescher 2000, S. 15). In sozialphilosophischer Hinsicht können wir das Selbst, die personale Identität bzw. das Ego demzufolge nicht als etwas unabhängiges von seinen Aktivitäten, Verhaltensweisen und Handlungen verstehen. Diese lassen sich nur als Prozesse interpretieren, die durch Wandlungen der Gesellschaft konstituiert werden. Hier kann wiederum Reschers Analyse im Hinblick auf die oben gestellte dritte Frage nach den Resultaten von Prozessen herangezogen werden: Die meisten Prozesse menschlichen Verhaltens lassen sich mittels einer Mittel-Zweck- und Resultatbeschreibung erfassen. Lösungsstrategien mit Handlungsketten und stilisierte Sozialprozesse mit klaren Abläufen, die ein benennbares Resultat ergeben, werden von Rescher genannt (Rescher 2000, S. 15).

Das innere Zeiterleben (Schütz und Luckmann 1986, S. 73–87; Payk 1989, S. 69–77) kann bei genauerer Betrachtung nicht völlig losgelöst von Reschers erklärtem prozessphilosophischen Programm betrachtet werden. Die äußeren gesellschaftlichen und technologischen Zeitregime, die eben durch spezifische gesellschaftliche Prozesse (Mead 1934) bzw. durch technologischen Prozesse der digital-datafizierten Medien (Winkler 2015) vorstrukturiert werden, bestimmen überhaupt, wie Zeitlichkeit für die interagierenden menschlichen Aktanten erfahrbar wird. Daher soll auf drei Bereiche hingewiesen werden, um die innere zeitliche Verquickung mit der oben dargelegten prozessphilosophischen Perspektive durch die Zeitebene zu ergänzen. Der 1. Bereich bezieht sich auf die *sozio-interaktionistische Beeinflussung,* welche auf die *Zeit der Uhrwerke* zurückgeführt werden kann (Dohrn-van Rossum 1989, S. 49–60). Die heutigen Zeitregime der digital-datafizierten Netzkultur können stellvertretend und metaphorisch im Sinne des Klingelns, des Bimmelns und der Signalmelodien der empfangenen Nachrichten beschrieben werden. Neben den sonstigen Hinweissignalen, wie Wecksignale, Schichtwechselsignale, das Schulklingeln, die Signalgeber des Personen- und Straßenverkehrs usw., bestimmen sie den Rhythmus des digital-datafizierten Menschen. Wahlweise kann dies durch andere Signalgeber, beispielsweise visuelle Lichtsignale, ergänzend weitergedacht werden. Der 2. Bereich ergibt sich durch die *pathologische Problematik* einer neuen Zeiterfahrung durch die Zeitlichkeit der digital-datafizierten Netzkultur, welche durch Thomas Fuchs (2017) deskriptiv erfasst wird und durch spezielle Formen der Depression gegeben ist. Der 3.

Bereich spricht die Tendenz einer Beschleunigung des sozialen Miteinanders im Anschluss an Hartmut Rosa (2005) an, welche neben der Hektik durch die digital-datafizierte Netzkultur sicherlich ebenso im Umgang mit digitalen Medien eine spezifische Form der *Langeweile* mit sich gebracht hat (Rosa 2005, S. 42–43). Diese drei angedeuteten Bereiche einer *Zeitlichkeit der digital-datafizierten Netzkultur* ergeben sich aus Formen der auf uns einwirkenden gesellschaftlichen und technologischen Prozesse.

Zusammenfassend werden von Rescher spezielle Betrachtungen zu sozialisierenden Prozessen des Individuums in Form eines allmählichen Herausschälens einer personalen Identität angestellt, wobei diese personale Identität im Wechselspiel mit den gesellschaftlichen Wandlungen steht und durch diese gesellschaftlichen Wandlungen konstituiert wird. Ergänzend zu diesen speziellen Überlegungen beschreibt Rescher eine *generelle Differenz* von Prozessen, indem er zwischen den *produkterzeugenden Prozessen* und den *zustandstransformativen Prozessen* unterscheidet. Wie noch zu zeigen sein wird, eröffnet diese Differenzierung einen guten Zugang zu der in Frage stehenden Differenz der digital-datafizierenden Prozessualität und des sozial-leiblichen Interagierens. Mit produkterzeugenden Prozessen werden alle Prozesse angesprochen, die als Resultat etwas herstellen, was sich als *Ding* charakterisieren lässt. Die zustandstransformativen Prozesse bestehen vor allem in einer Transformation oder Metamorphose, die im Allgemeinen noch weitere Prozesse ermöglichen. Darüber hinaus listet Rescher die transformativen Prozesse bei kommunikativen Prozessen und die Informationsübertragung bei transformativen Prozessen auf (Rescher 2000, S. 29–30). Aufgrund des einführenden Charakters der Studie fehlen allerdings medienphilosophische und technikphilosophische Details – Reschers Ausführungen verbleiben in einer schlaglichtartigen Allgemeinheit. Zudem bedarf es einer produktiven, interpretierenden Rückbindung an die gesellschaftlichen Prozesse selbst, denn jedes technische Medium bestimmt in seiner Prozessualität die Verhaltensweisen der Individuen und das Selbst.

3 Prozessualität und Zeitlichkeit der digitalen Netzkultur

Im folgenden, abschließenden Abschnitt soll versucht werden, die bisherigen Ideen konzentriert auf die heutige digital-datafizierte Netzkultur zu beziehen. Dabei soll der Mensch als Mitträger dieser Kultur im Vordergrund stehen. Zu den unterschiedlichen Strängen, die oben bereits zusammengetragen wurden, lassen sich Thesen formulieren, die aufeinander aufbauen:

1. Sozial-interaktionistisch lässt sich die digital-datafizierende Lebenswelt prozessphilosophisch erschließen, d. h. es gibt deskriptiv erfassbare Prozesse, die sich aufeinander beziehen und einzeln, aber auch verschränkt ineinander erfassen lassen.

2. Die mit den Prozessen verbundene Zeitlichkeit lässt sich sozial-interaktionistisch verstehen und erlaubt einen Blick auf uns als zeitlich lebende Menschen.
3. Das digital-datafizierende *Prozessieren der Medien*, wie Winkler das technologisch-mediale Verarbeiten nennt, muss als ein Oszillieren zwischen räumlichen und zeitlichen Strukturen zu sehen sein (Winkler 2015). Dieses Phänomen steht in enger Verbindung zur aisthetischen Neutralität der Medien selbst (Münker et al. 2003; Krämer 2008, S. 78–90), hat aber nichtsdestoweniger einen Einfluss auf unsere Zeitlichkeit und Prozessualität.

Diese verschiedenen Stränge bestimmen die Art und Weise, wie wir Gesellschaft und unsere Identität definieren und konzeptionalisieren müssen. Damit geraten wir in das Fahrwasser der Sozialphilosophie, wie sie im Ausgang von George Herbert Mead im Sozialbehaviorismus bereits aufgegriffen und von Jürgen Habermas in einer Theorie des kommunikativen Handelns für normative Kommunikationskompetenzen sachlich verwertet wurde. Mir scheint es wichtig, nicht nur den sozialbehavioristischen Ansatz Meads herauszustellen, sondern ihn vielmehr entlang der Thematik dieses Artikels als Prozessphilosophen für sozial-interaktionistische Belange fruchtbar zu machen. Darüber hinaus scheint mir von einer sozialphilosophischen Seite her gesehen der Ansatz der Sozialphänomenologie im Ausgang von Alfred Schütz insofern produktiv, als die Zeitlichkeit des Sinnlebens aus der ersten Personenperspektive anschlussfähig für eine Erweiterung des digital-datafizierenden Sinnlebens ist. Zu beiden Ansätzen folgen im Weiteren kurze Ergänzungen zur oben ausgeführten spezifischen Differenz der ehemals nicht-digitalen Kommunikations- und Interaktionsweise zu algorithmenbasierten Interaktionen, die dazu in Kontrast stehen.

Man findet drei wichtige Gesichtspunkte in Meads gesellschaftlicher Prozessphilosophie, sofern man seinen prozessphilosophischen Ansatz mehr zur Geltung bringen möchte. Erstens etabliert ein symbolischer Interaktionismus alle menschlichen Beziehungen. Verstehen und Wissen werden zumeist durch eine Wechselbeziehung von Menschen stabilisiert. Hierin spielen körperliche Interaktionen des menschlichen Leibes eine ausgezeichnete Rolle, um diesen Verstehens- und Wissensprozess in Gang zu setzen. Dabei können beide Grundformen des Wissens – Wissen in Form von propositionalem Wissen (Wissen, dass …) und Wissen in Form von bereits sedimentierten Handlungsabläufen (Wissen, wie …) gleichermaßen angesprochen sein. Dieser Prozess wird im Wesentlichen durch Haltungsübernahme, die Rolleneinnahme und konzeptionell durch die Entwicklung der Mead'schen Trinität des *Ichs, Michs* und des *Selbst* bzw. der *Identität* geregelt. Zweitens erscheint mir die triviale Erkenntnis wichtig, dass alle symbolischen und leiblichen Interaktionen stets Prozesse sind und daher die Objekte im Sinne der menschlichen Handhabung ebenfalls als Prozesse, eben als Interaktionen, zu verstehen sind. Drittens findet man über das gesamte Werk hinweg bei Mead den *gesamtgesellschaftlichen Wandel als Prozess* formuliert. Gerade dieser letzte Punkt wird oftmals ungenügend reflektiert. Zwar kann die gesellschaftliche Entwicklung immer im Ausgang von den Individuen betrachtet werden, doch gerade die Reflexionsfigur des *verallgemeinerten Anderen* im Wechselspiel der Haltungsübernahme und der Stabilisierung des Selbst, muss bei Mead auf die gesamtgesellschaftliche Entwicklung bezogen werden. Um diesen letzten Punkt produktiv mit der Problematik der Identitätsbestimmung innerhalb der digital-datafizierten Wandlungen der letzten Dekaden in Einklang bringen zu können, erfolgen einige Erläuterungen zu der oben genannten Trinität des *Ichs, Michs* und des *Selbst* bzw. der *Identität*. Dies führt insgesamt mit den Ergänzungen zum impliziten Wissensvorrat der digital-datafizierten Umsichtigkeit zu einer Bestimmung einer digital-datafizierten Lebenswelt.

Mead entwickelt kein explizites Sender-Empfänger-Modell, denn die Kommunikation auf Basis einer Interaktion steht im Vordergrund seiner Überlegungen, um sowohl gesellschaftliche Wandlungen als auch individuelle Bewusstheit in der Weise der Rollen- und Haltungsübernahme bzw. Haltungsangleichung zu beschreiben. Zwar ließe sich sicherlich eine Art Sender-Empfänger-Modell verankern, doch spielen die Akteurinnen und Akteure nicht die entscheidende Rolle in Meads deskriptiver Gesellschaftsbeschreibung, sondern die zwischen ihnen stattfindende symbolische Interaktion. Damit scheint Mead anschlussfähig für einen ausgeprägten Enaktivismus zu sein. Alles Verhalten wird für Mead von jeher symbolisch über Sprache, Gestik und Mimik vermittelt. Dieser Gesichtspunkt muss unbedingt über Mead hinausgehend durch die immens anwachsenden technischen Kommunikationsmedien erweitert werden. Zwar kann Sprache in Form der Schrift als eine Technik verstanden werden, aber bildgebende Verfahren, Funk- und Schreibtechniken stellen weitere Formen der symbolischen Interaktion dar. Die biologisch-organismische Realität kann zudem nicht unberücksichtigt bleiben, da sie immer noch dominierend für alle Belange des menschlichen Lebens bleibt. Ein Großteil der Eltern-Kind-Beziehung besteht durchgängig in leiblichen Interaktionen und alles affektiv-emotional-kognitive Verstehen wird vorrangig durch eine leiblich fundierte Grundstruktur vermittelt und stabilisiert. Doch insgesamt scheint *die ins Haus gelieferte Welt* (Anders 1992, S. 99–129) in Form der Massenmedien, wie es Anders formuliert, eine kaum mehr wegzudenkende Erscheinung der Kommunikation selbst zu sein. Der gesamtgesellschaftliche Prozess im meadschen Sinne wird also neben den herkömmlichen die technisierten Interaktionsdynamiken erfassen müssen.

Wie erwähnt, zerfällt das Mead'sche Konzept in eine Trinität: *Ich, Mich* und *Selbst*. Auch wenn Habermas an einer Stelle in der *Theorie des Kommunikativen Handelns* eine Parallelisierung zu den Freud'schen Begriffen des *Ich, Es* und *Über-Ich* wagt, kann das Mead'sche Konzept nicht als psychologisches Instanzenmodell verklärt werden (Habermas 1981, S. 66). Vielmehr stellen sie *Namen* für konzeptionelle Unterscheidungen dar, die die Gesellschaftsdynamik und damit die Prozesse und Wandlungen in den Blick nehmen. Das *Ich* enthält beim gesellschaftlichen Individuum die individuelle Reaktion auf organisierte Haltungen bzw. Ketten von Haltungen. Es stellt gleichsam die nicht notwendigerweise bereits überformte Antwort des Individuums auf das gesellschaftliche Gesamtbild dar, welches dem Individuum entgegenschlägt. Dieser Aspekt der performativen Äußerung des *Ichs* nimmt daher den *eigenen Anteil eines Kommunikationszusammenhanges* in den Blick. Das *Mich* als ein Aspekt innerhalb der gesellschaftlichen Wandlungsdynamik beinhaltet die Haltung der Gesellschaft. Es gibt dem Individuum die Prägung der Gesellschaft, beispielsweise in Form einer nichtprivaten und gemeinsamen Sprache. Das *Selbst* schließlich stellt dann die Resonanz zwischen dem *Ich* und dem *Mich* her, was im Wesentlichen durch Haltungsübernahme und -angleichung geschieht, worin das allgemeine Andere (Englisch: *generalized other*) als Reflexionsfigur performativ zum Zuge kommt: „The ‚I' reacts to the self which arises through the taking of the attitudes of others. Through taking those attitudes we have introduced the ‚me' and we react to it as an ‚I'." (Mead 1934, S. 174). An dieser Stelle muss nochmals betont werden, dass diese Trinität sich zwar am Individuum festmachen lässt, jedoch als eine Dynamik verstanden werden muss, die den gesellschaftlichen Wandel als Prozess anschiebt. In ihrer Aufdröselung am exemplarischen Individuum stellt diese Trinität eben die permanente symbolische Interaktion dar, die bereits die Gesamtgesellschaft reflektiert. Mead vermeidet damit ferner eine Ontologisierung und Essentialisierung des Selbst zugunsten einer prozessphilosophischen Beschreibung: „The self is not so much a substance as a process in which the conversation of gestures has been internalized within an organic form. This process does not exist for itself, but is simply a phase of the whole social organization of which the individual is a part." (Mead 1934, S. 178). Man hat es demnach im menschlichen Miteinander und einer gesellschaftlichen Eingliederung der Individuen mit permanenten, ablaufenden Prozessualitäten (a) des Situativen, (b) der menschlichen Haltungsangleichung und (c) einer spezifischen Weise der Rolleneinnahme und -übernahme im meadschen Sinne zu tun. Gerade letzteres wird prominent bei Mead über die Differenz von Spiel *(play)* und Wettkampf *(game)* umfangreich beschrieben: Das Spiel findet statt, wenn die Partizipanten und Partizipantinnen ihre Rolle explizit als solche verstehen und einnehmen, z. B. wenn Kinder die Rolle der Polizistin oder des Räubers einnehmen. Im Wettkampf entwickelt sich über die Rolleneinnahme hinausgehend ein Verständnis für die Regelhaftigkeit des Gesamtgeschehens, wobei die Rollen aller anderen gerade mit verstanden werden. Diese basale Differenzierung findet in der digital-datafizierenden Lebenswelt in andersartigen Prozessen statt und begleitet das Individuum von Beginn seiner Entwicklung, sobald es *passiv* oder *aktiv* mit digital-datafizierten Medien zu tun hat. Die Rolle wird dabei in unterschiedlichen Erscheinungsformen eingenommen, wobei ich lediglich drei grundlegende Facetten benennen möchte, ohne tiefergehend auf sie einzugehen.

1. *Die Rolle als Benutzer und Benutzerin von audio-visuellen Endgeräten:* In einer ersten Variante stehen die Menschen der digital-datafizierten Netzkultur in unterschiedlichen Kontexten der digitalisierten Kommunikation mittels verschiedener *Endgeräte* gegenüber, wobei das Smartphone dominiert. Unterschiedliche Kontexte, in denen diese Endgeräte verwendet werden, können Arbeit, Familie, Freunde und Bekannte und letztlich institutionelle und staatliche Einrichtungen sein. Die digital-datafizierte Performanz und Interaktion besteht primär im Versenden von Texten, Sprachnachrichten, Links, audio-visuellen Medien oder *spezifischen Daten* (Tabellen, Datensätze, Metadaten, Files in

allen Varianten), die selbst unterschiedlicher Art sein können. Aus der technischen Perspektive eines Informatikers oder Elektrotechnikers gesehen, bestehen all diese im Netz gesendeten Medien in Form von Daten, wodurch dieser Datenbegriff als ein Sammelbegriff zu verstehen ist. Die Formen der Medien und Daten ließen sich gerade durch die eben genannten Bereiche näher durchdenken, im Hinblick auf ihre Datentypen klassifizieren und in ihren soziologischen Situationen kontextualisieren. Hiervon abgesehen, bestimmt die Art und Weise des situierten Datentyps in *spezifischer Weise die Rolleneinnahme* des sozialisierten Individuums mit: Stelle ich als Sachbearbeiter für den Abteilungsleiter Marktanalysedaten, Gewinn und Verlust, usw. zusammen, determiniert die eingenommene Rolle zur Welt in einer anderen Weise als das Versenden von Urlaubsbildern an Angehörige und Freundinnen. Das gemeinsame Residuum all dieser digital-datafizierten Vernetzung besteht in der Nutzung des Datennetzes, wodurch eine *generalisierte Haltung* überhaupt gegenüber dem Weltgeschehen mit einhergeht. Man versteht gleichsam von jeher *Weltgeschehen* im Sinne einer technoimaginativen Selbstkonstitution, womit die zweite Facette einer Rolleneinnahme innerhalb der digital-datafizierten Netzkultur benannt wird:

2. *Generalisiertes Selbstverständnis qua Senden und Empfangen:* Wir leben als digital-datafizierende Teilnehmer und Teilnehmerinnen vermehrt in Formen der *verbalen* Textkommunikation, bzw. der auditiven und audio-visuellen Kommunikation. Die prädigitale Kommunikation und das prädatafizierte Verstehen bleiben im Wesentlichen erhalten und werden im Laufe der Ontogenese mehr und mehr von der digital-datafizierten Kommunikation durchdrungen. Mit prädigitaler Kommunikation und prädatafizierter Verstehensweise soll auf die Lebensspanne von der Geburt bis ungefähr zum sechsten Lebensjahr verwiesen werden, worin sich Eltern sowie Erzieherinnen und Erzieher zumeist in einer herkömmlichen, nicht-digital-datafizierenden Weise mit ihren Kindern verständigen. In Anlehnung an Piaget (2003) umfasst dies die zwei ersten Stufen seines kognitiven Entwicklungsmodells: Sowohl die sensomotorische als auch die prä-operationale Intelligenz muss das Kind durch einen spielerischen Umgang mit dem Leib in einem Prozess der Verfehlung und Verbesserung durchleben (Ayres 2013). Sicherlich können gewisse Formen der digital-datafizierten Repräsentation bei einem solchen Prozess hilfreich sein. Kinder werden teilweise spielerisch mit einer förderlichen Wirkung auf die kognitive Entwicklung, teilweise in einer gewissen Unverantwortlichkeit mit Endgeräten wie Tablets oder Smartphones konfrontiert, doch die Haupterziehung vollzieht sich mittels menschlichem Kontakt. Ferner gilt letzteres für die sprachliche Entwicklung und den Spracherwerb. Erst durch die Einbindung in die institutionellen Einrichtungen der staatlich organisierten Bildungszentren, wird mittlerweile nahezu flächendeckend die gesamtgesellschaftliche Kommunikation in großen Teilen durch digital-datafizierte Kommunikationsmedien gestaltet. Damit geht eine grundsätzliche Veränderung des Kommunikationsprozesses selbst einher, der im McLuhan'schen Sinne (McLuhan 1995) einer einschlagenden medialen Veränderung durch den Buchdruck nach Gutenberg gleichkommt. In welcher

Weise in den letzten drei bis vier Dekaden[2] die *generalisierte Haltung* im Hinblick auf das digital-datafizierte Kommunizieren prozessiert, wird an folgenden drei Hauptlinien erklärbar:

- Man kommuniziert im Wesentlichen vermehrt über Text-, audio-visuelle Darstellungsweisen, wodurch Menschen vermittelt über Text-, Kamera- und Tonübertragung in Verbindung treten. Die leibliche Präsenz wird hierdurch überformt und in einem basalen Empfänger-Sender-Modell *allein* gelassen: Im Moment der Bildtelefonie steht man nicht dem leibhaftigen Menschen mit seiner emotional-affektiven Geladenheit gegenüber, sondern vielmehr einer zweidimensionalen Bildfläche des *alter egos*. Sofern man eigentlich mittels Augen in Kontakt treten möchte, schaut man in die Kamera und nicht in die Augen des Gegenübers und umgedreht geht der eigene Augenkontakt verloren, sobald man die Augen des Anderen auf der Bildfläche betrachtet. Da man nicht notwendigerweise Tage, wie beim Telegramm oder beim Brief, auf eine Antwort warten muss, gestalten sich die Texte in Messengerdiensten in Form von *verkürzten Zeitintervallen,* verbleiben jedoch immer in einem retardierenden Moment des Wechselgesprächs. Im Hinblick auf dieses zeitlich verkürzte, jedoch retardierte Textprozessieren verbleibt man ebenfalls in einer *affektiv-emotional allein gelassenen Situation,* da in diesem Fall die gesamte Körpersprache nicht anwesend ist. In textbasierten Streitgesprächen spekulieren die Partizipanten viel eher über das eigentlich Gemeinte bzw. den Bedeutungsgehalt des Geschriebenen des Anderen und die Tendenz des Nicht-Verstehens stellt sich ein. Andersherum lassen sich textbasierte Äußerungen viel eher belasten, da es *schwarz auf weiß* geschrieben wurde und eine Belastung des Gegenübers viel eher möglich wird. Letzteres lässt sich am tagespolitischen Geschehen ablesen, welchem man sich aufgrund der digital-datafizierten massenmedialen Aufbereitung kaum entziehen kann.
- Das Kommunizieren wird durch andere, nicht-leibliche bildliche Repräsentationen ergänzt und koloristisch angereichert. GIFs, Videos, Emojis, Emoticons, Memes usw. bilden eine immer breiter werdende Palette von Ausdrucksmöglichkeiten, die proaktiv von den Partizipanten und Partizipantinnen genutzt und mittels digital-visueller Aufnahmemöglichkeiten und rechnergestützter Videoschnittwerkzeuge gestaltet werden. Die ursprünglichen leiblichen Ausdrucksmöglichkeiten (Meuter 2006; Jung 2009) werden in diesem Sinne lediglich über Bilder versendet, zumeist als zweidimensionale piktorale Erscheinungen. Die Inhalte und bildlichen Motive dieser piktoralen

---

[2] Als ein wichtiger Orientierungspunkt können die mit Tim Berners-Lee einsetzenden Überlegungen zum World Wide Web und zum Hypertext gesehen werden, die von ihm 1989 erstmals im Rahmen von Wissenschaftskommunikation vorgestellt worden sind. Trotz eines *Viktorianischen Internet* (Standage 1998) wird die digital-datafizierte Netzkultur erst mit dem Personal Computer und dem WWW wirksam.

Erscheinungen (Clips, GIFs, Memes usw.) referieren in den meisten Fällen auf etwas, was zumeist nur durch Menschen wahrnehmungsmäßig verstanden werden kann, wobei die Menschen selbst eine Leiberfahrung mittels einer eigenen Ontogenese durchlebt haben und zudem den Umgang mit Bildern kennen müssen. Das Bilderverstehen der digital-datafizierten Netzkultur bleibt daher im kroisianischen Sinne verleiblicht (Krois 2011).

– Mead entwickelt ein Konzept einer generalisierten Einstellung aller menschlich-kulturellen Praktiken, die im *Handel* besteht. Der Handel und das damit verbundene ökonomische Denken kann als eine allgemeine Objektivierungsweise von Mensch-Welt-Verhältnissen gesehen werden. Gerade der Handel und die Wirtschaft scheinen im Zuge der Globalisierung im hohen Maße zur digital-datafizierten Netzkultur dazu zugehören und werden von den meisten Menschen in unterschiedlichen Formen mit ihr identifiziert: Ob man die Börsen mit ihrem teilweise auf absolute Punktzeit getrimmten Handel im Millisekundentakt mittels Hochfrequenzhandel oder den gewöhnlichen Onlinehandel betrachtet, in allen Facetten der Wirtschaft besteht die generalisierte Haltung der digital-datafizierten Netzkultur gerade im ökonomischen Handel.

3. *Homo Ludens:* Die dritte Facette der Rolleneinnahme der digital-datafizierten Netzkultur besteht in den Ausformungen des *homo ludens,* des spielenden Menschen, selbst. Das Spielen und die digital-datafizierte Netzkultur bilden in einer sich verstärkenden Weise einen gemeinsamen Konvergenzpunkt. Die digitale Spielkultur wird weltweit intensiv innerhalb der digital-datafizierten Netzkultur in unterschiedlichen Kontexten und Situationen praktiziert. In vielen Bereichen des Alltags und der Freizeitgestaltung, sei es zur Überbrückung von banaler Wartezeit im öffentlichen Verkehr bis hin zu expliziten Treffen von tausenden Spielern und Spielerinnen in offenen Welten in sozialen Medien, stellt das Computerspielen einen über alle sozialen Schichten und Altersstufen hinweg gehendes Phänomen der digital-technisierten Vergemeinschaftung dar. Die Rolleneinnahme, die sich im Hinblick auf den *homo ludens* konzeptionalisieren lässt, zerfällt in zwei Perspektiven. Zum einen erscheint die Rolleneinnahme insofern *spezifisch* und spezialisiert, als man in digitalen Spielen – Fighting Games, Shooter, Jump and Run, Action-Abenteuerspiele, Rollenspiele, Strategiespiele – mittels Avataren oder eben dem Rechner als Gegner explizit eine Rolle einnimmt. Zum anderen lässt sich insofern eine generalisierte Rolleneinnahme aller Partizipanten und Partizipantinnen der digital-datafizierten Netzkultur als spielende Menschen erkennen, als die Haltung gegenüber den digitalen Medien schlichtweg *spielerisch* wirkt: Ob als Anwender von Programmen, die zu erlernen sind, ob als Programmiererin, die sich benutzerfreundliche Software in unterschiedlichen Kontexten erstellen muss, ob als Tourist, der sich mittels Videoaufnahmen in einen Kameraassistenten verwandelt oder als DJ in Kleingruppen die Musik übernimmt, usw. – all dies lässt sich entlang einer Linie des spielenden Menschen im Sinn des *digital Lifestyles* interpretieren. In dieser generalisierten Haltungseinnahme umgreift diese Rolle die oben genannten zwei Rolleneinnahmen: Die erste Rolleneinnahme besteht schlichtweg

in der *Akzeptanz der digitalen Endgeräte,* die zweite Rolleneinnahme bestätigt sich in der Kultur eines spezifischen Typus von kommunikativen Verhaltensweisen, die dritte Rolleneinnahme spricht die Art und Weise an, wie all dies in weiten Teilen spielerisch verläuft. Gerade dieser letzte Punkt wird für Arbeitszeit, also dem Menschen als *homo laborans,* virulent, da Arbeit und Freizeit selbst verstärkt einer Entgrenzung entgegenlaufen.

Die generalisierten Haltungsfacetten (1–3) üben einen überformenden Effekt auf den *zeitlichen* und *interaktionistisch-prozessierenden Sinn* des dahinlebenden *egos* aus. Geht man auf Schütz' Definition des *Lebens im Sinn* zurück und berücksichtigt sein ursprüngliches, planendes Fantasieren im *modo futuri exacti* (Schütz 2016, S. 74–129), so wirkt sich die digital-datafizierte Netzkultur, also insbesondere die Haltung zu den technischen Endgeräten und die Haltung bzgl. des beständigen Sendens und Empfangens von informativen Daten, auf diesen Sinn in einer spezifischen Weise aus. Die Fähigkeit des Menschen, Mehrfachaufgaben zu performieren (Multitasking), stabilisiert sich zu einer minimal *dualen* Aufgabenbewältigung: Die *Tendenz* des neu erlebten Sinnes besteht eben darin, (a) alle gängigen Tätigkeiten *mit* und teilweise *durch* die Endgeräte zu erblicken, wahrzunehmen und zu praktizieren und (b) in einer Haltung als Sender und Empfänger zu fungieren. Das planend fantasierte Sinnleben wird in zeitlicher Hinsicht *fragmentarisch* entlang der digital-datafizierten Netzidentität orchestriert, die täglich mit neuen Wünschen, Vorstellungen und äußeren Anforderungen eingenommen wird. In gewisser Hinsicht gebärdet man sich als Aktant im Latour'schen Sinne (Latour 1996, 2007) innerhalb eines digital-datafizierten Netzes und dies wirkt sich gleichsam auf den subjektiv erlebten Sinn aus: die Aufmerksamkeit oder *attention à la vie,* wie es Schütz in Anlehnung an das Bergson'sche Konzept der *durée* nennt, wird äußerlich unwillkürlich instanziiert und partiell dem eigenen willentlichen Agieren entzogen. Mit dem Husserl'schen Zeitkonzept gesprochen, werden die Protention und die damit verbundene antizipatorische Leistung auf eine verkürzte Aufmerksamkeitsspanne entlang der empfangenen Inhalte degradiert. Dies verlangt in gewissen Bereichen des beruflichen Alltags eine Steigerung der *Langzeit*aufmerksamkeit. In alltäglichen Situationen entsteht hingegen oftmals eine langweilige Situation, da die hineinströmenden Daten (auditive Inhalte und/oder Bilder) im *Stil des Bekannten* oder *schon Gesehenen* verfasst sind. Insgesamt scheint es mir wichtig, dass hier zunächst nur eine Tendenz zu einer Veränderung des subjektiven Sinnes deskriptiv erfasst wird, da der gesellschaftliche Umbruch in Form einer Permanenz des Digital-datafizierten nicht vollkommen in allen Segmenten des Alltäglichen angekommen ist. Mehrere Gründe könnten hierfür genannt werden: Nicht alle Individuen in den nordwestlich-orientierten und industriellen Gesellschaftsformen gliedern sich in die digital-datafizierte Netzkultur ein. Ein gewisser Teil der Gesellschaft geht zurück zu einem nicht-digitalen Primitivismus, und viele Situationen und Phasen des alltäglichen Dahinlebens bleiben frei von einer digital-datafizierten Überformung.

Nichtsdestoweniger scheinen mir zwei Gesichtspunkte im Hintergrund der Veränderung des subjektiven Sinnes mit einherzugehen bzw. mit diesem zu

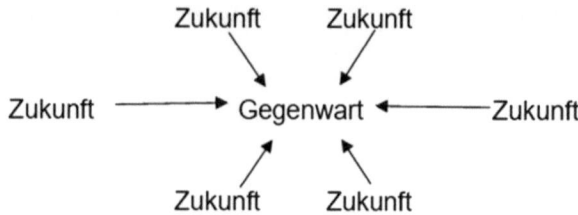

Abb. 1 Gegenwart-Zukunft. (*eigene Nachbildung nach* Flusser 1996, S. 215)

korrespondieren: Als Erstes wird der subjektive Sinn gemäß den Flusser'schen Überlegungen *technoimaginativ* ausgebildet, d. h. wir erleben ehemals gegebene Ereignisse im Alltag nicht in ihrer puren Gegebenheit, sondern verbinden hiermit eine wie auch immer geartete digital-datafizierte Performanz in Form eines beständigen Kodierens und Entkodierens. Flusser schreibt im zweiten Kapitel seines Buches *Kommunikologie* im Abschnitt zu *Was sind Technobilder?* zu Beginn der Ausführungen zur Technoimagination: „Laut der hier vorgeschlagenen Definition wird unter Technoimagination die Fähigkeit verstanden, sich Bilder von Begriffen zu machen und solche Bilder dann als Symbole von Begriffen zu entziffern." (Flusser 1996, S. 209). Der mit Technik umgebene Mensch schafft sich eine entzifferbare Welt, indem er gerade die Techniken selbst für die Entzifferung von *Welt* heranzieht und sie gleichsam passiv oder aktiv in sein Vorstellungsvermögen integriert. Anstatt beispielsweise die Schwangerschaft einer werdenden Mutter ausschließlich als den biologischen Prozess zu verstehen, der er eben ist, wird vielmehr die pränatale Phase durch CTG und mittels bildgebender Verfahren, bspw. Ultraschall, also über Technobilder, mit imaginiert. Ähnliches lässt sich in der heutigen Zeit über alle möglichen Festlichkeiten sagen: Man versteht eine Hochzeit nicht ausschließlich als ein Ereignis für einen besonderen, aktiv erlebbaren Tag, sondern imaginiert dieses Ereignis ebenso über die zu erwartenden und dann auch tatsächlich vollzogenen Fotografien oder Videoaufnahmen. All dies führt zu einem neuen prozessierenden Verhältnis des Menschen zur Welt, wobei Flusser explizit eine Tendenz zur werdenden Vergegenwärtigung sieht:

> Wirklich ist nur das Werden. Für die Technoimagination ist eine solche Ontologie ein klassisches Beispiel für Wahnsinn. Für sie ist nur Gegenwart wirklich, weil diese der Ort ist, an welchem das nur Mögliche (die Zukunft) ankommt, um verwirklicht (eben gegenwärtig) zu werden. Auf der technoimaginären Ebene ergibt sich etwa folgendes Zeitbild (Abb. 1):
>
> Aus dieser Skizze soll ersichtlich werden, daß das neue Zeiterleben ein «relatives», nämlich auf die Gegenwart bezogenes ist (Flusser 1996, S. 215).

Mit diesem Umstand eines Werdens zur Gegenwart lässt sich ein weiteres, zweites Motiv zum Abschluss meines Beitrags formulieren: Das zeitliche Verhältnis in der erlebten digital-datafizierten Netzkultur erscheint in den Mikrointeraktionen und Mikroereignissen zu einer Punktzeit zu tendieren. Dieser von Gendolla (1992) entlehnte Begriff, der zunächst für Medien in der Informationsgesellschaft vorgesehen ist, bestimmt das technoimaginative Sinnerleben des Menschen. Zu behaupten, dass die beiden hier formulierten Hintergründe – Technoimagination und Punktzeit – in einem konstitutiven Verhältnis zur digital-datafizierten Netzkultur stehen, ginge wohl zu weit. Jedenfalls bestehen Wechselbeziehungen im Sinne der Verstärkung zwischen der Schritt-für-Schritt-Anweisung algorithmenbasierter Technik und des allmählich veränderten Zeitverständnisses, der Zeitkodifizierung und damit des Zeiterlebens der menschlichen Aktantinnen und Aktanten innerhalb der digital-datafizierten Netzkultur.

Literatur

Anders, Günther. 1992. *Die Antiquiertheit des Menschen – 1 Über die Seele im Zeitalter der zweiten industriellen Revolution*. München: Beck Verlag.
Ayres, A. Jean. 2013 *Bausteine der kindlichen Entwicklung*. Berlin: Springer.
Bergson, Henri. 1994. *Zeit und Freiheit*, Hamburg: Europäische Verlagsgesellschaft.
Dreyfus, Hubert L. 2001. *On the Internet*. London/New York: Routledge.
Dohrn-van Rossum, Gehard. 1989. Schlaguhr und Zeitorganisation. In *Im Netz der Zeit – Menschliches Zeiterleben interdisziplinär*. Hrsg. Rudolf Wendroff, 49–60. Stuttgart: Wissenschaftliche Verlagsgesellschaft.
Fingerhut, Jörg, Rebekka Hufendiek und Markus Wild, Hrsg. 2013. *Philosophie der Verkörperung. Grundlagentexte zu einer aktuellen Debatte*. Frankfurt a. M.: Suhrkamp.
Flusser, Vilém. 1996. *Kommuniologie*. Mannheim: Bollmann.
Fuchs, Thomas. 2017. *Das überforderte Subjekt – Zeitdiagnosen einer überforderten Gesellschaft*. Frankfurt a. M.: Suhrkamp.
Gallagher, Shaun. 2017. *Enactivist interventions: Rethinking the mind*. Oxford: University Press.
Gendolla, Peter. 1992. *Zeit. Zur Geschichte der Zeiterfahrung. Vom Mythos zur ‚Punktzeit'*. Köln: DuMont Buchverlag.
Gloy, Karen. 2008. *Philosophiegeschichte der Zeit*. München: Fink-Verlag.
Habermas, Jürgen. 1981. *Theorie des kommunikativen Handelns. Band 1: Handlungsrationalität und gesellschaftliche Rationalisierung. Band 2: Zur Kritik der funktionalistischen Vernunft*, Frankfurt a. M.: Suhrkamp.
Haist, Tobias. 2016. *Autonomes Fahren: Eine kritische Beurteilung der technischen Realisierbarkeit*. https://doi.org/10.18419/opus-8864.
Houben, Daniel, und Bianca Prietl, Hrsg. 2018. *Datengesellschaft: Einsichten in die Datafizierung des Sozialen*. Bielefeld: transcript Verlag.
Husserl, Edmund. 1969. *Zur Phänomenologie des inneren Zeitbewusstseins (1893–1917)*, Hrsg. Rudolf Boehm. Den Haag: Martinus Nijhoff.
Jung, Matthias. 2009. *Der bewusste Ausdruck: Anthropologie der Artikulation*. Berlin: De Gruyter.
Krämer, Sybille. 2008. *Medium, Bote, Übertragung. Kleine Metaphysik der Medialität*. Frankfurt a. M.: Suhrkamp.
Krois, John Michael. 2011. *Bildkörper und Körperschema – Schriften zur Verkörperungstheorie ikonischer Formen*. Hrsg. Horst Bredekamp und Marion Lauschke. Berlin: De Gruyter.
Latour, Bruno. 1996: On Actor-network Theory. A few Clarifications. *Soziale Welt* 47(4): 369–381.
Latour, Bruno. 2007. *Eine neue Soziologie für eine neue Gesellschaft. Einführung in die Akteur-Netzwerk-Theorie*. Aus dem Englischen von Gustav Roßler. Frankfurt a. M.: Suhrkamp.

McLuhan, Marshall. 1995. *Die Gutenberg-Galaxis: das Ende des Buchzeitalters*. Bonn: Addison-Wesley.
Mead, George Herbert. 1934. *Mind, Self, and Society*. Hrsg. Charles W. Morris. Chicago: University of Chicago Press.
Merleau-Ponty, Maurice. 2011. *Phänomenologie der Wahrnehmung*. Berlin: De Gruyter.
Meuter, Norbert. 2006. *Anthropologie des Ausdrucks: Die Expressivität des Menschen zwischen Natur und Kultur*. München: Brill Fink.
Münker, Stefan, Alexander Roesler, und Mike Sandbothe, Hrsg. 2003. *Medienphilosophie. Beiträge zur Klärung eines Begriffs*. Frankfurt a. M.: Fischer.
Noë, Alva. 2009. *Out of our Heads: Why You Are Not Your Brain, and Other Lessons from the Biology of Consciousness*. New York: Hill and Wang.
Noë, Alva. 2004. *Action in Perception*. Cambridge: The MIT Press.
Piaget, Jean. 2003. *Meine Theorie der geistigen Entwicklung*. Weinheim: Beltz.
Platon. 1998. *Sämtliche Dialoge Band II – Kratylos*. Hrsg. Otto Apelt. Hamburg: Felix Meiner.
Rescher, Nicholas. 2000. *Process Philosophy: A Survey of basic Issues*. Pittsburgh: University Press.
Rosa, Hartmut. 2005. *Beschleunigung*. Frankfurt a. M.: Suhrkamp.
Schütz, Alfred. 2016. *Der sinnhafte Aufbau der sozialen Welt. Eine Einleitung in die verstehende Soziologie*. Frankfurt a. M.: Suhrkamp.
Schütz, Alfred, und Thomas Luckmann. 1986. *Strukturen der Lebenswelt*. Band 1 und Band 2. Frankfurt a. M.: Suhrkamp.
Sieroka, Norman. 2018. *Philosophie der Zeit: Grundlagen und Perspektiven*. München: Beck Verlag.
Standage, Tom. 1998. *The Victorian Internet: The remarkable story of the telegraph and the nineteenth century's online pioneers*. London: Phoenix.
Payk, Theo Rudolf. 1989. Zeit -- Lebensbedingung, Anschauungsweisen oder Täuschungen? In *Im Netz der Zeit – Menschliches Zeiterleben interdisziplinär*. Hrsg. Rudolf Wendroff, 69–77. Stuttgart: Wissenschaftliche Verlagsgesellschaft.
Winkler, Hartmut. 2015. *Prozessieren: Die dritte, vernachlässigte Medienfunktion*. München: Fink.

Digitales Selbst – digitale Gemeinschaft

Digitale Körper. Computergestützte Zugänge zum verkörperten Selbst

Patrizia Breil

1   Was sind digitale Körper?

Die posthumanistische Denkfigur des Cyborg (vgl. Haraway 1988), das postdigitale Diktum, dass die digitale Revolution längst vorbei und Digitales nichts Besonderes mehr sei (vgl. Negroponte 1998), ebenso wie die Feststellung, dass physische und virtuelle Prozesse sich überlagerten (vgl. Hayles 2010) und das Verhältnis ‚realer' und virtueller Welten kein rigides Entweder-Oder sei, sondern sich auf einem ‚virtuality continuum' bewege (vgl. Milgram und Kushino 1994) – all diese Befunde zeichnen das Bild einer Digitalität, die *uns angeht,* die Teil von uns und unserem Zugang zur Welt ist, die unsere Kommunikation und unser Miteinander prägt. Physisches und Virtuelles sollen dabei *keine* Gegensätze sein. Von welcher Physis ist hier aber die Rede? Wie gestalten sich die Überlappungen von analog und digital am eigenen und fremden menschlichen Körper? Und weiter: Hat die Rede vom digitalen Körper überhaupt einen Sinn, wenn Digitales und Analoges nicht trennscharf voneinander zu unterscheiden ist?

Der vorliegende Aufsatz stellt eine Spurensuche nach dem digitalen Körper des Menschen dar. Dabei soll die Annahme eines Virtualitätskontinuums in Bezug auf den Körper fortgeschrieben werden. ‚Reale' und virtuelle Körper werden nicht als Gegensätze behandelt, sondern in ihrer wechselseitigen Überlappung thematisiert. Der für den Aufsatz titelgebende digitale Körper meint dabei stets den menschlichen und menschenähnlichen Körper – unabhängig davon, an welcher Stelle des Virtualitätskontinuums er sich bewegt. Die Suchbewegung beginnt bei dem virtuellen Körper, z. B. des Avatars, geht über zu augmentierten Körpern und endet bei

P. Breil (✉)
SFB 1567 Virtuelle Lebenswelten, Ruhr-Universität Bochum, Bochum, Deutschland
E-Mail: patrizia.breil@ruhr-uni-bochum.de

vermeintlich gänzlich analogen Körpern. Dabei soll zum einen eine Annäherung an Antwortmöglichkeiten auf die übergeordnete Frage, was der digitale Körper *ist,* stattfinden; nicht im ontologischen, sondern vielmehr im phänomenologischen Sinne. Als was tritt der digitale Körper auf diesem Virtualitätskontinuum in Erscheinung? Wie wird der digitale Körper erfahren? Wie gestaltet sich die intentionale Bezugnahme des digitalen Körpers oder durch den digitalen Körper auf die Welt?

Den Anfang der Überlegungen (Abschn. 2) bildet eine Unterscheidung von digitalen Selbst-Körpern und Körper-Anderen, also der Ausdifferenzierung einer grundlegenden Ich-Du-Relation, die die Begegnung mit dem digitalen Körper prägt, der *Ich* ist, bzw. für *mich* steht oder der für andere steht, bzw. jedenfalls *nicht mich* meint, sondern ein Gegenüber ist. Prüfsteine dieser Ausdifferenzierung bilden der virtuelle Avatar, der einem:einer Nutzer:in zugeordnet ist, virtuelle Influencer:innen und virtuelle Assistenzsysteme. An der jeweiligen Verkörperung dieser Beispielfiguren wird diskutiert, inwiefern Verkörperungen überhaupt bzw. welche spezifischen körperlichen Merkmale dazu führen, dass ein gewisser *Anspruch* vom digitalen Körper ausgeht, der in Verantwortung zieht, Vertrauen auslöst und ein digitales, zwischenmenschliches Miteinander konturiert. Die Differenzierung von Selbst-Körper und Körper-Anderem erweist sich dabei als ebenso fluide wie die von mensch- und computergesteuerten digitalen Körpern. Unter Verweis auf eine Theorie des virtuellen Ortes wird zum einen die vielschichtige Verflechtung des virtuellen Körpers mit dem real-materiellen Körper offensichtlich sowie zum anderen die dem Virtuellen eigene Möglichkeit der Perspektivübernahme, die in der virtuellen Verkörperung mitunter Erste-, Zweite- und Dritte-Person Perspektiven ineinander verschränken und zu einer wiederkehrenden Rekonfiguration des digitalen Körpers führen.

Im Zentrum des dritten Abschnitts steht der digitale Körper unter der Prämisse der Augmentierung. Vor allem zwei Aspekte der computergestützten Erweiterungen von ge- und erlebten Körpern sollen dabei besondere Beachtung finden. Zum einen soll die Erweiterung als bedeutungsvolle Möglichkeit des Körperbezugs in den Blick gerückt werden. Mit Trackingtechnologien werden dabei auch solche computergestützten Erweiterungen in den Blick genommen, die neben dem gängigen Fokus auf lebensweltliche visuelle Erweiterungen auch ein Nebeneinander von gelebtem Leib und getracktem, datafiziertem Körper skizzieren, in dem neue augmentierte, d. h. digital erweiterte Narrative des eigenen und fremden Körpers entstehen können. Zum anderen wird das Interface als Begegnungspunkt virtueller und real-materieller Körper thematisiert, insofern ein computergestütztes being-in-world eine leibliche Beziehung zum Interface qua Blick und Berührung notwendig einschließt und in der Erweiterung der wahrgenommenen leiblichen Handlungsmöglichkeiten der Nutzer:innen resultiert.

Zuletzt (Abschn. 4) bleibt die Frage nach dem Körper *an sich.* Wenn der virtuelle Körper nicht weniger real ist als das vermeintlich bloß Analoge und nicht weniger materiell verortbar, wie bezieht man sich auf den Körper in solchen Momenten, in denen der Körper *nicht* als digitaler Körper empfunden wird? Als undurchdrungen und undurchdringbar von Digitalem bleibt so am Ende nicht das Analoge, sondern das Fleisch als materielle Kontingenz, die sich der diskreten Ausdifferenzierung entzieht und der bedeutungsvollen Erweiterung verwehrt.

2 Virtuelle Körper

Den Beginn der Überlegungen zum *virtuellen* Körper markiert zunächst nicht der Körper, der sich der mehr oder weniger immersiven Technologien bedient, sondern die Körper, die in den virtuellen Umgebungen selbst anzutreffen sind; unabhängig davon, ob man sich via VR-Brille, über das Handy oder andere Geräte in ebenjene Umgebungen begibt. Dazu zählen zum einen solche Körper, die im weitesten Sinne als Identifikationsfläche für Nutzer:innen dienen, weil sie entweder deren:dessen Abbild darstellen, oder weil sie als entsprechend steuerbare Avatare virtuelle Stellvertreter ihrer Nutzer:innen sind. Solche computergenerierten *eigenen* Körper nenne ich in diesem Abschnitt digitale Selbst-Körper.

Demgegenüber sind zum anderen digitale Körper-Andere zu benennen, mit denen in unterschiedlicher Art und Weise interagiert werden kann; unabhängig davon, ob diese Körper-Anderen computer- oder menschengesteuert sind. Geteiltes Merkmal von Selbst-Körper und Körper-Anderen ist ihre in unterschiedlichen Graden realisierte, d. h. visuell erfahrbare menschliche Verkörperung. Eingeschlossen sind hierin sowohl Körper von Kopf bis Fuß, die von allen Seiten erfasst werden können, sowie virtuelle Gesichter und Köpfe ohne erfahrbare Rückseite.

Der digital erstellte Avatar, der einer real existierenden Person zugeordnet wird und diese repräsentiert oder von ihr gesteuert werden kann, ist je nach Perspektive digitales Körper-Selbst oder digitaler Körper-Anderer. In beiden Varianten verfügen die Avatare in dieser Betrachtung über einen Körper und v. a. über ein Gesicht, in dem sich mitunter das Sprechen als Bewegung abzeichnet. Aus phänomenologischer Perspektive resultiert aus einer solchen Verkörperung die grundlegende Möglichkeit der Begegnung. Gerade der Blick des Anderen kann als Verweis darauf gedeutet werden, dass da *jemand* ist, der einen selbst wahrnehmen kann und der in seinem Subjektstatus Anerkennung einfordert (vgl. Sartre 1943, S. 457 ff.). Dieses im Antlitz widerscheinende Subjektsein wird in Levinas' phänomenologischer Ethik in einem „ursprüngliche[n] Geschehen der Brüderlichkeit" (Levinas 1961, S. 309) zu nichts weniger als der Grundlage ethischer Verantwortlichkeit. Der Kritik an Sartres zu feindlichem Ansatz, in dem die und der Andere in traditioneller Verlängerung des hegelschen Kampfes um Anerkennung als Feind und Bedrohung der eigenen Subjektivität auftritt (vgl. z. B. Honneth 2018, S. 65 ff.), kann dabei in Umkehrung eine Kritik an einer zu demütigen Unterordnung unter die unerreichbare und unantastbare Andersheit der Anderen bei Levinas gegenübergestellt werden, bei dem der Anspruch durch den Anderen jedem eigenen Sprechen vorausgeht (vgl. Butler 2005, S. 165). Das Bemerken der eigenen sowie fremden Subjektivität, das im Phänomen des Blicks und der Begegnung von Angesicht zu Angesicht verhandelt wird, wird durch den virtuellen Avatar in den Möglichkeitsraum virtueller Begegnung verlagert (vgl. Breil 2023a). Butlers Hinweis darauf, dass auch der Prozess der Entmenschlichung über das Gesicht erfolgt (vgl. Butler 2005, S. 167), zeigt sich, vom Blickpunkt virtueller Körper aus betrachtet, in einem anderen Licht. Das virtuelle Gesicht erscheint hier eher als Gegenpart zur Vorstellung entkörperlichter digitaler Kommunikation und dient in erster Linie dem Zwecke der Vermenschlichung eines vermeintlich menschenlosen, weil digitalen, körperlosen Interaktionsraums. Ob die Begegnung virtueller Körper, von denen die oder der eine von den jeweils Anderen weiß, dass sich Menschen hinter den Avataren verbergen, ein Geschehen der Brüderlichkeit oder Feindlichkeit ist, mag dahingestellt bleiben. Aber: In der Begegnung von virtuellen Avataren begegnen sich Menschen, die sich durch die Avatare hindurch als solche erkennen können und zu erkennen geben.

Die Beispiele für virtuelle Körper-Andere gehen weit über solche Avatare hinaus, die steuer- und/oder gestaltbare Abbildungen ihrer Nutzer:innen sind. Auch virtuelle Körper-Andere, die keine Rückbindung an real-materiell existierende Personen haben, sind in unterschiedlichen Anwendungsbereichen gang und gäbe. In Marketing-Kontexten kommen etwa Virtuelle Influencer:innen (VI) zum Einsatz. Dabei handelt es sich um computergenerierte Avatare, die eigene Profile auf Sozialen Medien haben und damit als Werbeträger:innen fungieren können. Neben VI mit menschlichen Zügen wie etwa Miquela, einem „19-year-old Robot living in LA" (@lilmiquela), gibt es auch solche mit tierischen oder gegenständlichen Körpern, so etwa Nobody Sausage (@nobodysausage), ein digitales Würstchen mit Gliedmaßen und Gesicht und mit über 24 Millionen Followern, verteilt über verschiedene Soziale Plattformen. In erster Linie produzieren die Macher:innen Content, in denen die VI zu sehen ist. In Anlehnung an Gilles Deleuze wird der VI als ‚body without organs' eine Sonderstellung als posthumanem Subjekt zugeschrieben, dessen Körper zwar beliebig gestaltbar sei, der sich aber (meistens) dennoch an den gängigen Schönheitsidealen orientiere (vgl. Brachtendorf 2022). Das Verhältnis zwischen dem Körper einer VI und einem menschlichen Körper wird deshalb im Kontext negativer Körperbilder diskutiert, zumal die VI in vielen Fällen nicht nur strukturell, sondern auch technisch und physikalisch Produkt eines male gaze, also eines männlichen, sexualisierenden Blicks, sind (vgl. Ji et al. 2022, S. 786), der in einer dichotomen Entwicklung stereotyper VI resultiert. Zwar ist es kein ‚echter' Menschenkörper, der hier vermarktet wird, die Botschaft bleibt aber dieselbe. Die ethischen Fragen um die Außenwirkungen werden ergänzt durch ethische Fragen, die die Identität der VI und deren proaktive Vermarktung betreffen. Die Inhalte, die ‚von der VI' geteilt werden, werfen deswegen Fragen der Transparenz und Authentizität auf, weil es eben nicht die VI ist, die etwas mitteilt, sondern ein Team von Entwickler:innen *hinter* der VI. Der kritische Blick auf VI schließt daher immer auch einen Blick auf die jeweiligen Entwickler:innen ein (vgl. Conti et al. 2022). Die Akteur:inneneigenschaften, die der VI auf Sozialen Plattformen zweifelsohne zukommen, liegen nicht allein bei der VI, sondern im Dazwischen von virtuellem Körper und seiner gestaltgebenden Inszenierung.

Verschiedene andere verkörperte Gesprächspartner:innen *(embodied conversational agents)* werden in den Bereichen Entertainment, Information oder Assistenz eingesetzt und arbeiten stärker bidirektional, reagieren also auf die Ansprache und Anliegen ihrer Nutzer:innen. Während v. a. Assistenzroboter über einen tatsächlich materiellen Roboterkörper in oft humanoider Gestalt verfügen (z. B. der Pflegeroboter NAO), kommen viele verkörperte Gesprächspartner:innen ohne Physikalisierung aus und beschränken sich auf eine grafische, digitale Benutzeroberfläche. Beispiele hierfür sind sämtliche mit einem digitalen Körper ausgestatteten Gegner:innen und Mitspieler:innen im Gaming-Kontext bis hin zu virtuellen Lernbegleiter:innen, die aus Schulbüchern bekannt sind und im Digitalen eine computergenerierte Mimik vorzeigen können. Viele intelligente Assistenzsysteme, wie z. B. Alexa und Siri, interagieren allein über – wohlgemerkt in den Standardeinstellungen weibliche – Sprachsteuerung und -feedback mit ihren Nutzer:innen. Diese eindimensionale Verkörperung über die menschliche bzw. menschenähnliche Stimme ohne einen visuell wahrnehmbaren virtuellen Körper hat notwendigerweise Auswirkungen auf den Umgang der Nutzer:innen mit dem System. Auf Basis dieser Ausgangslage konnte in einer Studie von Kim et al. (2018) gezeigt werden, dass eine zusätzliche visuelle Verkörperung des Systems dazu führt, dass Nutzer:innen dem System mehr Vertrauen entgegenbringen und sich der Präsenz des Systems bewusster sind.

Ansatzpunkt für ein Nachdenken über dieses Ergebnis liefert abermals der fremde Anspruch, der die Basis phänomenologischer Alteritätsrelationen bildet. Mit einem spezifischen Fokus auf Mensch-Technik Relationen machen postphänomenologische Ansätze sich phänomenologische Konzepte zunutze, um den konkreten menschlichen Umgang mit Technik in seinen situationalen Beschaffenheiten zu erfassen. Dort, wo die Technik selbst das Gegenüber ist, wird ihr wie einer oder einem Quasi-Anderen begegnet. Unter Rückgriff auf Levinas' phänomenologische Ethik, in der aus dem Antlitz der und des Anderen ein ethischer Anspruch sowie die Unendlichkeit dessen und deren Alterität hervorgeht, steht bei postphänomenologischen Alteritäts-Relationen die Andersheit der Technologie im Vordergrund. So zeigt etwa Galit Wellner, dass der Bildschirm des Smartphones als Quasi-Andere:r in Beziehung zu den Nutzer:innen steht (vgl. Wellner 2014). In der ursprünglichen Begegnung, d. h. im *Angesicht* von Anderen scheint eine unhintergehbare Alterität ebenso auf wie eine grundlegende Gleichheit: Das Gegenüber ist verletzlich *wie ich*. Wenn erst dieses Zusammenspiel aus Alterität und Ähnlichkeit einen ethisch tragfähigen Anspruch ergibt, wird nachvollziehbar, warum eine Verkörperung von virtuellen Assistenzsystemen mit einer Steigerung in der Anerkennung sowie dem Vertrauen in die Systeme einhergeht. Nach wie vor fremd wird die Technologie um eine Dimension ergänzt, die die ethisch relevante, wenngleich nur grafische, Gleichheit des Systems und seiner Nutzer:innen hervorhebt.

Gerade virtuelle Assistenzsysteme verdeutlichen, dass virtuelle Handlungsräume nicht mehr trennscharf von unseren alltäglichen Lebenswelten abzugrenzen sind. Die Verknüpfungen von Lebenswelt und virtueller Umgebung sowie die Abhängigkeit letzterer von der leiblichen Situierung ihrer Nutzer:innen legt den Schluss nahe, das Virtuelle nicht als Fiktion oder Illusion, sondern als ontologisch gleichrangige Erweiterung unserer Lebenswelt zu deuten (vgl. Holischka 2018, S. 184). Tobias Holischkas (2017) ortsphänomenologische Kategorisierung des CyberPlace als Erfahrungsraum abseits des physikalisch berechen- und vermessbaren Raumes liefert darüber hinaus eine wertvolle Perspektive auf die Verortung des

Körpers im Virtuellen, der durch seine vielgeschichtete Rückbindung an die physische Materialität eben kein *anderer* Körper ist, sondern der eine Körper, der auch in computergestützten Umgebungen handelt und interagiert. Holischka unterscheidet mit Blick auf die Kategorie des Ortes Wiederverortungen, Neuverortungen und Rückverortungen (Holischka 2017, S. 205–206). Unter einer *Wiederverortung* wird eine Verortung eines lebensweltlich bereits vorkommenden Ortkonzepts im Virtuellen gefasst, so etwa der Desktop als Ablagefläche und Schreibtisch im Virtuellen. Demgegenüber haben *Neuverortungen* keine materiellen Vorbilder, sondern entspringen der Fiktion oder dem Vorstellungsvermögen. Dazu gehören etwa soziale Plattformen als Orte der Begegnung. Mit der *Rückverortung* weist Holischka schließlich auf die notwendigen technischen Geräte hin, die immer Grundlage einer jeden virtuellen Verortung sind und ihren eigenen materiellen Platz in der Lebenswelt beanspruchen, sei es als unauffälliger Bildschirm im Hausflur oder als riesiges Rechenzentrum.

Wenngleich der virtuelle Körper ausdrücklich nicht als Ort zu betrachten ist, ist es doch ein Körper, der örtlich situiert ist. Dies gilt sowohl für virtuelle Influencer:innen wie auch für verkörperte virtuelle Assistenzsysteme in doppelter Art und Weise. Zum einen begegnen wir der virtuellen Influencerin bspw. auf einer *neuverorteten* sozialen Plattform. Gleichzeitig kann analog von einer *Neuverkörperung* der Influencerin gesprochen werden, die ihrerseits kein direktes materielles Vorbild hat. Der virtuelle Körper der VI ist kein Abbild und kein Repräsentant eines bestehenden anderen virtuellen oder nicht-virtuellen Körpers; es ist ein *neuer* Körper. Anders verhält es sich beispielsweise bei dem populären Videospiel FIFA, bei dem die Spieler:innen ausnahmslos als *Wiederverkörperungen* tatsächlicher Fußballprofis bezeichnet werden können. Der virtuelle Körper ist Abbild eines Menschen, den es vor der virtuellen Verkörperung schon gab und an dessen körperlicher Erscheinung sich die Verkörperung des virtuellen Avatars orientiert. Nicht gängig, aber vorstellbar ist es immerhin auch, dass Unternehmen zu Werbezwecken bekannte Persönlichkeiten nicht nur in klassischen Video-Werbeformaten zeigen, sondern ggf. auch in virtuellen Umgebungen grafisch wiederverkörpern. Wie bei der Rückverortung kann schließlich analog auch eine *Rückverkörperung* darauf hinweisen, dass die VI im Virtuellen zwar ein ‚body without organs' ist, deswegen aber dennoch stets an gewisse Materialitäten rückgekoppelt ist und bleibt – sowohl auf Rezeptions- wie auch auf Produktionsseite wird ein digitales Endgerät gebraucht. Zwar kann die VI mangels Herz keinen Herzstillstand im menschlichen Sinne erleiden, aber ‚OFF' gehen kann sie sehr wohl.

Im Anschluss an die Studie von Kim et al. (2018) bliebe vor diesem Hintergrund zu erforschen, welche Unterschiede beobachtet werden können bei der Nutzung von verkörperten Assistenzsystemen in Abhängigkeit davon, ob es sich um eine Wieder- oder Neuverkörperung handelt. Konkret wäre hier die Vermutung zu überprüfen, dass die Interaktion mit einem wiederverkörperten Assistenzsystem mit materiellem Vorbild besser funktioniert und von mehr Vertrauen getragen ist – sofern das materielle Vorbild den Nutzer:innen bekannt ist. Wichtig wäre in diesem Szenario nicht nur die Verkörperung des Assistenzsystems per se, sondern auch die doppelte materielle Rückverortung in der vermeintlich analogen

Lebenswelt, einerseits im entsprechenden Rechenzentrum und andererseits im Körper der Person, deren Abbild es ist. Ein weiteres Argument für die enge wechselseitige Beeinflussung von virtuellen und analogen Lebenswelten ist, dass auch umgekehrt Wiederverortungen stattfinden, wenn ursprünglich neuverortete virtuelle Orte materiell reproduziert werden. Gleiches gilt für den Körper; materielle Verkörperungen auf Grundlage virtueller Neuverkörperungen haben hier neben bloßen Franchise Artikeln eine lange Tradition im Cosplay.

Neben den Körper-Anderen, denen wir in virtuellen Umgebungen begegnen können, sind auch virtuelle Selbst-Körper zu beachten. Diese virtuellen Körper finden sich zum Beispiel in Avataren eines Videospiels, die von den Nutzer:innen gesteuert und gestaltet werden können. Anders als solche digitalen Körper als bloße Repräsentationen des verkörperten Selbst zu betrachten, wird an unterschiedlicher Stelle dafür argumentiert, dass die Verkörperung dieser Avatare mit neuen Bezugsmöglichkeiten auf das eigene Selbst einhergeht (zu Embodiment mit VR-Brille und Ganzkörpertracking s. z. B. Freeman und Maloney 2021). Dieser Bezug zum Selbst, der Hand in Hand geht mit Fragen nach der Identität von Nutzer:in und Avatar, wird auch bei solchen Avataren deutlich, die die Nutzer:innen frei gestalten können. So konnten etwa Daniel Zimmermann et al. (2022) in ihrer Studie zeigen, dass Nutzer:innen in der Gestaltung von Avataren in verschiedenen Anwendungskontexten auf körperlicher Ebene trotz maximaler Gestaltungsfreiheit dazu tendieren, den Körper des Avatars an ihrem eigenen Vorbild zu orientieren.

Das Zur-Welt-sein des phänomenologischen Leibes, also die intentionale, handlungsrelevante Bezugnahme des verkörperten Menschen auf die Welt, seine leibliche Wahrnehmung der weltlichen Umgebung *als* bestimmte Umgebung, schließt eine gegenseitige Konstitution von Leib und Welt ein (vgl. Merleau-Ponty 1945, 165 ff.). Wie die Welt erfahren wird, bzw. *als was* sie erfahren wird, hängt von dem konkreten menschlichen Zugang zu ebenjener Welt ab. Umgekehrt ist das menschliche Zur-Welt-sein von einer Empfänglichkeit geprägt, die den Leib nicht als hermetisch abgeschlossene Handlungseinheit zeichnet, sondern in situationaler Verflechtung und in ständigem Austausch mit seiner Umwelt. Tom Boellstorff (2013) zeigt, dass auch der virtuelle Körper eines Avatars in ein solches Wechselspiel eingeflochten ist. Statt vom Zur-Welt-sein spricht er vom being-inworld (vgl. Boellstorff 2013, 232–235). Mit steuerbaren Avataren kann auf virtuelle Welten intentional Bezug genommen werden und diese Bezugnahme ist ihrerseits geprägt von der konkreten Beschaffenheit der virtuellen Umgebung.

Eine Besonderheit der phänomenologischen Leiberfahrung liegt in ihrer Ständigkeit. Während ein bloßer Gegenstand, der aus der Dritte-Person-Perspektive betrachtet werden kann, aus dem Blickfeld geräumt werden kann, kann der eigene Leib weder abgelegt werden, noch kann er aus der Dritte-Person-Perspektive beobachtet werden. Der Leib ist ständig zugegen: „Wenn Beobachten heißt, den Gesichtspunkt abwandeln, den Gegenstand aber festhalten, so entzieht sich mein Leib auch im Spiegel meiner Beobachtung" (Merleau-Ponty 1945, S. 116). Hierin liegt das wesentliche Potenzial des being-inworld, denn der virtuelle Leib ist je nach Anwendung einerseits steuerbar als Eigenleib, kann andererseits aber in den Fokus der eigenen Beobachtung gerückt werden. Nutzer:innen können in Erster-Person-

Perspektive *aus* ihrem virtuellen Selbst-Körper herausschauen sowie teilweise *auf* ihren virtuellen Selbst-Körper schauen, ohne dabei noch an eine verkörperte Erste-Person-Perspektive gebunden zu sein.

Von dieser Überlagerung von Zur-Welt-sein bzw. being-inworld und Selbst-Gegenständlichkeit machen zunehmend medizinische Anwendungen Gebrauch. Ein digitaler Zwilling im Gesundheitswesen etwa ist die virtuelle Kopie einer physischen Person, die sich so verhält wie ihr materielles Vorbild, an der also z. B. chirurgische Eingriffe erprobt oder die Verträglichkeit bestimmter Medikamente getestet werden kann. Unabhängig vom medizinischen Potenzial solcher Anwendungen wird aus postphänomenologischer Sicht an solchen digitalen Zwillingen jedoch kritisiert, dass der medizinische Blick auf den Körper in einer solchen Abstraktion geschieht, dass er nur schwer mit dem subjektiven Erleben in Verbindung gebracht werden kann (vgl. de Boer 2020, S. 410). Auch der *persuasive mirror,* der seinen Betrachter:innen ihren zukünftigen Körper bei Weiterführung des aktuellen Lebensstils zeigt, erlaubt einen Blick auf den digitalen Selbst-Körper. Aus postphänomenologischer Perspektive lässt sich die Relation zum *persuasive mirror* als Immersionsrelation beschreiben, in der die Technologie mit der Umwelt, hier mit einem Spiegel, verschmilzt. Die Relation besitzt insofern interaktiven Charakter, als nicht nur der Mensch in den Spiegel schaut, sondern auch der Spiegel sich intentional auf den Menschen bezieht. In dieser bi-direktionalen Intentionalität tritt der Spiegel als Ko-Konstituent in einer Bedeutungssituation auf, in der das Selbst mitunter ungewollt in einer Art und Weise auf sich selbst hingewiesen wird, die einer unbedingten Reflexionsaufforderung gleichkommt (vgl. Rosenberger und Verbeek 2015, S. 22). Auch hier kann jedoch vermutet werden, dass der Rückbezug auf das subjektive Zur-Welt-sein nicht so leicht fällt. Der Spiegel, der sich nicht so verhält wie erwartet, tritt durch seine Eigensinnigkeit derart in den Vordergrund, dass zumindest in einmaliger und erster Begegnung die irritierende Relation zum Spiegel als Technologie den Gedanken an den eigenen digitalen Selbst-Körper überlagert.

Der Körper, der uns in computerbasierten Umgebungen begegnet, sei es der eigene als medizinischer Zwilling oder der einer anderen Person in einem Videospiel, ist als solcher verkörpert, d. h. eingebettet in eine Welt, im Wechselspiel gegenseitiger Konstitution. Unterschiedliche Arten der Verkörperung sowie unterschiedliche Perspektiven auf und durch den Körper erlauben dabei neue Einfühlungsmöglichkeiten und Bezugnahmen auf sich und andere. Die neuen Relationen zu sich und anderen, die mit den Mensch-Technologie Relationen entstehen, lassen auch neue Selbst-Erzählungen zu, die Gegenstand des nächsten Abschnitts sind.

3 Augmentierte Narrative

Von erweiterter Realität (*augmented reality,* AR) ist die Rede, wenn die wahrgenommene Realität eine computergestützte Erweiterung erfährt; prominent geschehen etwa beim Spiel *Pokémon Go,* bei dem über das Smartphone virtuelle

Pokémon in nicht-computergenerierten Umgebungen aufgespürt werden können. Andere Anwendungsbereiche umfassen z. B. die virtuelle Sichtbarmachung zerstörter historischer Gebäude oder Lernprozesse, in denen geometrische Figuren in 3D erfahrbar werden. Die erfahrene Realität wird ergänzt um eine weitere technisch erzeugte Erfahrungsdimension. Bewegungslose Körper in der Kunst können durch AR-Technologie in Bewegung gesetzt werden und der medizinisch zu betrachtende Körper kann unter Verwendung von AR prä- und intraoperativ einen Blick auf die Organe freigeben; verschiedene Smartphone-Filter erlauben das Austesten neuer Frisuren oder einen Ausblick auf das eigene Gesicht im Alter.

Erweiterte Realität meint immer visuelle Erweiterungen. Ausgehend von einer Minimaldefinition von Augmentierung als computergestützter Erweiterung des leiblichen, sinnstiftenden Zugangs zur Welt, lohnt sich darüber hinaus jedoch auch ein Blick auf solche digitalen Phänomene, die die Perspektive auf den eigenen Körper um Dimensionen ergänzt, die keine vor-digitale Entsprechung haben.

Ein besonders subtiler Einfluss auf die reflexive Perspektive auf den Körper und körperbezogene Praktiken wird durch die Erhebung und Nutzbarmachung von *Daten* ausgeübt. Auf Basis bei der Verwendung digitaler Geräte erhobenen Massendaten kann das Online-Verhalten der Nutzer:innen teils zielgenau antizipiert werden, ohne dass sich die Nutzer:innen selbst über die Vorhersagbarkeit ihrer Tätigkeit im Klaren sind oder sein müssen. Mit den gesammelten Daten entsteht entsprechend ein Wissensfundus über die Bewegung der User:innen in virtuellen Räumen, die mitunter durch den Einsatz von Recommender Systemen zu einem bestimmten Konsumverhalten hingeleitet werden, das sich letztlich, je nach virtuellem Content, in einer körperlichen Praxis niederschlagen kann. Die grundsätzliche Nähe von Daten zum User:innenkörper ist dabei in der Rede vom digitalen Fingerabdruck ausgedrückt. Als körperliches Identifizierungsmerkmal und als zentrale Verbindungslinie zwischen Mensch und Technologie am Interface dient der Finger als Verweis auf die Untrennbarkeit von analoger und digitaler Person. Die Rückschlüsse, die qua digitalen Fingerabdrucks gezogen werden können, sind keine Rückschlüsse auf eine rein computerinterne Identität, sondern Rückschlüsse auf eine Person aus Fleisch und Blut, die im Besitz bestimmter Geräte ist, sich für bestimmte Dinge interessiert und sich in einem bestimmten geografischen Radius bewegt. Zur-Welt-sein und being-inworld kulminieren in der körperlichen Bedienung digitaler Endgeräte. Digitaler Fingerabdruck und physischer Finger berühren sich am Touchscreen. Ein konkreterer Körperbezug ist denjenigen Daten eigen, die freiwillig mithilfe von körperbezogenen Anwendungen und Wearables erhoben werden, also mit digitalen Endgeräten, die oft nah am oder im Körper getragen werden und die selbstständig Daten erheben oder in die Daten eingepflegt werden. Auf diese Weise können der Schlaf, der Blutzucker, die Ernährung, der Zyklus, die Fitness, der Puls und vieles mehr getrackt werden. Die möglichen Gründe hierfür sind vielfältig und können von dem Wunsch nach mehr Kontrolle über den eigenen Körper bis hin zu dem Bedürfnis reichen, die eigenen körperlichen Abläufe überhaupt erst zu verstehen und sichtbar zu machen. Computergestützte, digitale Endgeräte erlauben diese Selbstbeobachtung in einer Art und Weise, die ohne computergestützte Geräte nicht möglich war und in der der Körper deswegen auch aus einer zusätzlichen, sonst unzugänglichen Perspektive betrachtet werden kann. Eine solche Datafizierung, d. h. Digitalisierung des Körpers, zergliedert das Kontinuum des leiblichen Zur-Welt-seins in interpretierbare Muster, die den Nutzer:innen erneut Handlungsanlass sein können. Mit Blick auf die physische Verkörperung der Nutzer:innen bleibt dabei aber zu bedenken, dass die erhoben Informationen an sich nichts bedeuten und erst der Interpretation unterzogen werden müssen.[1] Im Zuge dieser Deutung öffnen sich nicht nur verschiedene Interpretationsräume, sondern es entstehen auch neue Fragen, etwa nach ethischen oder handlungsrelevanten Implikationen der Daten oder der praktischen Bedeutung von Daten, die sich der Musterbildung entziehen. Nichtsdestotrotz wohnt dieser datafizierenden Perspektive auf den eigenen Körper ein reflexives Moment inne, das dazu einlädt, die erhobenen Daten in Bezug zur eigenen leiblichen Lebensweise zu setzen. Bei der Rezeption der getrackten Daten muss es nicht darum gehen, das eigene Körpergefühl zu ersetzen oder zu überhören, sondern die aufgezeigten und interpretierbaren Muster können die Möglichkeit bieten, die bestehende Leibwahrnehmung durch einen computergestützten Blick auf den Körper zu ergänzen, um ebenjenen auf eine andere Art und Weise wahrnehmen und ggf. entsprechend adressieren zu können.

Gängig ist in diesem Zusammenhang der Verweis auf die vielen Möglichkeiten der computergestützten Überwachung, Stichwort: Dataveillance (vgl. Clarke 1988). In foucaultscher Tradition schließt sich daran die Frage an, ob nicht Tracking-Anwendungen Ausdruck einer Introjektion staatlicher Überwachungsbemühungen sind, die wir als Technologien des Selbst ausüben (vgl. Foucault 1988). Der Körper ist hierbei Objekt verschiedener Zurichtungen. Unabhängig von dieser berechtigten kritischen Nachfrage werden aber auch solche Narrative hervorgehoben, die sich nicht in den Pfaden der herkömmlichen Optimierungslogik bewegen, sondern etwa aus feministischer und pädagogischer Perspektive einen intersektionalen Ansatz verfolgen, der der Produktivität der Nutzer:innen Rechnung trägt und die teils große Widersprüchlichkeit online ausgetragener Körperdiskurse offenlegt (vgl. Hoffarth 2018, S. 13). Die Bezugnahme auf den Körper in und durch digitale Anwendungen kann unter verschiedenen Zielsetzungen geschehen: Sie kann Disziplinierung sein, sie kann einem Wunsch nach Selbst-Verständnis entspringen, sie kann Selbst-Sorge sein oder Selbst-Erzählung und vieles mehr. In allen Fällen offeriert die digitale Anwendung eine Möglichkeit, den körperlichen Selbst-Bezug der Nutzer:innen um eine zusätzliche Perspektive zu ergänzen.

Mit unserem Körper produzieren wir Daten, über die wir uns wiederum Zugang zu unseren Körpern erhoffen. Die Bedeutung, die wir unserem Körper zusprechen, ist zu großen Teilen beeinflusst von den Technologien, von denen wir uns Informationen über unseren Körper geben lassen. Diese bedeutungskonstitutive Funktion digitaler Technologien wird auch im Umgang mit Sozialen Plattformen deutlich. Freiwillig geteilte Informationen auf solchen Plattformen sind nicht selten mit

---

[1] Zur Unterscheidung von digitalen Informationen vor und nach ihrer Interpretation sowie zur doppelten Bedeutung des digitalen Datums, s. Durt 2020, S. 27.

einem Körperbezug versehen; sei es in Profilbildern, in dokumentiertem Essen oder in gefilterten und aufwendig bearbeiteten Influencer:innen-Selfies. Der Blick auf das eigene körperliche Selbst steht in unmittelbarem Zusammenhang mit dem Konsum solcher computergestützten, digitalen Inhalte. Auch die Selbst-Präsentation auf sozialen Plattformen steht unter dem Generalverdacht, eine Art Fake Identität zu präsentieren, die mit der gelebten Identität der Nutzer:innen wenig zu tun hat. Die Forderung nach Authentizität folgt dabei jedoch häufig der Vorstellung, die jeweilige Plattform sei ein separater Raum, in dem Personen ihr Personsein lediglich repräsentieren. Ausgehend von der unhintergehbaren Verflechtung von analogen und computergenerierten Lebenswelten ist die Selbst-Präsentation auf digitalen, sozialen Plattformen jedoch als eine konstitutive Selbsterzählung einer einzigen facettenreichen Nutzer:innen-Identität zu verstehen (vgl. Breil 2023b). Abermals bieten hier technische Anwendungen eine zusätzliche Dimension, über die nicht nur Zugang zum Körper gefunden werden kann, sondern die sich auch in der Konstitution der eigenen Körperlichkeit auswirkt.

4 Reales Fleisch

Nach der Darstellung verschiedener gänzlich computergenerierter Körper in Abschnitt zwei und den technologiegesteuerten Perspektiven und Verknüpfungslinien auf den und mit dem Körper in Abschnitt drei bleibt an dieser Stelle ein phänomenologisches Restbedürfnis, nach dem Körper *an sich* zu fragen. Damit scheint nicht ein leibliches Zur-Welt-sein gemeint zu sein, sondern der Körper, der in seiner Materialität Fluchtpunkt utopischer sowie dystopischer Zukunftsphantasien ist; ein Körper, der neben seinen digitalen Verquickungen Fleisch und Blut bleibt. Die Frage nach der Materialität digitaler Körper mündet so in der Frage nach dem Fleisch des Körpers, das *übrig bleibt*.

Auch Datenkörper und erst recht Datenphysikalisierungen gehen mit einer Materialität einher, die haptisch erfahrbar ist. Neben der Rückverortung virtueller Körper in Rechenzentren wurde mit der Figur der Wiederverkörperung bereits darauf hingewiesen, dass gänzlich virtuelle Körper abseits ihrer technologisch-materiellen Basis auch in Fleisch gründen können.

Verschiedene Einschreibungsprozesse zeigen, dass auch eine umgekehrte Einflussnahme durchaus fleischliche Konsequenzen hat. Dazu zählen Einschreibungen wie Körperschemastörungen, die aus der regen Nutzung von Sozialen Plattformen resultieren können, ebenso wie gesundheitliche Entwicklungen, die mithilfe von Tracking Anwendungen oder Implantaten realisiert werden. Neben derlei subtilen Einschreibungen, die über die Zeit wirksam werden, zeigt sich z. B. in der Cybersickness ein direkter Zusammenhang zwischen being-inworld und leiblichem Zur-Welt-sein. Dass unser Angstschweiß, wenn wir uns in einem Videotelefonat mit Kolleg:innen befinden, folgenlos bleibt (vgl. Meyer-Drawe 2021, S. 20), ist demzufolge nur ein Verweis auf die Grenzen der konkreten verwendeten Technologie, aber keinesfalls Hinweis auf fehlende Körperlichkeit der Online-Interaktion.

Letztlich ist auch das Entsperren von Smartphone-Bildschirmen über Gesichtserkennung, Fingerabdruck oder generell die Wischbewegung als wesentlicher Bedienungsmodus von digitaler Touch-Technologie, z. B. beim Annehmen eines Anrufs, Ausdruck einer Nähe zum Körper und zur körperlichen Kommunikation. Zu suchen ist hierin nicht eine Ersetzung nicht-technologisch gestützter Formen der körperlichen Kommunikation, sondern vielmehr eine Transformation der Begegnung selbst, die neue Formen der (körperlichen) Nähe einschließt.

Die Rede vom digitalen Körper meint nicht, dass es den nicht-digitalen oder vor-digitalen Körper *nicht gibt,* sondern dient lediglich als Verweis auf diejenigen Dimensionen körperlicher Erfahrung, die im Rahmen eines being-inworld als Produkt einer Situierung des handelnden und intentional auf die Welt gerichteten Menschen entstehen, dessen kommunikative Praktiken durch den regen Umgang mit computergestützter Technik geprägt sind. Der digitale Körper ist dabei nicht ausschließlich virtuell, sondern bewegt sich auf einem Kontinuum, das in wechselseitigen Bezügen des Virtuellen und des Nicht-Virtuellen einen Körper entstehen lässt, der sich der Reduktion auf ein Gegenüber von digitalem und analogem Körper entzieht und sich ständig rekonfiguriert.

Literatur

Boellstorff, Tom. 2013. Placing the virtual body: Avatar, Chora, Cypherg. In *Body/State*, Hrsg. Angus Cameron, Jen Dickinson und Nicola Smith, 223–242. London: Routledge.

Brachtendorf, Charlotte. 2022. Lil Miquela in the folds of fashion: (Ad-)dressing virtual influencers. In *Fashion, Style & Popular Culture* 9: 483–499. https://doi.org/10.1386/fspc_00157_1.

Breil, Patrizia. 2023a. Virtuelle Blicke. Zur unmittelbaren Leiberfahrung als Ursprung von Ethik. In *Digitalisierte Lebenswelten: Bildungstheoretische Reflexionen.* Hrsg. Marc Fabian Buck und Miguel Zulaica y Mugica, 129–145. Berlin, Heidelberg: Springer. https://doi.org/10.1007/978-3-662-66123-9_7.

Breil, Patrizia. 2023b. Digitales Selbst. Selbsterfahrung in und durch digitale Medien. In *Digitale Erfahrenswelten im Diskurs – Interdisziplinäre Beiträge zum Verhältnis von Erfahrung und Digitalität*, Hrsg. Christian Leineweber und Claudia de Witt, 1–28. https://doi.org/10.57813/20230721-122726-0.

Butler, Judith. 2005. *Gefährdetes Leben. Politische Essays*. Frankfurt a. M.: Suhrkamp.

Clarke, Roger A. 1988. Information Technology and Dataveillance. In *Communications of the ACM* 31(5): 498–512.

Conti, Mauro, Jenil Gathani und Pierre Paolo Tricomi. 2022. Virtual Influencers in Online Social Media. In *IEEE Communications Magazine* 60(8): 86–91. https://doi.org/10.1109/MCOM.001.2100786.

De Boer, Bas. 2020. Experiencing objectified health: turning the body into an object of attention. In *Medicine, Health Care and Philosophy* 23: 401–411. https://doi.org/10.1007/s11019-010-09949-0.

Durt, Christoph. 2020. The Computation of Bodily, Embodied, and Virtual Reality. In *Phänomenologische Forschungen* (1): 25–39. https://doi.org/10.28937/1000108510.

Foucault, Michel. 1988. Technologies of the Self. In *Technologies of the Self*, Hrsg. Luther H. Martin, Huck Gutman und Patrick H. Hutton, 16–49. Massachusetts: University of Massachusetts Press.

Freeman, Guo, und Divine Maloney. 2021. Body, Avatar, and Me: The Presentation and Perception of Self in Social Virtual Reality. *Proceedings of the ACM on Human-Computer Interaction* 4(CSCW$_3$): 1–27. https://doi.org/10.1145/3432938.

Haraway, Donna. 1985. Manifesto for Cyborgs. Science, Technology, and Socialist Feminism. *Socialist Review* 80: 65–108.
Hayles, N. Katherine. 2010. Cybernetics. In *Critical Terms for Media-Studies*, Hrsg. William John Thomas Mitchell und Mark B. N. Hansen, 145–156. Chicago: University of Chicago Press.
Hoffarth, Britta. 2018. Zur Produktivität von Techniken des Körpers. Eine Diskussion gouvernementalitätstheoretischer und intersektionaler Zugänge. *Open Gender Journal* 2: 1–18. https://doi.org/10.17169/ogj.2018.4.
Holischka, Tobias. 2018. Virtual Places as Real Places: A Distinction of Virtual Places from Possible and Fictional Worlds. Situatedness and Place. In *Multidisciplinary Perspectives on the Spacio-temporal Contingency of Human Life*, Hrsg. Thomas Hünefeldt und Annika Schlitte, 173–185. Cham: Springer. https://doi.org/10.1007/978-3-319-92937-8_10.
Holischka, Tobias. 2017. Zur Philosophie des virtuellen Ortes. In *Ort und Verortung. Beiträge zu einem neuen Paradigma interdisziplinärer Forschung*, Hrsg. Annika Schlitte und Thomas Hünefeldt, 199–213. Bielefeld: transcript. https://doi.org/10.1515/9783839438527-011.
Honneth, Axel. 2018. *Anerkennung: eine europäische Ideengeschichte*. Berlin: Suhrkamp.
Ji, Qihang, Lanlan Linghu, und Fei Qiao. 2022. The Beauty Myth of Virtual Influencers: A Reflection of Real-World Female Body Image Stereotypes. *Advances in Social Science, Education and Humanities Research* 670: 784–787. https://doi.org/10.2991/assehr.k.220704.142.
Kim, Kangsoo, Luke Boelling, Steffen Haesler, Jeremy Bailenson, Gerd Bruder, und Greg F. Welch. 2018. Does a Digital Assistant Need a Body? The Influence of Visual Embodiment and Social Behavior on the Perception of Intelligent Virtual Agents in AR. In *IEEE International Symposium on Mixed and Augmented Reality (ISMAR)*. S. 105–114. https://doi.org/10.1109/ISMAR.2018.00039.
Levinas, Emmanuel. 1961. *Totalität und Unendlichkeit. Versuch über die Exteriorität*. Freiburg, München: Alber [1987].
Merleau-Ponty, Maurice. 1945. *Phänomenologie der Wahrnehmung*. Berlin: de Gruyter [2010].
Meyer-Drawe, Käte. 2021. Zum Wandel selbst verschuldeter Unmündigkeit. *Journal Phänomenologie* 55: 8–25.
Milgram, Paul und Fumio Kushino. 1994. Taxonomy of Mixed-Reality-Visual-Displays. *IEICE Transaction on Information and Systems* 77(12): 1321–1329.
Negroponte, Nicolas. 1998. Beyond digital. *Wired* 12. https://www.wired.com/1998/12/negroponte-55/.
Rosenberger, Robert und Peter-Paul Verbeek. 2015. A field guide to Postphenomenology. In *Postphenomenological investigations. Essays on human-technology relations*, Hrsg. Robert Rosenberger und Peter-Paul Verbeek, 9–41, Lanham: Lexington Books.
Sartre, Jean-Paul. 1943. *Das Sein und das Nichts. Versuch einer phänomenologischen Ontologie*. 18. Aufl. Reinbek bei Hamburg: Rowohlt [2014].
Wellner, Galit. 2014. The Quasi-Face of the Cell Phone: Rethinking Alterity and Screens. *Human Studies* 37: 299–316. https://doi.org/10.1007/s10746-013-9304-y.
Zimmermann, Daniel, Anna Wehler, und Kai Kaspar. 2022. Self-representation through avatars in digital environments. *Current Psychology*: 1–15. https://doi.org/10.1007/s12144-022-03232-6.

Pornografie – Fantasie, Fiktion und Lebenswelt

Meike Neuhaus

1 Einleitung

„Pornografie gehört so fest zum Internet wie Suchmaschinen und Katzenvideos" (vgl. Richter 2017, o.S.) und ist für sehr viele Menschen ein fester Bestandteil ihrer digitalen Lebenswelt. Der Begriff „Pornografie" meint im Allgemeinen die Darstellung sexueller Inhalte und manifestiert sich als breites Spektrum. Pornografie findet sich in verschiedenen Medien, wie Filmen, Zeitschriften, Fotografie, Kunst und Werbung, und ist sogar in Form von pornografischen Hörspielen auf dem Markt präsent. Aufgrund der inhärenten Pluralität pornografischer Inhalte sowie der häufig negativen Konnotation existiert keine einheitliche Definition. Über die Frage, was zur Pornografie zählt und was nicht, wird daher eifrig gestritten (vgl. Starke 2010, S. 8–19). In diesem Text geht es ausschließlich um Mainstream-Internet-Hardcore-Pornografie. Gemeint sind damit im Internet abrufbare Videos, die sexuelle Handlungen explizit darstellen. Pornografische Inhalte gelten dann als „Hardcore", wenn sie die Geschlechtsteile in den Fokus rücken und über den sexuellen Akt hinaus keine oder kaum sonstige Handlung aufweisen. Hardcore-Pornografie unterliegt daher dem Jugendschutz. Von „Mainstream" ist die Rede, weil es um die Art von Pornografie geht, die auf den beliebtesten Pornografie-Internetplattformen zu sehen ist und am häufigsten angeklickt wird (vgl. Döring, 2011). Zwar gibt es im Bereich der Internet-Hardcore-Pornografie diverse Unterkategorien, mit deren Erscheinungsformen sich die sogenannten *Porn Studies* (vgl. Schumacher 2016, S. 61–82) auseinandersetzen, allerdings handelt es sich dabei eher um spezielle Nischen, die nicht von der breiten Masse konsumiert und deshalb hier nicht berücksichtigt werden.

M. Neuhaus (✉)
Institut für Philosophie und Politikwissenschaft, TU Dortmund, Dortmund, Deutschland
E-Mail: meike.neuhaus@tu-dortmund.de

Dieser Text verfolgt drei Ziele. Zum einen möchte ich anhand verschiedener Statistiken darstellen, dass es sich bei Mainstream-Internet-Hardcore-Pornografie, die ich im weiteren Verlauf der Einfachheit halber oft nur „Pornografie" nennen werde, um ein Massenkonsumgut handelt, das für sehr viele Menschen zur digitalen Lebenswelt dazu gehört. Zum anderen will ich zeigen, dass es sich bei Pornografie aus verschiedenen Gründen um ein moralisch problematisches Massenkonsumgut handelt, und Vorschläge erläutern, wie man mit moralisch problematischen Aspekten von Pornografie umgehen kann. Außerdem möchte ich dafür argumentieren, die kritische Auseinandersetzung mit Pornografie im Unterricht der Sekundarstufe I zu fördern, wozu sich das Fach Praktische Philosophie aus meiner Sicht besonders gut eignet.

2   Pornografie als Massenkonsumgut

Der Konsum von Pornografie stellt nach wie vor häufig ein Tabu-Thema dar, obwohl es sich dabei keineswegs um eine gesellschaftliche Randerscheinung handelt. Tatsächlich wird Pornografie nämlich massenhaft produziert und konsumiert. Schätzungen zufolge generiert die Pornoindustrie einen Umsatz von 12,6 Millionen Euro pro Tag (vgl. Röttgerkamp 2018). Von den meisten Pornokonsumenten und -konsumentinnen werden vor allem Videos angeklickt, die auf den verschiedenen Plattformen des Internetgiganten Mindgeek abrufbar sind.[1] Das IT-Unternehmen betreibt zahlreiche sogenannte „Tube-Seiten"[2] und hat in der Porno-Branche seit vielen Jahren eine Monopolstellung inne (vgl. Schröder 2015; Brühl 2017). Eine der erfolgreichsten Internetplattformen der Firma Mindgeek ist die Seite Pornhub.com, die nach eigener Aussage über 100 Milliarden Videoaufrufe pro Jahr verzeichnet. Zusammen mit weiteren Pornowebsites des Mindgeek-Netzwerks – darunter YouPorn und RedTube – kommt Pornhub auf über 125 Millionen Besuche am Tag (vgl. Pornhub 2022).

In seinen jährlich veröffentlichten sogenannten *Insights* gibt Pornhub Einblicke in Daten wie Nutzerzahlen, beliebteste Videos oder häufigste Suchanfragen. Die fünf am häufigsten angeklickten Kategorien des Jahres 2022 waren „lesbian", „ebony", „japanese", „threesome" und „anal". Den höchsten Zuwachs erreichte die Kategorie „reality", die 2022 ein Plus von 169 Prozent im Vergleich zum Vorjahr verzeichnen konnte. „Topping this year's trends is Reality porn. [...] visitors are still seeking a real homemade porn experience." Realistische Pornovideos finden vor allem bei weiblichen Nutzern Anklang. „Women view Reality porn +37 %

---

[1] Mindgeek wurde 2023 von dem kanadischen Finanzinvestor „Ethical Capital Partners" aufgekauft.

[2] Die Bezeichnung ist abgeleitet von der Seite YouTube.com und beschreibt *user-generated content,* also Inhalte von Nutzern für Nutzer.

more than men." Die meisten Pornhub-Nutzer stammen aus den USA, Deutschland liegt auf dem siebten Platz. 74 Prozent der deutschen User sind männlich, 26 Prozent sind weiblich. Die Mehrheit der Videoaufrufe werden mit dem Smartphone getätigt (vgl. Pornhub 2022).

Über welche Kapazitäten das Unternehmen verfügt, verrät auch ein Blick in die *Insights* von 2019. In diesem Jahresbericht informiert Pornhub darüber, dass auf seiner Plattform 6,83 Mio. neue Videos mit einer Gesamtlänge von 1,36 Mio. Stunden hochgeladen wurden. Das entspricht 169 Jahren. Pornhub äußert sich dazu: „If you started watching 2019's new videos in 1850 you would still be watching them today." (Pornhub 2019). Das hochgeladene Material umfasst ein Volumen von 6597 Petabyte, also 209 Gigabyte pro Sekunde. Würde man versuchen, die gesamte Datenmenge auf Festplatten zu kopieren, müsste man diese etwa 100 km hoch stapeln – und dann hätte man nur jenes Videomaterial gespeichert, das 2019 neu hinzugekommen ist (vgl. Pornhub 2019). Über welchen Umfang Pornhub insgesamt verfügt, kann man also nur erahnen.[3]

Die genannten Zahlen zeigen deutlich, dass es sich bei Pornografie um ein Konsumgut handelt, das nicht nur massenhaft produziert und konsumiert wird, sondern auch für erhebliche Umsätze sorgt. Aus philosophischer Sicht stellt sich die Frage, ob damit möglicherweise moralische Probleme einhergehen. Ich möchte im Folgenden auf vier Aspekte von Pornografie eingehen, die ich für diskussionswürdig halte und die meiner Ansicht nach viel mehr Beachtung im öffentlichen Diskurs sowie in der Medienbildung finden sollten.[4]

3 Der Pornografiekonsum von Kindern und Jugendlichen

„Wer einen pornographischen Inhalt einer Person unter achtzehn Jahren anbietet, überlässt oder zugänglich macht, [...] wird mit Freiheitsstrafe bis zu einem Jahr oder mit Geldstrafe bestraft", so der Wortlaut des § 184 Abs. 1 des Strafgesetzbuches der Bundesrepublik Deutschland (vgl. Bundesamt für Justiz). Dass sich die Realität jedoch wenig um Gesetzestexte schert, geht aus einer Studie der Jugendzeitschrift BRAVO aus dem Jahr 2016 hervor. Mehr als die Hälfte der Jugendlichen im Alter von 13 Jahren ist bereits mit Pornografie in Kontakt gekommen. Bei den 17-Jährigen sind es über 80 % und selbst unter den 11-Jährigen hat bereits jeder Dritte schon einmal pornografische Inhalte gesehen (vgl. Bauer Media Group 2016). Welche Gefühle und Reaktionen der Erstkontakt mit Pornografie bei Jugendlichen auslöst, haben Quandt und Vogelgesang untersucht. Ihre Studie zeigt zum einen, dass viele Jugendliche ungewollt mit Pornografie in Kontakt kommen (45 Prozent). Zum anderen fallen die affektiven Reaktionen auf den gewollten

---

[3] Seit 2020 löscht Pornhub regelmäßig Videos, siehe Abschn. 6.
[4] Für eine Übersicht über den feministischen Diskurs vgl. Carse 2000; Bader 2016; Nazarova 2016; Mikkola 2017; Mikkola 2019.

oder ungewollten Kontakt mit pornografischen Inhalten sehr unterschiedlich aus. 30 Prozent der Jugendlichen fühlten sich beim Erstkontakt erregt, 18 Prozent fühlten sich unwohl, ebenfalls 18 Prozent waren belustigt, 9 Prozent empfanden Ekel. Dabei wird ein Unterschied zwischen männlichen und weiblichen Jugendlichen deutlich. 19 Prozent der männlichen Studienteilnehmer gaben an, bei ihrem Erstkontakt mit Pornografie negative Gefühle erlebt zu haben, bei den Mädchen waren es 47 Prozent. Dies ist deshalb besonders erwähnenswert, weil rund 53 Prozent der Jugendlichen angaben, über ihre Erfahrungen mit Pornografie mit niemandem geredet zu haben. Nur 4 Prozent der jugendlichen Pornokonsumenten haben schon einmal mit einem Erwachsenen (z. B. Eltern, Lehrkräften) über Pornografie gesprochen (vgl. Quandt und Vogelgesang 2018). Es wundert daher nicht, dass der Konsum von Pornografie Jugendliche mit zahlreichen Fragen zurücklässt. Peter Holzwarth und Bettina Roth (2021) nennen einige solcher Fragen, die ihnen im sexualpädagogischen Unterricht mit Schülerinnen und Schülern im Alter von 13 bis 15 Jahren begegnet sind:

> „Können wir anhand eines Pornos Geschlechtsverkehr analysieren?"
> „Muss ich squirten können?"
> „Was hält eine Frau davon, wenn man in ihrem Mund kommt?"
> „Was ist am besten: Oralverkehr, Analverkehr, Vaginalverkehr oder gibt es noch andere?"
> „Ist Pornos schauen ungesund?"
> „Warum müssen Frauen beim Sex schreien?"

Bei einigen Fragen zeige sich deutlich der Bezug zur Pornografie. Andere Fragen veranlassen Holzwart und Roth zu der pädagogischen Hypothese, „dass der Bedeutungshintergrund der Fragen ebenfalls der Kontakt mit Pornografie sein kann." (Holzwarth und Roth 2021, S. 63) Deutlich werde in jedem Fall die Relevanz der Thematisierung von Pornografie in der pädagogischen Arbeit mit Jugendlichen.

Aus den vorherigen Erläuterungen ergeben sich aus meiner Sicht zwei Probleme. Erstens: Pornografie richtet sich eigentlich ausschließlich an Erwachsene, dennoch gehört ihr Konsum zum Alltag vieler Jugendlicher oder sogar Kinder. Ein Jugendschutz von außen, zum Beispiel über ein Verbot, ist bei digital verfügbaren Inhalten nicht gewährleistet. Kinder und Jugendliche kommen problemlos – und oftmals ungewollt – mit pornografischen Inhalten in Kontakt. Zweitens: Jugendliche kommunizieren gar nicht oder kaum über Pornografie, haben jedoch viele Fragen dazu. Man kann nicht erwarten, dass sie über die erforderlichen Kompetenzen verfügen, um sich kritisch mit pornografischen Inhalten auseinanderzusetzen. Der Sexualwissenschaftler Kurt Starke kritisiert, dass Erwachsene die Sexualität von Heranwachsenden häufig ignorieren, anstatt Jugendliche im Verlauf ihrer sexuellen Sozialisation zu befähigen, mit Sexualität umzugehen. Es fehle Jugendlichen an Kompetenzen, was besonders für den Umgang mit Pornografie gelte. „Angesichts der Verbreitung von Pornografie und des Kontaktes, den Jugendliche mit Pornografie haben oder haben können, und gerade angesichts der problematischen Seiten von Pornografie ist das ein ernstzunehmender Mangel." (Starke 2010, S. 80) Starke fordert daher, den Kompetenzerwerb und die kritische Reflexion der jugendlichen Rezipienten zu unterstützen, anstatt den Pornografiekonsum von

Jugendlichen zu tabuisieren oder mit Panikmache und Verboten zu reagieren. Sexuelle Aufklärung sei eine wichtige gesellschaftliche Aufgabe, dazu gehöre auch das Thema Pornografie (vgl. Starke 2010, S. 80–84).

Wie ist nun mit diesen Problemen umzugehen? Kinder und Jugendliche vollständig von pornografischen Inhalten abzuschirmen, würde eine Kontrolle des Internets implizieren, die wohl kaum praktisch umzusetzen wäre und darüber hinaus mit liberalen Grundsätzen unvereinbar ist (vgl. Jacob und Thiel 2017). Kindersicherungen auf Computern und Handys können zwar einschränken, was Jugendliche im Internet abrufen können, allerdings können diese leicht umgangen werden. Hinzu kommt, dass Pornovideos schnell und einfach durch Nachrichtendienste wie WhatsApp verschickt oder untereinander herumgezeigt werden können. Auf sozialen Netzwerken wie Instagram oder Tik Tok kommen Jugendliche ebenfalls mit pornografischen Inhalten in Kontakt. Der theoretische Wunsch, Kinder und Jugendliche vor pornografischen und/oder gewalttätigen Inhalten im Internet zu schützen, kann in der Realität nicht erfüllt werden. Ein Ziel von Medienbildung muss demnach auch sein, dass Kinder und Jugendliche Kompetenzen erwerben, um mit pornografischen Inhalten umgehen zu können. Ich halte das Fach Praktische Philosophie für die Förderung des Kompetenzerwerbs deshalb für geeignet, weil Kompetenzbereiche wie die kritische Reflexions- und Urteilsfähigkeit, aber auch die Auseinandersetzung mit eigenen Gefühlen und Wertvorstellungen sowie gesellschaftlichen Normen und Problemen explizite Aufgaben des Faches sind (vgl. Drees 2018, S. 55). Für den Umgang mit Pornografie müssen Jugendliche über Fähigkeiten aus den Bereichen der Personalen, Sozialen, Sach- und Methodenkompetenz verfügen, die beispielsweise im Kernlehrplan der Sekundarstufe I in Nordrhein-Westfalen für das Fach Praktische Philosophie ausformuliert werden. Dazu zählt u. a., dass die Schülerinnen und Schüler im Sinne einer Lernprogression

- Wahrnehmungen und Beobachtungen beschreiben (Methodenkompetenz)
- Gefühle reflektieren und in ihrer Bedeutung einschätzen (Personale Kompetenz)
- Erscheinungsformen und Probleme moderner Gesellschaften erfassen (Sachkompetenz)
- Medien kritisch reflektieren (Sachkompetenz)
- argumentieren und Kritik üben (Methodenkompetenz)
- Urteilsfähigkeit entwickeln (Personale Kompetenz)
- die Fähigkeit zu selbstbestimmtem Handeln entwickeln (Personale Kompetenz)
- Verantwortung übernehmen (Soziale Kompetenz)
(vgl. Ministerium für Schule und Weiterbildung NRW 2008, S. 9–15)

Um diese Kompetenzen im Umgang mit Pornografie zu fördern, kann man sich im Unterricht mit mehreren Bereichen der Pornografie auseinandersetzen. Dazu gehören beispielsweise die Inhalte von Pornofilmen, die Auswirkungen des Konsums von Pornografie sowie die Produktion von pornografischen Inhalten und die Arbeitsbedingungen in der Pornoindustrie. Holzwarth und Roth (2021) sprechen in diesem Zusammenhang von einer *Dekonstruktion* von Pornografie. Damit ist gemeint, dass inhaltliche und filmische Elemente kritisch hinterfragt sowie Tricks und Täuschungen offengelegt werden. Die Basis für die unterrichtliche Auseinandersetzung bildet zunächst das Verständnis, dass es „[…] sich um eine Mischung aus realen und fiktionalen Elementen handelt (reale sexuelle Interaktionen und fiktionale Fantasien und Szenarien)." (Holzwarth und Roth 2021, S. 63) Dies bezieht sich erstens auf die Körpermerkmale der Darstellerinnen und Darsteller, zweitens auf die Inszenierung der dargestellten Sexualität und drittens auf die filmische Ebene, also beispielsweise zusammengeschnittene Szenen, die einen chronologischen Ablauf des Aktes suggerieren, der in der Realität höchstwahrscheinlich durch Pausen, Zwischenzeiten ohne Erektionen, Gespräche und Regieanweisungen unterbrochen wurde (vgl. Holzwarth und Roth 2021, S. 63–65).

Selbstverständlich muss bei der Auseinandersetzung im Unterricht der Jugendschutz gewahrt werden. Weder dürfen pornografische Inhalte gezeigt werden, noch sollte über Inhalte so explizit gesprochen werden, dass Schülerinnen und Schüler damit emotional belastet werden. Außerdem darf die normalerweise stets gewünschte Schülerlebensweltorientierung beim Thema Pornografie nicht zu wörtlich verstanden werden. Eingriffe in die Privatsphäre der Schülerinnen und Schüler sind tabu. Je nachdem, welche soziale Dynamik in einer Lerngruppe vorherrscht, muss abgewogen werden, ob man überhaupt an eigene Erfahrungen mit Pornografie oder das Vorwissen der Schülerinnen und Schüler anknüpft. Auf jeden Fall sollte die Initiative, über eigene Wahrnehmungen oder Erfahrungen zu sprechen, von der Lerngruppe und nicht von der Lehrkraft ausgehen. Mit welchen moralisch relevanten Aspekten von Pornografie man sich im Unterricht auseinandersetzen kann und wie man dies tun kann, ohne dabei die Grenzen der Privatsphäre oder des Jugendschutzes zu überschreiten, möchte ich im Folgenden zeigen.

4 Moralisch problematische Inhalte von Pornografie

Pornografie, die im Internet konsumiert wird, findet man vor allem auf den sogenannten Tube-Seiten, auf denen Pornovideos von Nutzern für Nutzer hochgeladen werden. Die Inhalte der Videos richten sich nach den Vorlieben der Nutzerinnen und Nutzer. Inhalte, die bei den Usern gut ankommen – also häufig angeklickt werden – werden dementsprechend verstärkt produziert. Ergebnisse verschiedener Studien und Inhaltsanalysen von Mainstream-Pornografie machen laut Medienforscherin Verena Vogelsang deutlich, dass Sexualität nicht immer, aber überwiegend als entemotionalisierter, mechanischer Akt dargestellt werde, bei dem die Befriedigung des Mannes im Vordergrund stehe, während die Frau zum Objekt der männlichen Lust instrumentalisiert werde. Besonders tiefe vaginale, orale oder anale Penetration sowie die Ejakulation auf den Körper oder das Gesicht der Frau gehören zum „Standard-Plot" und bringen dabei die Abwertung und Unterwerfung der Frau zum Ausdruck (vgl. Vogelsang 2017, S. 31–33). Quandt und Vogelgesang (2018, S. 99) berichten außerdem von aggressivem und gewalttätigem Verhalten sowie rassistischen Darstellungen. Im Zuge der Digitalisierung scheinen sich die

Inhalte von Pornografie in den letzten Jahren verändert zu haben. In der Dokumentation *Pornocracy* aus dem Jahr 2017 berichten Darstellerinnen und Darsteller sowie Produzenten, dass die Nutzer sich immer extremere Praktiken wünschen (vgl. Brühl 2017). Florian Flade und Lars-Marten Nagel bezeichnen das Angebot auf den gängigen Porno-Seiten als eine „endlose Abfolge von Vaginal-, Oral- und Analsex, allein, zu zweit, zu dritt, in Gruppen, selten soft, meist brutal direkt." (Flade und Nagel 2012, o.S.)

Der Zweck von Mainstream-Hardcore-Internet-Pornografie ist die sexuelle Stimulation der Zuschauer und Zuschauerinnen. Der Konsum von Pornografie soll Spaß machen und Lust bereiten. Wie ist diese Zielsetzung nun mit der Auswertung der Inhaltsanalysen vereinbar? In Pornofilmen werden zahlreiche moralisch problematische Handlungen gezeigt. Es ist von Instrumentalisierung, Diskriminierung, Rassismus, Unterwerfung und Gewalt die Rede. All dies würden wir intuitiv als moralisch verwerflich bezeichnen. Auch in der Moralphilosophie gilt das beschriebene Geschehen als paradigmatische Form moralisch falschen Handelns.[5] Tabea Freitag bezeichnet Pornografie als den „blinden Fleck unserer Gesellschaft" und fragt: „Warum wird in frei zugänglicher Pornografie toleriert und normalisiert, was wir sonst ächten?" Schon auf den Startseiten der gängigen Internet-Pornografie-Anbieter werde durch Titel wie „Versaute Göre verdient es", oder „Young Thai Hottie picked up and destroyed by white cock" suggeriert, dass „Brachialsex an Teenagern o.k. sei, einschließlich jeder Form der Erniedrigung." (vgl. Freitag 2021, S. 48). Dennoch scheinen genau diese moralisch verwerflichen Darstellungen bei den Konsumentinnen und Konsumenten besonders beliebt zu sein. Ist Mainstream-Pornografie also unmoralisch?

Wenn man diese Fragen bejaht, so muss man sich mit dem Gegenargument auseinandersetzen, dass es sich bei Pornofilmen um Fiktion handelt, die der künstlerischen Freiheit unterliegt. Moralisch problematisches Verhalten ist zudem auch in zahlreichen anderen Filmgenres zu beobachten.[6] In Horror- oder Action-Filmen werden äußerst brutale Szenen gezeigt; selbst in vielen Familienfilmen oder Romantikkomödien werden Rollenbilder präsentiert, die man als sexistisch und diskriminierend bewerten kann. Über peinliche Situationen, die man in der Realität als demütigend empfinden würde, können wir vor dem Fernseher herzlich lachen. Aber das ist eben Fantasie, Kreativität, Kunst oder Humor und hat mit dem echten Leben wenig zu tun. Marie-Luise Raters merkt in diesem Zusammenhang an, dass man zwischen dem Dargestellten und dem Darstellen selbst unterscheiden müsse. Darstellungen von unmoralischen Handlungen führen ihrer Ansicht nach nicht dazu, dass das Darstellen selbst unmoralisch ist, und sollten deshalb „nicht als moralisches Problem, sondern als Geschmacksfrage behandelt werden." (Raters 2023, S. 353). Ich finde dieses Argument wenig überzeugend und denke nicht, dass alles erlaubt sein sollte, was gefällt. Auch der künstlerischen Freiheit müssen

---

[5] Vgl. zu moralischen Intuitionen: Birnbacher 2023. Vgl. zu Diskriminierung: Herrmann 2023a. Vgl. zu Rassismus und Sexismus: Herrmann 2023b. Vgl. zu Instrumentalisierung: Schaber 2023.
[6] Vgl. zu Gewaltdarstellungen in Computerspielen Sektion III in diesem Band.

Grenzen gesetzt werden. Ein Beispiel dafür ist die sexuelle Ausbeutung von Kindern. Die Mehrheit der Menschen würde sicherlich zustimmen, dass schwerer sexueller Kindesmissbrauch nicht in Filmen zu sehen sein sollte – auch nicht fiktiv und künstlerisch inszeniert. Damit wird eine Grenze überschritten, die die wenigsten Menschen überschreiten möchten. Doch bei anderen Gräueltaten scheint diese Grenze längst nicht mehr zu existieren. Horrorfilme, in denen Menschen einander die schlimmsten Dinge antun, sind bei vielen Zuschauerinnen und Zuschauern ein beliebtes Filmgenre. Wo soll die Moral also ansetzen und die künstlerische Freiheit eingrenzen? Auch wenn – oder gerade weil – es keine allgemeingültige Antwort auf diese Frage gibt, so ist es in jedem Fall eine Frage, über die man im Philosophieunterricht mit Schülerinnen und Schülern diskutieren sollte (vgl. Drees 2018, S. 58).

Hinzu kommt, dass sich das Argument der Fiktion auf Pornografie gar nicht anwenden lässt. Horror- oder Actionfilme, Romantikkomödien oder Dramen – all diese Filme sind reine Fiktion. Daniel Craig wird in *Casino Royal* (2006) nicht wirklich gefoltert. Jodie Foster wird in *Angeklagt* (1988) nicht wirklich Opfer einer öffentlichen Gruppenvergewaltigung in einer Bar. Daniel Cosgrove wird auch nicht wirklich vor allen anderen Studierenden gedemütigt, nachdem man ihm im Film *Party Animals* (2002) unmittelbar vor seiner wichtigsten Abschlussprüfung Abführmittel in sein Getränk schüttet. Wenn jedoch in Pornofilmen brutaler Geschlechtsverkehr zu sehen ist, dann haben die Darstellerinnen und Darsteller wirklich brutalen Geschlechtsverkehr. Auch wenn die Handlungen von Pornofilmen größtenteils inszeniert sind, so ist der Sexualakt doch real. Lars Rutschmann, der als Pornoproduzent tätig ist, berichtet, dass viele Pornostars nach wenigen Jahren nicht mehr brauchbar seien. „Der Verschleiß ist zu groß – psychisch und physisch." (Freitag 2021, S. 50; Gernert 2010, S. 106). Dass sich Gewalt und Demütigung in Pornografie laut einer Studie zu 94 Prozent gegen Frauen richtet (vgl. Bridges et al. 2010), spiegelt sich auch in einem Kommentar des Pornoproduzenten Rutschmann wider: „Als Frau würde ich sowas niemals machen." (von Grünigen 2011, o.S.). Moralisch problematische Inhalte werden also nicht bloß fiktiv dargestellt, sondern tatsächlich ausgeführt. Der User konsumiert reale moralisch verwerfliche Handlungen und empfindet dabei Spaß und Lust. Ist das in Ordnung?

Ein mögliches Argument könnte sein, dass reale Gewalt, wie sie beispielsweise in verschiedenen Kampfsportarten vorkommt, als Analogie herangezogen werden kann. In Deutschland erfreut sich der Boxsport großer Beliebtheit und kann auf eine lange Tradition zurückblicken. In jüngerer Zeit gewinnen auch Mixed-Martial-Arts (MMA) oder Ultimate Fighting an immer mehr Zuschauern. Diese Vollkontaktsportart, bei der die Kämpfer Techniken aus unterschiedlichen Kampfsportarten wie Kickboxen, Karate oder Ringen einsetzen und nur wenigen Regeln unterworfen sind, wird oft als äußerst brutal wahrgenommen. Dennoch, oder vielleicht gerade deswegen, gewinnt dieser Sport unter den Zuschauern stetig an Beliebtheit und hat mittlerweile den Mainstream erreicht (vgl. Eckner 2016). Selbst wenn man nicht besonders enthusiastisch für Kampfsportarten und ihre raue Natur ist, würde die Mehrheit der Menschen Boxen oder Ultimate Fighting nicht unbedingt als unmoralisch bewerten. Was sind die Gründe dafür?

Drei grundlegende Prinzipien des Kampfsports sind Fairness, die strikte Einhaltung von Regeln und die Präsenz eines Schiedsrichters, der den Kampf überwacht. Die konkurrierenden Kämpfer gehören derselben Geschlechtskategorie und Gewichtsklasse an, was für vergleichbare Voraussetzungen sorgt. In weiten Teilen der Mainstream-Pornografie hingegen wird diese Art der Ausgewogenheit oft nicht angestrebt. Hier befindet sich die Frau nicht nur körperlich in einer unterlegenen Position, was die Fairness von Anfang an infrage stellt, sondern sie wird auch dazu ermutigt, sich den Wünschen des Mannes unterzuordnen. Um in der Analogie des Kampfsports zu bleiben, könnte man argumentieren, dass die Frau nicht aktiv am „Kampf" teilnimmt, sondern vielmehr die Geschehnisse passiv über sich ergehen lässt. Während im Kampfsport strenge Regeln und Verbote gelten, scheint es in der Welt der Pornografie kaum vergleichbare Normen zu geben. Zum Beispiel sind bei den Mixed Martial Arts unter anderem Haareziehen, Bespucken, Beleidigen und das Abdrücken der Luftröhre verboten (vgl. UFC 2023). In der Mainstream-Pornografie hingegen finden sich diese Handlungen häufig wieder.[7]

Darüber hinaus verdeutlichen Dokumentarfilme wie *Pornocracy* (2017) und *Hot Girls Wanted* (Jones et al. 2015), dass in der Pornobranche Vereinbarungen und Regeln oft nicht zuverlässig eingehalten werden, sobald die Produktion erst einmal läuft. Es fehlt oft an einem „Schiedsrichter", der sicherstellt, dass fair und nach den Regeln gedreht wird. Im Vergleich zum Kampfsport herrschen in der Pornografie also keine vergleichbaren Fairness-Bedingungen und die bestehenden Regeln werden oft missachtet. Macht das Pornografie unmoralisch?

Selbstbestimmung und Autonomie im Bereich persönlicher Lebensgestaltung sind bedeutsame Errungenschaften des Liberalismus. Sofern dabei niemandem Schaden zugefügt wird, sollte jedem die Möglichkeit gegeben sein, seine Vorlieben auszuleben. Wenn beispielsweise jemand durch das Erlebnis des Angespuckt-Werdens sexuell erregt wird, sollte dieser Person die Möglichkeit gewährt werden, diese Präferenz auszuleben. Ebenso sollte jemand, der groben Geschlechtsverkehr bevorzugt, die Freiheit haben, seine Lust auf diese Weise zu befriedigen (vgl. Drees 2018, S. 60). Jedoch fällt sexuelle Aktivität, die Schäden verursacht, nicht unter die Kategorie sexueller Freiheit (vgl. Menkens 2012). Almut von Wedelstaedt definiert in ihrem Vortrag „Sex macht Spaß. Und Probleme" (2017) moralisch guten Sex als einvernehmlichen Akt, bei dem alle Beteiligten freiwillig und informiert zugestimmt haben.[8]

Zu den Beteiligten zählen aus meiner Sicht neben den Darstellenden und Produzierenden auch die Konsumentinnen und Konsumenten. Pornografie wird vor allem für die Zuschauer produziert, die durch ihr Betrachten am Geschehen teilnehmen. In der Regel stimmt der Konsument sicherlich mit den dargestellten

---

[7] An dieser Stelle seien die Stichworte „Facial Abuse", „Double Penetration" und „Bukkake-Party" genannt. Vgl. Schumacher 2016; Tarrant 2016; Wöhrle und Wöhrle 2014; Pornocracy 2017; Jones et al. 2015.
[8] Vgl. zu Informed Consent: Eyal 2019; Vollmann 2008. S. 44–53; Quante 2010. S. 143–162.

sexuellen Aktivitäten überein, sonst hätte er die Website nicht besucht oder das Video nicht angesehen. Dennoch erfolgen Begegnungen mit pornografischen Inhalten oft unfreiwillig, wie bereits im zweiten Abschnitt erwähnt wurde. Technisch wenig versierte Internetnutzerinnen und -nutzer haben möglicherweise schon erlebt, wie unerwünschte pornografische Werbung beim Surfen im Internet plötzlich eingeblendet wird. Nicht selten dauert es eine Weile, bis das ungewollte Fenster geschlossen werden kann. In solchen Fällen ist Pornografie unmoralisch, da man nicht zugestimmt hat, den sexuellen Handlungen zuzusehen. Man wird unfreiwillig involviert. Es ist auch vorstellbar, dass Konsumenten gezielt nach Pornografie suchen, aber von den tatsächlichen Inhalten überrascht werden. Die Videotitel können irreführend sein und bieten nicht immer eine genaue Vorstellung von dem, was gezeigt wird. Gewalttätige oder demütigende Szenen können daher verstörend sein und den Konsumenten oder die Konsumentin psychisch belasten.

Wie verhält es sich jedoch mit pornografischen Inhalten, die der User freiwillig und informiert ansieht? Im Allgemeinen wird angenommen, dass die Darstellerinnen und Darsteller sexuelle Handlungen freiwillig ausführen und vor dem Drehbeginn ihre Zustimmung gegeben haben.[9] Andernfalls könnte man von Missbrauch oder Vergewaltigung sprechen, was auch rechtliche Konsequenzen hätte. Aus rechtlicher Sicht sind diese Handlungen demnach erlaubt. Dies bedeutet jedoch nicht zwangsläufig, dass sie auch moralisch akzeptabel sind. Von Wedelstaedt argumentiert, dass echte Zustimmung möglicherweise nicht immer möglich ist, „weil in Hierarchieverhältnissen manche nie frei sind, zuzustimmen" (vgl. von Wedelstaedt 2017, S. 16). Dies scheint bei Pornofilmen der Fall zu sein. Die Darsteller stimmen den sexuellen Handlungen zwar zu, aber sie würden den teilweise drastischen Praktiken vielleicht nicht zustimmen, wenn sie nicht ihren Lebensunterhalt damit verdienen müssten. Die Schilderungen zahlreicher (ehemaliger) Darstellerinnen legen nahe, dass echte Freiwilligkeit kaum angenommen werden kann. Viele Darstellerinnen kommen mit falschen Erwartungen in die Pornobranche und haben, wenn sie bestimmte Praktiken ablehnen, selten die Option, die Branche zu verlassen und in anderen Bereichen zu arbeiten. In vielen Fällen haben die Darsteller daher kaum Wahlmöglichkeiten. Weder können sie die Branche verlassen, noch können sie Praktiken ablehnen, wenn sie regelmäßig gebucht werden und ausreichend verdienen möchten (vgl. Hase 2017; Pornocracy 2017; Jones et al. 2015; Barker 2016).

Ich werde in Abschnitt 6 noch einmal etwas genauer auf die Arbeitsbedingungen in der Pornobranche eingehen. An dieser Stelle sei jedoch schon festgehalten, dass pornografische Inhalte moralisch problematisch sind, wenn entweder der Konsument nicht informiert und freiwillig zuschaut und/oder die Darsteller und Darstellerinnen nicht wirklich informiert und freiwillig die sexuellen Handlungen ausführen. Wenn jedoch alle Beteiligten informiert und freiwillig zustimmen und niemandem Schaden zugefügt wird, könnten pornografische Inhalte moralisch

---

[9] Hier sind auch Rollenspiele eingeschlossen, die nur suggerieren, eine Person hätte nicht zugestimmt.

akzeptabel sein. Auch Handlungen, die intuitiv als gewalttätig oder demütigend empfunden werden könnten, können sexuelle Stimulation hervorrufen und sollten dann aufgrund des Werts sexueller Freiheit moralisch vertretbar sein, sofern niemand Schaden nimmt.[10]

Ein Gegenargument besagt, dass es Dinge gibt, die selbst freiwillig nicht getan werden dürfen. Ein oft genanntes Beispiel ist der Zwergenweitwurf, bei dem kleinwüchsige Menschen aus Unterhaltungsgründen durch die Luft geworfen werden. Da Menschen beim Zwergenweitwurf zu Objekten gemacht und instrumentalisiert werden, sei dies ein Angriff auf die Menschenwürde, selbst wenn sie freiwillig mitmachen (vgl. Tiedemann 2007, S. 33). Dieses Argument könnte auch auf pornografische Handlungen zutreffen, bei denen möglicherweise die Selbstbestimmung der Darsteller auf der einen Seite und die Wahrung der Menschenwürde auf der anderen Seite in einem Dilemma stehen. Dieses Dilemma sollte im Unterricht mit Schülerinnen und Schülern diskutiert werden.

Im Kontext des Kompetenzerwerbs von (jugendlichen) Pornografie-Konsumenten impliziert dies, dass sie die Fähigkeit erlangen müssen, diese Aspekte auf eine kritische Weise zu durchdenken. Bevor sie eine pornografische Webseite besuchen oder ein Video starten, sollten sie sich bewusst darüber sein, welche Inhalte sie sehen möchten und welche sie besser meiden sollten. Es ist wichtig, dass sie in der Lage sind, pornografische Materialien so auszuwählen, dass sie sowohl ihren eigenen sexuellen Präferenzen als auch ihren reflektierten Wertvorstellungen entsprechen. Zusätzlich dazu müssen sie Empathiefähigkeit und Urteilsvermögen entwickeln und eine kritische Betrachtung darüber anstellen, ob die dargestellten Handlungen in Pornofilmen tatsächlich als moralisch einwandfrei, also als informierte freiwillige sexuelle Aktivitäten, betrachtet werden können.

Zusätzlich dazu müssen Jugendliche die Fähigkeit erwerben, sexuelle Handlungen in der Pornografie von ihrer eigenen realen sexuellen Erfahrungswelt abzugrenzen. Es ist wichtig, dass sie ihre persönlichen schrittweisen Erfahrungen mit Sexualität nicht durch den Konsum von Pornografie beeinflussen lassen oder ersetzen.

5 Auswirkungen von Pornografiekonsum

Ein gängiges Argument gegen Pornografie bezieht sich auf die vermutete Schädigung der Konsumentinnen und Konsumenten und der Gesellschaft im Allgemeinen. Die Vorstellung ist, dass der Konsum von Pornografie negative Auswirkungen auf die Rezipienten hat. Im Fachbereich der Medienwirkungsanalyse werden verschiedene Theorien diskutiert, die die möglichen Konsequenzen des Konsums von gewalttätigen Medien beleuchten.

Eine weitverbreitete Theorie ist die Katharsisthese. Diese besagt, dass der Konsument durch das Erleben von Medieninhalten mit Gewalt seine eigenen Fantasien

---

[10] Kinderpornografie ist davon von vornherein ausgeschlossen, weil kein Einverständnis vorausgesetzt werden kann, sondern stattdessen unbedingt von einer Schädigung auszugehen ist.

auslebt und Aggressionen abbaut. Allerdings gibt es keine überzeugenden Beweise für diese Annahme, weshalb die Katharsisthese in der Medienwirkungsforschung eher infrage gestellt wird. Gleiches gilt für die These der Wirkungslosigkeit (vgl. Kunczik 2017, S. 21–22).

Die Suggestionsthese besagt, dass der Konsum von gewalttätigen Medien Nachahmungseffekte hervorrufen kann. Diese Effekte wurden bereits im Zusammenhang mit Morden, Amokläufen, rassistischen Straftaten und Suiziden beobachtet (vgl. Kunczik 2017, S. 21–22). Ebenso wurden im Kontext des Pornografiekonsums Nachahmungseffekte festgestellt. Verschiedene Studien haben gezeigt, dass bei Konsumenten von Pornografie eine erhöhte Neigung zu einem breiten Spektrum sexueller Handlungen besteht, insbesondere zur Praktizierung von Analsex (vgl. Braun-Courville und Rojas 2009, S. 156–162; Jonas et al. 2014, S. 745–753; Mahapatra und Saggurti 2014, S. 1–14; Priebe et al. 2007, S. 133–148). Ebenso wurde eine gesteigerte Wahrscheinlichkeit für ungeschützten Geschlechtsverkehr sowie für gewalttätiges Verhalten in verschiedenen Studien dokumentiert (vgl. Luder et al. 2011, S. 1027–1035; Træen et al. 2015, S. 290–296; Mesch 2009, S. 601–618; Priebe et al. 2007, S. 133–148).

Die Erregungstransfer-These geht davon aus, dass Medieninhalte „generelle emotionale Erregungszustände" hervorrufen können, die „die Intensität nachfolgender Verhaltensweisen steigern." Das bedeutet, dass pornografische Inhalte möglicherweise gewalttätiges Verhalten verstärken könnten. Vor allem bei Frauen kann es jedoch zu einem „Umkehreffekt" kommen, bei dem Mediengewalt beispielsweise eher „prosoziales Verhalten (z. B. intensiveres Helfen)" auslösen kann (vgl. Kunczik 2017, S. 23). In diesem Kontext ist eine Studie von Poulsen, Busby und Galovan bemerkenswert. Die Studie ergab, dass männliche Konsumenten von Pornografie die Qualität ihrer persönlichen sexuellen Beziehung schlechter bewerteten, während weibliche Konsumentinnen ein positiveres Bild von ihrem Sexualleben in der Partnerschaft hatten (vgl. Poulsen et al. 2013, S. 72–83).

Die Habitualisierungsthese besagt, dass die Nutzerinnen und Nutzer durch wiederholten Kontakt mit gewalttätigen Medieninhalten abstumpfen können. Dies führt zu einer Desensibilisierung und einem Verlust der Empathiefähigkeit. Gewalt könne in der Folge als gewöhnliches Verhalten im Alltag oder als akzeptables Mittel zur Konfliktlösung wahrgenommen werden (vgl. Kunczik 2017, S. 22). Eine Studie von Mesch hat gewalttätigere Einstellungen bei Konsumenten von Pornografie aufgezeigt (vgl. Mesch 2009, S. 601–618).

Eine weitere Hypothese ist die Kultivierungsthese, die besagt, dass intensiver Medienkonsum dazu führen kann, dass die in den Medien präsentierten Weltbilder vom Publikum übernommen werden (vgl. Kunczik 2017, S. 22–23). Unterschiedliche Studien zur Wirkung von Pornografie stützen diese Annahme. So zeigen diese Studien, dass Konsumenten von Pornografie tendenziell freizügigere Einstellungen annehmen (vgl. Baams et al. 2015, S. 743–754; Braun-Courville und Rojas 2009, S. 156–162; Brown und L'Engle 2009, S. 129–151; Štulhofer et al. 2009, S. 13–23). Auch eine stärkerer Objektifizierung von Frauen konnte bei regelmäßigem Pornografiekonsum nachgewiesen werden (vgl. Peter und Valkenburg 2007, S. 381–395). Zusätzlich dazu haben Untersuchungen von Wright et al. eine offenere Haltung gegenüber Polygamie und Homosexualität bei Pornokonsumenten festgestellt (vgl. Wright 2012, S. 67–76; Wright et al. 2013. S. 1131–1144; Wright und Bae 2013, S. 492–513; Wright und Randall 2014, S. 665–689).

Dies sind lediglich einige Beispiele von Medienwirkungstheorien und Studien zur Pornografie, die vor allem eins verdeutlichen: Es herrscht Uneinigkeit. Die unterschiedlichen Studien führen zu verschiedenen Ergebnissen. Die Auswirkungen des Pornografiekonsums auf die Rezipienten bleiben aufgrund der Vielzahl von Theorien und empirischen Forschungsergebnissen nach wie vor ungewiss. Dieses Ergebnis korrespondiert mit einer weiteren etablierten Medienwirkungstheorie, die sich, insbesondere im Kontext langfristiger Auswirkungen, in der Medienwirkungsforschung bewährt hat. Die sogenannte Lerntheorie besagt, dass „Verhalten aus einer ständigen Wechselwirkung von Persönlichkeits- und Umweltfaktoren" resultiert. Beim Beobachtungslernen bzw. Lernen am Modell werden Verhaltensweisen erlernt, die jedoch nicht zwangsläufig übernommen werden. Ob und in welcher Form der Konsument oder die Konsumentin beobachtetes Verhalten übernimmt, hängt von weiteren Faktoren ab, darunter die Medieninhalte, die Eigenschaften des Konsumenten, die soziale Umgebung und die situativen Bedingungen. Zusätzlich zu den individuell unterschiedlichen Persönlichkeitsmerkmalen der Rezipienten und den Umweltfaktoren muss auch berücksichtigt werden, dass verschiedene Menschen gleiche Inhalte unterschiedlich wahrnehmen, was zu unterschiedlichen Auswirkungen führen kann (vgl. Kunczik 2017, S. 24–25). Eine einheitliche Antwort auf die Frage, wie sich Pornografiekonsum auswirkt, ist daher nicht möglich.

Was bedeutet dies für die Frage, ob Pornografie moralisch problematisch ist, und welche Konsequenzen ergeben sich daraus für den Philosophieunterricht? Bei der Analyse des Inhalts pornografischer Filme wird deutlich, dass die Grenzen des moralisch Vertretbaren unscharf sind, aber der Trend in Richtung einer Ausdehnung dieser Grenzen geht. Auch die Auswirkungen von Pornografie auf die Konsumenten sind unklar. Ob Pornofilme für die Zuschauerinnen und Zuschauer oder die Gesellschaft tatsächlich auf irgendeine Weise schädlich sind, ist nicht eindeutig belegt. Es muss zumindest angenommen werden, dass der Konsum für einige Menschen unproblematisch ist und sich nur bei bestimmten Personen – abhängig von den entsprechenden Persönlichkeitsmerkmalen und unter dem Einfluss bestimmter Umweltfaktoren – negativ auswirkt. In solchen Fällen, in denen der Konsum von Pornografie sich negativ auf den Rezipienten auswirkt oder sogar Schäden bei Dritten verursacht, ist er unmoralisch. Diese Schädigungen sind zwar nicht zwingend zu erwarten, lassen sich jedoch auch nicht vollständig ausschließen. Der Konsum von Pornografie kann daher moralisch problematisch sein und sollte kritisch hinterfragt werden.

Für den Philosophieunterricht bedeutet dies, dass Schülerinnen und Schüler zunächst akzeptieren müssen, dass es keine allgemeingültigen Antworten in Bezug auf den Inhalt und die Wirkung von Pornografie gibt. Stattdessen sollten sie ermutigt werden, sich eine individuelle, begründete Meinung über die Grenzen des moralisch Vertretbaren zu bilden und ihren eigenen Konsum kritisch zu hinterfragen. Jugendliche müssen sich der Tatsache bewusst sein, dass der Konsum von

Pornografie schädliche Auswirkungen haben kann. Wie dieser Konsum jedoch auf sie persönlich wirkt, können sie nur individuell ergründen, indem sie sich mit ihren eigenen Wertvorstellungen, Gefühlen, Fantasien und Verhaltensweisen auseinandersetzen. Es ist selbstverständlich, dass diese kritische Selbstreflexion von der Lehrkraft lediglich angestoßen werden kann und nicht in offenen Klassendiskussionen behandelt werden sollte, um die Privatsphäre der Schülerinnen und Schüler zu respektieren und mögliche Bloßstellungen zu vermeiden. In diesem Zusammenhang kann die Verwendung von Fallbeispielen hilfreich sein, um den Schülerinnen und Schülern die Möglichkeit zu bieten, sich aus der Distanz heraus mit potenziellen Auswirkungen auseinanderzusetzen. Durch den Einsatz von Zeitungsartikeln, Blogeinträgen oder Podcasts, in denen andere Personen von ihren Erfahrungen mit Pornografie und den resultierenden Konsequenzen berichten, ergeben sich zwei Vorteile. Erstens können die Schülerinnen und Schüler somit Abstand wahren und müssen keine persönlichen Details preisgeben. Zweitens ermöglicht es ihnen, sich in die Lage anderer Personen oder Situationen zu versetzen und aus den Erfahrungsberichten von Dritten gegebenenfalls Schlüsse für ihren eigenen Umgang mit Pornografie zu ziehen.

6 Die Pornoindustrie und Konsumentenverantwortung

Ein weiterer Bereich, der im Zusammenhang mit Pornografie problematisch ist, betrifft die Struktur der Pornoindustrie. Die Frage, ob es jemals eine „gute alte Zeit" in dieser Branche gab, wird angezweifelt (vgl. Woldin 2014). Klar ist jedoch, dass sich die Pornoindustrie seit dem Aufkommen des Internets erheblich verändert hat. Besonders das IT-Unternehmen Mindgeek hat über die Jahre eine dominante Position in der Branche eingenommen. Der rapide Anstieg durch die fortschreitende Digitalisierung führte dazu, dass von einst über 200 Porno-Produzenten in den USA heute nur noch etwa 20 Produktionsfirmen übriggeblieben sind. Darstellerinnen und Darsteller sowie Produzentinnen und Produzenten sind stark von der Kooperation mit dem Porno-Imperium Mindgeek abhängig. Etwa 95 % aller Pornofilme sind auf mindestens einer der Seiten von Mindgeek verfügbar. Wer nicht mit Mindgeek zusammenarbeitet, gerät in eine Nische und bleibt bei den Konsumenten weitgehend unbemerkt (vgl. Pornocracy 2017). Die Abhängigkeit von diesem Giganten der Pornoindustrie führt vermehrt zu Low-Budget-Produktionen und somit zu geringeren Verdienstmöglichkeiten für Darstellerinnen und Darsteller sowie Produzenten. Dies wird noch verstärkt durch die Verbreitung von Raubkopien auf den sogenannten Tube-Seiten (vgl. Brühl 2017; Schröder 2015). Mindgeek betreibt „zielgerichtet Marktforschung, richtet sich algorithmisch basiert nach den Wünschen der User" (Hase 2017) und diese Wünsche werden offenbar immer ausgefallener. Wer bei Mindgeek erfolgreich sein will, muss deshalb immer extremere Dinge in immer kürzerer Zeit und zu immer niedrigeren Preisen liefern. Wer sich den Wünschen nicht anpasst, ist raus, so die Konklusion des Dokumentarfilms „Pornocracy" (vgl. Brühl 2017; Schröder 2015; Pornocracy

2017; Hase 2017). Stars gebe es in der Branche nur wenige, stattdessen denke man überwiegend in „Kategorien" wie „MILF", „Lesbian", „Japanese" oder „Ebony" (vgl. Pornhub 2022; Pornocracy 2017).

Neulinge in der Pornoindustrie kommen oft mit völlig falschen Vorstellungen zu den Produzenten und werden dann hauptsächlich ausgebeutet. Der Traum von Ruhm und schnellem Geld zerplatzt. Häufig wird im Alltag der Darstellerinnen und Darsteller auf Schmerzmittel oder Drogen zurückgegriffen, um die anstrengenden Dreharbeiten zu überstehen (vgl. Hase 2017). Männliche Darsteller greifen zudem oft in hohen Dosen zu potenzsteigernden Mitteln wie Viagra (Pornocracy 2017; Jones et al. 2015). Ein weiteres Problem besteht darin, dass ungeschützter Geschlechtsverkehr bei den Dreharbeiten stattfindet. Obwohl die Darstellenden vor Drehbeginn Testergebnisse vorlegen müssen, die bestätigen, dass sie frei von Geschlechtskrankheiten sind, werden diese Tests häufig gefälscht, da die Darstellerinnen und Darsteller nicht genug verdienen, um die teuren Tests regelmäßig wiederholen zu können. Dies führte im Jahr 2012 zu einer Syphilis-Ausbreitung unter US-amerikanischen Pornodarstellern (vgl. Miles 2012; Pornocracy 2017, Jones et al. 2015).

Der Ausstieg aus dieser Branche gestaltet sich für viele Darstellerinnen und Darsteller ebenfalls schwierig. Viele klagen über Anfeindungen nach ihrer „Pornokarriere" und haben Schwierigkeiten, einen „normalen Job" zu finden oder Partnerschaften einzugehen. Zudem seien viele Darsteller durch ihre Zeit in der Pornoindustrie drogenabhängig geworden (vgl. Miles 2012). Sicherlich sind nicht alle Pornodarstellerinnen und -darsteller von diesen Vorwürfen betroffen. Viele Personen, insbesondere die Stars dieser Branche, berichten von positiven Arbeitsbedingungen am Set, in denen gegenseitige Unterstützung und Sorge füreinander vorherrschen. Allerdings haben sich in der Vergangenheit Berichte über Misshandlungen, Demütigungen oder erzwungene Handlungen während der Dreharbeiten gehäuft (vgl. Barker 2016; Focus 2020; Paul 2020). Ab dem Jahr 2020 wurde Pornhub immer stärker kritisiert, was zur Löschung von mehreren Millionen Videos führte. Das Unternehmen kontrolliert seitdem verstärkt die Inhalte der hochgeladenen Videos und veröffentlicht jährlich einen Transparency Report (vgl. Pornhub 2023).

Es ist wahrscheinlich, dass es in der Pornoindustrie, wie in jeder anderen Branche auch, sowohl gute als auch weniger gute Arbeitgeber gibt. Jedoch ist die Pornoindustrie eine Branche, die im Vergleich zu vielen anderen Branchen der westlichen Welt nur sehr wenig reguliert wird. Diese geringe Regulierung, kombiniert mit der Monopolstellung von Mindgeek und den immer ausgefalleneren Wünschen der User, führt bei vielen Darstellerinnen und Darstellern zu Arbeitsbedingungen, die eindeutig als moralisch problematisch anzusehen sind.

Die Enthüllungen über die problematischen Arbeitsbedingungen in der Pornoindustrie werfen wichtige moralische Fragen auf. Die Debatte um Verantwortungsfragen in Bezug auf Konsum wird seit geraumer Zeit intensiv diskutiert (vgl. Heidbrink et al. 2016). Insbesondere in Bezug auf die Textilindustrie wird darüber diskutiert, wer für die schlechten Arbeitsbedingungen verantwortlich ist und wer die Verantwortung trägt, um eine Verbesserung herbeizuführen. Verantwortung wird häufig als dreistellige Relation verstanden. Das bedeutet, dass ein Akteur (1) für eine Handlung oder ein Ereignis (2) gegenüber einer Person (3) verantwortlich ist. Aus diesem Kontext ergeben sich drei zentrale Fragen: (1) Wer trägt die Verantwortung? (2) Wofür genau ist diese Person verantwortlich? (3) Gegenüber wem ist diese Verantwortung zu tragen? (vgl. Neuhäuser 2023, S. 215–217; Schmidt 2016, S. 6).

Die Fragen (2) und (3) lassen sich in Bezug auf die Pornografie-Problematik relativ klar beantworten. Es geht um die misslichen Arbeitsbedingungen (2), unter denen Pornodarstellerinnen und -darsteller leiden (3). Die erste Frage ist jedoch komplexer. In dieser Debatte werden die Politik, die Unternehmen sowie die Konsumenten oft als mögliche Verantwortungsträger genannt. Es ist in diesem Zusammenhang essenziell, zwischen zwei Arten von Verantwortungsfähigkeit zu differenzieren. Erstens stellt sich die Frage, ob eine Person überhaupt in der Lage ist, verantwortungsfähig zu sein. Dies erfordert Willensfreiheit, Handlungsfähigkeit und die Fähigkeit, einen moralischen Standpunkt einzunehmen. Nur wenn diese Voraussetzungen erfüllt sind, kann eine Person in einer konkreten Situation als verantwortlich betrachtet werden. Zweitens gibt es eine Unterscheidung zwischen haftender und sorgender Verantwortung. Haftende Verantwortung bezieht sich auf die Situation, in der jemand durch sein Handeln ein Ereignis verursacht hat und daher die Konsequenzen tragen muss. Sorgende Verantwortung hingegen bezieht sich auf die Fähigkeit einer Person, Verantwortung zu übernehmen und beispielsweise dazu beizutragen, bestimmte Umstände zu verbessern, selbst wenn sie das Ereignis nicht unmittelbar verursacht hat (vgl. Neuhäuser 2023, S. 216).

In Anbetracht der vorliegenden Sachlage ergibt sich die Notwendigkeit, die verschiedenen Akteure hinsichtlich ihrer Verantwortung zu analysieren. Dies betrifft nicht nur die Konsumenten, sondern auch politische Entscheidungsträgerinnen und Unternehmen, die in der Branche tätig sind. Die moralischen Überlegungen drehen sich darum, ob und inwieweit diese Akteure die Pflicht haben, gegen die fragwürdigen Arbeitsbedingungen in der Pornoindustrie anzugehen und positive Veränderungen zu fördern.

Aufgabe des Philosophieunterrichts ist nun, die komplexen Verhältnisse der Pornoindustrie mit den Schülerinnen und Schülern zu erörtern. Zentral ist dabei die Untersuchung der Verantwortungsdynamik, die in Bezug auf die Arbeitsbedingungen existiert. Dabei lassen sich zwei maßgebliche Akteure identifizieren, die wesentlichen Einfluss auf diese Bedingungen haben: das Unternehmen Mindgeek und die Konsumenten. Mindgeek, als Inhaber einer marktbeherrschenden Position in der Branche, übt eine erhebliche Kontrolle über Darstellerinnen und Darsteller sowie und Produzentinnen und Produzenten aus. Dies führt zu niedrigeren Löhnen und der Notwendigkeit, mehr Produktionen in kürzerer Zeit zu liefern. Die Konsumentinnen und Konsumenten wiederum beeinflussen durch ihr Konsumverhalten die Art und Weise der produzierten Inhalte. Die gezielte Verwendung von Algorithmen für Marktforschung ermöglicht es, Kundenwünsche schnell und genau zu erkennen und in den Produktionsprozess einzubeziehen. Wenn beispielsweise gewalttätige Videos besonders beliebt sind und viele Klicks generieren, steigt die

Produktion dieser Art von Inhalten. Da sowohl Mindgeek als auch die Konsumentinnen und Konsumenten aktiv zu den problematischen Arbeitsbedingungen in der Pornobranche beitragen, könnte eine Übernahme haftender Verantwortung von ihnen gefordert werden.

Zudem ergibt sich auch die Frage nach sorgender Verantwortung. Mindgeek könnte seine dominante Stellung nutzen, um Standards für angemessene Arbeitsbedingungen in der Branche zu etablieren. Die Nutzerinnen und Nutzer könnten durch eine Veränderung ihres Konsumverhaltens – etwa durch den Verzicht auf gewalttätige Pornografie – dazu beitragen, dass weniger Inhalte mit moralisch problematischen Elementen produziert werden.

Im Unterricht sollte diskutiert werden, inwiefern diese Akteure tatsächlich die Fähigkeit und die moralische Pflicht haben, die beschriebenen Verantwortlichkeiten zu übernehmen. Dabei ist zu bedenken, dass die Frage der Verantwortung nicht zwangsläufig auf eine Person oder Gruppe begrenzt ist, sondern auch eine strukturelle Dimension aufweist. Den Schülerinnen und Schülern könnte verdeutlicht werden, dass Verantwortung nicht nur individuell, sondern auch gesellschaftlich und institutionell betrachtet werden muss. Dies kann zu einer kritischen Reflexion der eigenen Handlungen, Konsumentscheidungen und ihrer möglichen Auswirkungen auf die Gesellschaft anregen.[11]

Ein Beispiel für den Umgang mit diesen Fragen im Unterricht könnte sein, dass die Schülerinnen und Schüler selbst Kriterien entwickeln, wie eine moralisch unproblematische Pornoindustrie aussehen müsste. In meinem Unterricht mit einem Philosophiekurs der Jahrgangsstufe 10 ist daraus die Idee für ein „Fair Porn Siegel" entstanden. Durch die Einführung des Siegels könnten Konsumenten die Gewissheit haben, dass der gewählte Film unter ethisch akzeptablen Bedingungen produziert wurde. Als *faire Pornografie* bezeichneten meine Schüler und Schülerinnen Filme, bei denen die Darsteller angemessen entlohnt wurden und die unter fairen Arbeitsbedingungen entstanden sind. Hierbei stehen Freiwilligkeit, gegenseitiger Respekt und Gleichberechtigung an oberster Stelle. Es wird angestrebt, gesundheitliche Risiken wie Schmerzen, Verletzungen, Übertragung von Geschlechtskrankheiten und auch psychisches Leiden zu vermeiden. Erniedrigende oder besonders gewalttätige Praktiken werden ausgeschlossen. Alle Handlungen, die beiden Partnern Freude und Lust bereiten, sollen erlaubt sein, solange dies auch für die Zuschauerinnen und Zuschauer erkennbar ist. Um diese Standards zu gewährleisten, sind nach Ansicht der Schülerinnen und Schüler regelmäßige Kontrollen notwendig. Auf diese Weise können sowohl eine angemessene Entlohnung und Arbeitsumgebung für die Darstellerinnen und Darsteller als auch moralisch unproblematischere Inhalte für die Konsumentinnen und Konsumenten gewährleistet werden.

---

[11] Vgl. zu Fragen der Unternehmensverantwortung: Neuhäuser 2011. Vgl. zu Fragen der kollektiven Verantwortung von Konsumenten: Schmidt 2016.

7 Fazit

Es ist evident, dass Pornografie in bestimmten Bereichen und unter spezifischen Umständen moralische Probleme aufweist. Diese betreffen hauptsächlich den Schutz von Minderjährigen, den Inhalt von Pornofilmen, die Konsequenzen des Konsums und die Arbeitsbedingungen innerhalb der Pornoindustrie. Diese moralischen Problemfelder sollten im Philosophieunterricht behandelt werden, um Schülerinnen und Schülern die Möglichkeit zu geben, sich informiert und kritisch damit auseinanderzusetzen. Es ist nicht notwendig, Pornografie zu verbieten oder zu tabuisieren, sondern vielmehr, diese als Gegenstand der Analyse, Diskussion und Bewertung im Unterricht zu verwenden. Das Hauptziel sollte dabei die Entwicklung von Kompetenzen sein, darunter die Fähigkeit zur Wahrnehmung moralischer Herausforderungen, das Vermögen zu argumentieren und zu urteilen sowie eigenverantwortliches, verantwortungsbewusstes Handeln zu fördern.

Literatur

Baams, Laura, Geertjan Overbeek, Judith Semon Dubas, Suzan M. Doornwaard, Els Rommes und Marcel A. G. van Aken. 2015. Perceived Realism Moderates the Relation Between Sexualized Media Consumption and Permissive Sexual Attitudes in Dutch Adolescents. *Archives of Sexual Behavior* 44: 743–754.

Bader, Michael. 2016. PorNO! Radikalfeministische Positionen gegen Pornografie. In *Pornografie – Im Blickwinkel der feministischen Bewegungen, der Porn Studies, der Medienforschung und des Rechts*, Hrsg. Anja Schmidt, 11–34. Baden-Baden: Nomos.

Barker, Tess. 2016. *Wie sieht Einvernehmlichkeit an einem Pornoset aus?* https://broadly.vice.com/de/article/jpywqx/wie-sieht-einvernehmlichkeit-an-einem-pornoset-aus. Zugegriffen: 15.08.2023.

Bauer Media Group. 2016. *BRAVO Dr. Sommer Studie*.

Birnbacher, Dieter. 2023. Moralische Empfindungen und Intuitionen. In *Handbuch Angewandte Ethik*, Hrsg. Christian Neuhäuser, Ralf Stoecker und Marie-Luise Raters, 209–214. Stuttgart: J. B. Metzler.

Braun-Courville, Debra und Mary Rojas. 2009. Exposure to Sexually Explicit Web Sites and Adolescent Sexual Attitudes and Behaviors. *Journal of Adolescent Health* 45: 156–162.

Brown, Jane D. und Kelly L. L'Engle. 2009. X-Rated – Sexual Attitudes and Behaviors Associated with U.S. Early Adolescents' Exposure to Sexually Explicit Media. *Communication Research* 36(1): 129–151.

Brühl, Janni. 2017. *Doku „Pornocracy". Auf der Suche nach der großen Porno-Verschwörung*. http://www.sueddeutsche.de/digital/doku-pornocracy-auf-der-suche-nach-der-grossen-porno-verschwoerung-1.3438721. Zugegriffen: 15.08.2023.

Bridges, Ana, Robert Wosnitzer, Erica Scharrer, Chyng Sun und Rachael Liberman. 2010. Aggression and sexual behavior in best selling pornography videos: A content analysis update. *Violence Against Women* 16(10): 1065–1085.

Bundesamt für Justiz. Strafgesetzbuch (StGB) § 184 Verbreitung pornographischer Inhalte. https://www.gesetze-im-internet.de/stgb/__184.html. Zugegriffen: 17.04.2024

Carse, Alisa. 2000. Pornographie und Bürgerrechte. In *Philosophie und Sex*. Hrsg. Philipp Balzer und Klaus Peter Rippe, 167–210. München: Deutscher Taschenbuchverlag.

Döring, Nicola. 2011. Pornografie-Kompetenz: Definition und Förderung. *Zeitschrift für Sexualforschung* 24(3): 228–255.

Drees, Meike. 2018. Pornografie als Massenkonsumgut. In *Konsumieren in globalen Netzwerken*, Hrsg. Christian Neuhäuser und Udo Vorholt. Bochum: Projekt.

Eckner, Constantin. 2016. *Ultimate Fighting. Es sieht schlimmer aus, als es ist.* https://www.zeit.de/sport/2016-09/ultimate-fighting-mixed-martial-arts. Zugegriffen: 15.08.2023.

Eyal, Nir. 2019. Informed Consent. *The Stanford Encyclopedia of Philosophy.* https://plato.stanford.edu/entries/informed-consent/. Zugegriffen: 10.10.2023.

Flade, Florian und Lars-Marten Nagel. 2012. *Das Porno-Imperium – Ein Deutscher erregt die Welt.* https://www.welt.de/politik/deutschland/article109255611/Das-Porno-Imperium-Ein-Deutscher-erregt-die-Welt.html. Zugegriffen: 15.08.2023.

Focus. 2020. *Nach schweren Vorwürfen: Pornhub löscht Millionen Videos.* https://www.focus.de/digital/internet/nach-schweren-vorwuerfen-pornhub-loescht-knapp-9-millionen-videos_id_12777181.html. Zugegriffen: 15.08.2023.

Freitag, Tabea. 2021. Pornografie: Der blinde Fleck unserer Gesellschaft. Sexuelle Gewalt, Missbrauch, Sexismus, Rassismus – Warum wird in frei zugänglicher Pornografie toleriert und normalisiert, was wir sonst ächten? *Sozialpsychiatrische Informationen* 51(1): 48–53.

Gernert, Johannes. 2010. *Generation Porno: Jugend, Sex, Internet.* Köln: Fackelträger.

Hase, Sophie. 2017. *Was Porno-Stars nach dem Ausstieg treiben.* https://www.woman.at/a/porno-stars-nach-dem-ausstieg. Zugegriffen: 15.08.2023.

Heidbrink, Ludger, Claus Langbehn und Janina Loh, Hrsg. 2016. *Handbuch Verantwortung.* Wiesbaden: Springer.

Herrmann, Martina. 2023a. Diskriminierung. In *Handbuch Angewandte Ethik*, Hrsg. Christian Neuhäuser, Ralf Stoecker und Marie-Luise Raters, 497–501. Stuttgart: J. B. Metzler.

Herrmann, Martina. 2023b. Rassismus und Sexismus. In *Handbuch Angewandte Ethik*, Hrsg. Christian Neuhäuser, Ralf Stoecker und Marie-Luise Raters, 503–511. Stuttgart: J. B. Metzler.

Holzwarth, Peters und Bettina Roth. 2021. „Können wir anhand eines Pornos Geschlechtsverkehr analysieren?" Dekonstruktion von Pornografie aus medien- und sexualpädagogischer Sicht. *Medien & Erziehung* 65(2): 62–68.

Jacob, Daniel und Thorsten Thiel, Hrsg. 2017. *Politische Theorie und Digitalisierung.* Internationale Politische Theorie, Band 5. Baden-Baden: Nomos.

Jonas, Kai, Skyler Hawk, Danny Vastenburg und Peter de Groot. 2014. Bareback Pornography Consumption and Safe-Sex Intentions of Men Having Sex with Men. *Archives of Sexual Behavior* 43: 743–745.

Jones, Rashida, Jill Bauer, Ronna Gradus, und Brittany Huckabee. 2015. *Hot Girls Wanted.* Two to Tangle Productions, USA.

Kunczik, Michael. 2017. *Medien und Gewalt – Überblick über den aktuellen Stand der Forschung und der Theoriediskussion*, Wiesbaden: Springer.

Luder, Marie Thérèse, Isabelle Pittet, André Berchtold, Christina Akré, Pierre-André Michaud und Jean-Carl Suris. 2011. Associations Between Online Pornography and Sexual Behavior Among Adolescents – Myth or Reality? *Archives of Sexual Behavior* 40: 1027–1035.

Mahapatra, Bidhubhusan und Niranjan Saggurti. 2014. Exposure to Pornographic Videos and its Effect on HIV-Related Sexual Risk Behaviors among Male Migrant Workers in Southern India. *PLOS ONE* 9: 1–14.

Menkens, Sabine. 2012. *Ohne Sexuelle Freiheit keine Demokratie.* https://www.welt.de/politik/deutschland/article108413075/Ohne-sexuelle-Freiheit-keine-Demokratie.html. Zugegriffen: 15.08.2023.

Mesch, Gustavo. 2009. Social Bonds and Internet Pornographic Exposure among Adolescents. *Journal of Adolescence* 32: 601–618.

Mikkola, Mari. 2017. *Beyond Speech – Pornography and Analytic Feminist Philosophy.* New York: Oxford University Press.

Mikkola, Mari. 2019. *Pornography – A Philosophical Introduction.* New York: Oxford University Press.

Miles, Kathleen. 2012. *Mr. Marcus Admits Starting Porn Syphilis Outbreak By Altering His Test Results*. https://www.huffingtonpost.com/2012/08/23/mr-marcus-admits-porn-syphilis-scare-alter-test_n_1826003.html?guccounter=1. Zugegriffen: 15.08.2023.

Ministerium für Schule und Weiterbildung des Landes Nordrhein-Westfalen, Hrsg. 2008. *Kernlehrplan Sekundarstufe I in Nordrhein-Westfalen – Praktische Philosophie*. Frechen: Ritterbach.

Nazarova, Ekaterina. 2016. PorYES! Strömungen der sexpositiven Frauenbewegung. In *Pornografie – Im Blickwinkel der feministischen Bewegungen, der Porn Studies, der Medienforschung und des Rechts*, Hrsg. Anja Schmidt, 35–60. Baden-Baden: Nomos.

Neuhäuser, Christian. 2011. *Unternehmen als moralische Akteure*. Berlin: Suhrkamp.

Neuhäuser, Christian. 2023. Verantwortung. In *Handbuch Angewandte Ethik*, Hrsg. Christian Neuhäuser, Ralf Stoecker und Marie-Luise Raters, 215–222. Stuttgart: J. B. Metzler.

Paul, Kari. 2020. *Pornhub removes millions of videos after investigation finds child abuse content*. https://www.theguardian.com/technology/2020/dec/14/pornhub-purge-removes-unverified-videos-investigation-child-abuse. Zugegriffen: 15.08.2023.

Peter, Jochen und Patti M. Valkenburg. 2007. Adolescents– Exposure to a Sexualized Media Environment and their Notions of Woman as Sex Objects. *Sex Roles* 56: 381–395.

Pornhub. 2019. *The 2019 Year in Review*. https://www.pornhub.com/insights/2019-year-in-review. Zugegriffen: 15.08.2023.

Pornhub. 2022. *The 2022 Year in Review*. https://www.pornhub.com/insights/2022-year-in-review. Zugegriffen: 15.08.2023.

Pornhub. 2023. *Transparency Report 2022*. https://help.pornhub.com/hc/en-us/articles/14666334117267-2022-Transparency-Report. Zugegriffen: 15.08.2023.

Pornocracy – Die digitale Revolution der Pornobranche. Ein Film von Ovidie. 2017. Mindjazz Pictures, Frankreich.

Priebe, Gisela, Ingrid Akerman, und Carl Göran Svedin. 2007. High-Frequency Consumers of Pornography – A Swedish Study. *Generation P? Youth, Gender and Pornography*, Hrsg. Susanne V. Knudsen, Lotta Löfgren-Mårtenson und Sven-Axel Månsson, 133–148. Kopenhagen: Danmarks Paedagogiske Universitetsforlag.

Poulsen, Franklin, Dean M. Busby, und Adam M. Galovan. 2013. Pornography Use: Who Uses It and How It Is Associated with Couple Outcomes. *Journal of Sex Research* 50: 72–83.

Quandt, Thorsten und Jens Vogelgesang. 2018. Jugend, Internet und Pornografie. Eine repräsentative Befragungsstudie zu individuellen und sozialen Kontexten der Nutzung sexuell expliziter Inhalte im Jugendalter. In *Kumulierte Evidenzen – Replikationsstudien in der empirischen Kommunikationsforschung*, Hrsg. Patrick Rössler und Constanze Rossmann, 91–118. Wiesbaden: Springer.

Quante, Michael. 2010. *Menschenwürde und personale Autonomie*. Hamburg: Meiner.

Raters, Marie-Luise. 2023. Ethik der Kunst. In *Handbuch Angewandte Ethik*, Hrsg. Christian Neuhäuser, Ralf Stoecker und Marie-Luise Raters, 351–356. Stuttgart: J. B. Metzler.

Richter, Felix. 2017. *Pornografie im Internet*. https://de.statista.com/infografik/8869/pornografie-im-internet. Zugegriffen: 15.08.2023.

Röttgerkamp, Anne. 2018. *Internet Pornografie – Zahlen, Statistiken, Fakten*. https://www.netzsieger.de/ratgeber/internet-pornografie-statistiken. Zugegriffen: 15.08.2023.

Schaber, Peter. 2023. Menschenwürde und das Instrumentalisierungsverbot. In *Handbuch Angewandte Ethik*, Hrsg. Christian Neuhäuser, Ralf Stoecker und Marie-Luise Raters, 583–591. Stuttgart: J. B. Metzler.

Schmidt, Imke. 2016. Konsumentenverantwortung. In *Handbuch Verantwortung*, Hrsg. Ludger Heidbrink, Ludger, Claus Langbehn und Janina Loh, 736–760. Wiesbaden: Springer.

Schröder, Thorsten. 2015. *Porno-Industrie – Die neuen Sex-Maschinen*. https://www.zeit.de/wirtschaft/unternehmen/2015-10/porno-industrie-youporn-pornhub-wirtschaftskrise-raubkopien/komplettansicht. Zugegriffen: 15.08.2023.

Schumacher, Nina. 2016. Mehrdeutige Neuverhandlungen. Porn Studies und nicht-sexuelle Pornographie aus kulturwissenschaftlicher Perspektive. In *Pornografie – Im Blickwinkel der*

feministischen Bewegungen, der Porn Studies, der Medienforschung und des Rechts, Hrsg. Anja Schmidt, 61–86. Baden-Baden: Nomos.
Starke, Kurt. 2010. *Pornografie und Jugend – Jugend und Pornografie*. Lengerich: Pabst Science Publishers.
Štulhofer, Aleksandar, Gunter Schmidt und Ivan Landripet. 2009. Pornografiekonsum in Pubertät und Adoleszenz. *Zeitschrift für Sexualforschung* 22(1): 13–23.
Tarrant, Shira. 2016. *The Pornography Industry – What everyone needs to know*. New York: Oxford University Press.
Tiedemann, Paul. 2007. *Menschenwürde als Rechtsbegriff – Eine philosophische Klärung*. Berlin: Berliner Wissenschafts-Verlag.
Træen, Bente, Syed W. Noor, Gert Martin Hald, Simon Rosser, Sonya S. Brady, Darin Erickson, Dylan L. Galos, Jeremy A. Grey, Keith J. Horvath, Alex Iantaffi, Gudruna Kilian und Michael Wilkerson. 2015. Examining the Relationship between Use of Sexual Explicit Media and Sexual Risk Behavior in a Sample of Men who have Sex with Men in Norway. *Scandinavian Journal of Psychology* 56: 290–296.
UFC. 2023. *Unified Rules of Mixed Martial Arts*. https://www.ufc.com/unified-rules-mixed-martial-arts. Zugegriffen: 15.08.2023.
Vogelsang, Verena. 2017. *Sexuelle Viktimisierung, Pornografie und Sexting im Jugendalter – Ausdifferenzierung einer sexualbezogenen Medienkompetenz*. Wiesbaden: Springer.
Vollmann, Jochen. 2008. *Patientenselbstbestimmung und Selbstbestimmungsfähigkeit – Beiträge zur Klinischen Ethik*. Stuttgart: Kohlhammer.
von Grünigen, Franziska. 2011. *SRF-Podcast: Lars Rutschmann alias Michael Ryan, Pornodarsteller und -Produzent*. https://www.srf.ch/audio/focus/lars-rutschmann-alias-michael-ryan-pornodarsteller-und-produzent?id=10202710. Zugegriffen: 15.08.2023.
von Wedelstaedt, Almut. 2017. *Sex macht Spaß. Und Probleme*. Vortrag am 08.07.2017 beim 5. Bielefelder Fachtag Philosophie. https://www.uni-bielefeld.de/fakultaeten/philosophie/verein/2017-Prasentation-Wedelstaedt.pdf. Zugriff: 10.10.2023.
Wöhrle, Anne Sophie und Christoph Wöhrle. 2014. *Digitales Verderben – Wie Pornografie uns und unsere Kinder verändert*. München: mvg.
Woldin, Philipp. 2014. *Pornographie im Internet – Wieso schaust du anderen Frauen zu?* http://www.faz.net/aktuell/gesellschaft/massentrend-millionen-deutsche-konsumieren-pornographie-12849366.html?printPagedArticle=true#pageIndex_0. Zugegriffen: 15.08.2023.
Wright, Paul J. 2012. A Longitudinal Analysis of US Adults' Pornography Exposure – Sexual Socialization, Selective Exposure, and the Moderating Role of Unhappiness. *Journal of Media Psychology* 24(2): 67–76.
Wright, Paul J., Soyoung Bae und Michelle Funk. 2013. United States Women and Pornography through Four Decades – Exposure, Attitudes, Behaviors, Individual Differences. *Archive of Sexual Behavior* 42: 1131–1144.
Wright, Paul J. und Soyoung Bae. 2013. Pornography Consumption and Attitudes towards Homosexuality – A National Longitudinal Study. *Human Communication Research* 39: 492–513.
Wright, Paul J. und Ashley K. Randall. 2014. Pornography Consumption, Education, and Support for Same-Sex Marriage among Adult U.S. Males. *Communication Research* 41(5): 665–689.

Sachen gibt's, die gibt es gar nicht! Digitale und hybride Objekte im Metaverse

Saša Josifović

Der Traum, Gott bei der Schöpfung beizuwohnen, hat schon viele Menschen inspiriert. Darunter Spinoza, der allerdings die Ansicht vertritt, dass dies nicht möglich sei. Schelling, der Spinoza sehr bewundert, versucht ihn in dieser Hinsicht zu übertreffen, indem er 1800 die Genieästhetik als Organon der Transzendentalphilosophie entwirft und darin den Standpunkt vertritt, dass die Erschaffung von Kunst originäre Partizipation an der Schöpfung sei, da sie beweise, „daß Vorstellungen, die ohne Nothwendigkeit, durch Freyheit, in uns entstehen, aus der Welt des Gedankens in die wirkliche Welt übergehen und objective Realität erlangen können" (Schelling 1800, S. 14). Kunst beweist demnach, dass aus einem bloßen Gedanken objektive Realität werden kann. Indem ein Genie ein Kunstwerk erschafft, das aus einem bloßen Gedanken in die Welt übergeht und sich als reales Objekt manifestiert, stellt diese Tätigkeit, Schelling zufolge, nicht nur eine Imitation der Schöpfung, sondern Partizipation an ihr dar. Das Genie erschafft etwas, das es zuvor nicht gegeben hat: ein reales Objekt, nicht bloß einen Gedanken. Dieses Objekt bleibt bestehen, auch wenn der Künstler fort ist. Alles, was ursprünglich ein Gedanke gewesen ist, ist an ihm durch und durch real.

Das große gesamtgesellschaftliche Kunstwerk, das gegenwärtig im Entstehen begriffen ist, ist sogar etwas, das mit Schelling als *absolutes Kunstwerk* bezeichnet werden könnte, nämlich die *Mythologie einer Zivilisation*. Das Metaverse ist der vom Silicon Valley inspirierte Entwurf einer Mythologie unserer Zivilisation: der praktische Entwurf einer zukünftigen Welt, in der Elemente der analogen und digitalen Wirklichkeit so weit miteinander verschmelzen, dass die Menschen, in beide eintauchend, ein durch virtuelle Realität (VR) und Augmented Reality (AR) angereichertes Leben führen können – ein reales Leben also, mit einem realen Körper in einer realen

---

S. Josifović (✉)
Philosophisches Seminar, Universität zu Köln, Köln, Deutschland
E-Mail: sasa.josifovic@uni-koeln.de

© Der/die Autor(en), exklusiv lizenziert an Springer-Verlag GmbH, DE, ein Teil von Springer Nature 2024
M. Schwartz et al. (Hrsg.), *Digitale Lebenswelt*, Digitalitätsforschung / Digitality Research, https://doi.org/10.1007/978-3-662-68863-2_7

Welt, das gleichermaßen von analogen und digitalen Ereignissen, Gegenständen, Gütern und Werten geprägt ist und uns befähigt, solche Güter zu erzeugen, für unsere Zwecke zu gebrauchen, zu tauschen und zu handeln. Die entsprechende Anreicherung der menschlichen Welt durch digitale Objekte stellt eine Erweiterung dessen, was als Realität erlebbar ist, dar, eine *Reality+*[1], wie David Chalmers (2022) formuliert. Die Verschmelzung des Analogen und Digitalen soll mit zunehmender technischer Entwicklung bis zur Ununterscheidbarkeit fortschreiten, sodass Menschen, die im Metaverse leben, nicht nur gleichzeitig und gleichermaßen an analogen und digitalen Ereignissen partizipieren, sondern gar nicht unterscheiden, ob es sich um diese oder jene handelt – vielleicht sogar so weit, dass sie überhaupt nicht unterscheiden können oder wollen, ob sie sich in einer Simulation befinden oder nicht bzw. ob das, was sie für die wirkliche Welt halten, eine Simulation ist oder nicht.

Das Metaverse geht weit über die Idee einer virtuellen Welt hinaus. Auch über die eskapistische Idee einer *Second-Life*-Welt. In solchen Welten können Menschen als Avatare aktiv werden und Dinge erleben, von denen sie wissen, dass sie sich in einer virtuellen Welt abspielen. Das muss nicht bedeuten, dass die entsprechenden Erlebnisse nicht real sind. Im Grunde genommen ist es abwegig, davon zu sprechen, dass ein Erlebnis nicht real sei. Wenn es ein Erlebnis ist, ist es real. Die Frage ist nur, was das Erlebnis ist. Wenn jemand einen Albtraum hat, dessen Inhalt absurd ist, bleibt das Erlebnis, diesen Albtraum gehabt zu haben, real. Auch kann jemand in einer virtuellen Welt, beispielsweise *Minecraft*, „gescammt"[2] werden. Das ist ebenfalls real. Man mag dann zwar einen virtuellen Hammer oder eine virtuelle Axt verloren haben, aber man hat unter Umständen viel und lange dafür gearbeitet. Man hat reale Lebens- und Arbeitszeit dafür aufgewendet. Nun ist der erarbeitete Gegenstand weg. Das Erlebnis, der Verlust des Erarbeiteten, ist real. Trotzdem, obwohl das Erlebnis real ist, bleibt die Welt virtuell. Die User wissen um den Umstand, dass sich die Ereignisse, die sie erleben, in einer virtuellen Welt abspielen, und dass sie diese Welt nach Belieben betreten und verlassen können. Schon diese Beliebigkeit unterscheidet eine virtuelle Welt von einer realen Welt. Die Welt, die wir als real ansehen, kann man nur einmal verlassen.

Also komme ich nochmals auf Schelling und Chalmers zurück: Freiheit und Notwendigkeit. Ähnlich wie Chalmers in *Reality+*, befasst sich schon Schelling 1800 mit der Frage, worin der Unterschied zwischen Illusionen und realen Vorstellungen besteht. Chalmers vertritt den Standpunkt, dass dies ein wichtiges Kriterium darstellt, um zu erörtern, ob digitale Objekte real sind. Real zu sein, bedeutet nach seiner Auffassung unter anderem, keine Illusion zu sein. Schelling befasst sich mit derselben Frage in Bezug auf Vorstellungen: Woher weiß ich, dass die Vorstellung, die ich gerade habe, real ist und keine Illusion? Beide

---

[1] Zitiert nach der eBook-Ausgabe bei Penguin 2022.

[2] Jemanden „scammen" bedeutet, ihm bzw. ihr einen Gegenstand zu entwenden. In Minecraft kann man sich von jemandem einen Gegenstand ausleihen, sich dann, während man den Gegenstand in Besitz hat, abmelden und derjenige, der uns den Gegenstand geliehen hat, hat ihn nicht mehr.

beziehen sich ideengeschichtlich auf Descartes und haben auch Berkeley im Blick. Schelling argumentiert, dass der wesentliche Unterschied darin besteht, dass uns reale Vorstellungen mit Notwendigkeit gegeben werden, während wir phantastische Vorstellungen aus Freiheit erzeugen und bewusst manipulieren können (Josifović 2012, S. 47–68). Das sieht Berkeley übrigens ähnlich: Reale Vorstellungen werden nicht von uns selbst bzw. von unserem eigenen Geist willkürlich erzeugt und manipuliert, sondern uns nach beharrlichen Gesetzen, also Naturgesetzen, (von einem anderen Geist) gegeben. Indem Erlebnisse in virtuellen Welten bzw. *Second-Life*-Welten als Erlebnisse in einer Phantasiewelt auftreten, sind sie teilweise real, nämlich als Erlebnisse von Menschen, teilweise phantastisch, nämlich in inhaltlicher Hinsicht. Indem die Welt beliebig bzw. aus Freiheit betreten und verlassen werden kann, bestimmt sie unsere Existenz nicht mit derselben *natürlichen* Dringlichkeit und Notwendigkeit wie die sogenannte analoge bzw. physikalische Welt, in der wir schließlich doch duschen müssen und andere körperliche Bedürfnisse haben, die uns die Natur mit unausweichlicher Notwendigkeit aufbürdet, denn „die Natur behauptet", wie Schiller unnachahmlich formuliert, „mit Nachdruck ihre Rechte, und da sie niemals willkürlich fordert, so nimmt sie, unbefriedigt, auch keine Forderung zurück" (Schiller 1793, S. 94):

> Der Naturtrieb bestürmt das Empfindungsvermögen durch die gedoppelte Macht von Schmerz und Vergnügen; durch Schmerz, wo er Befriedigung fordert, durch Vergnügen, wo er sie findet.
> Da einer Naturnothwendigkeit nichts abzudingen ist, so muß auch der Mensch, seiner Freiheit ungeachtet, empfinden, was die Natur ihn empfinden lassen will, und je nachdem die Empfindung Schmerz oder Lust ist, so muß bei ihm eben so unabänderlich Verabscheuung oder Begierde erfolgen. In diesem Punkte steht er dem Thiere vollkommen gleich, und der starkmüthigste Stoiker fühlt den Hunger eben so empfindlich und verabscheut ihn eben so lebhaft, als der Wurm zu seinen Füßen. (Schiller 1793, S. 470)

Das, was Schiller über den Stoiker schreibt, trifft, wie ich meine, auch auf Gamer zu. Die Notwendigkeit stellt also einen wichtigen Aspekt dar bei der Beurteilung der Frage, ob etwas eine Illusion ist oder nicht, und da dies, Chalmers zufolge, ein wichtiges Kriterium für die Beurteilung der Realität digitaler Objekte darstellt, auch für die entsprechende Statusbestimmung digitaler Objekte.

Notwendigkeit und Verbindlichkeit entwickeln sich aber auch im Metaverse, denn mit ihm wird eine originär neue Art von Sachen erschaffen. „Sache" ist ein rechtlicher Begriff. Er bezeichnet etwas, das Gegenstand des Rechts, besonders des Eigentums- und Vertragsrechts sein kann. „Sachen" können von „Personen" erworben und gehandelt werden. Personen sind Träger von Rechten, Sachen sind Gegenstände von Rechten. Somit entwickeln Objekte im Web 3.0 bzw. Metaverse als Sachen rechtsverbindliche Wirkungen im Rahmen des Eigentums- und Vertragsrechts und stellen Elemente der wirtschaftlichen Beziehungen von Menschen in ihrer Lebenswelt dar. Chalmers fragt sich, ob solche Gegenstände Illusionen sind oder nicht, und vertritt den Standpunkt, sie seien es nicht. Sie sind es möglicherweise durchaus, oder beinhalten zumindest illusorische Elemente, aber das ändert nichts daran, dass sie zwar keine vollkommen realen, durchaus aber wirkliche

Elemente unserer Lebenswelt darstellen, nämlich virtuelle Objekte, die als „Non Fungible Token" (NFTs) Sachen des Eigentums- und Vertragsrechts werden, von uns erschaffen, verkauft, gekauft, verwendet und weiterverkauft werden können. Die entsprechenden rechtlichen und wirtschaftlichen Beziehungen von Menschen stellen keine Illusionen dar, sondern sind in gesellschaftlicher und politischer Hinsicht, wirklich. Mit „wirklich" meine ich, dass sie nachvollziehbare Wirkungen entwickeln, und zwar nach bestehenden rechtlichen, gesellschaftlichen und politischen Wertvorstellungen, Regeln und Gesetzen. Sie begegnen uns also mit Notwendigkeit. Die Notwendigkeit ist nicht natürlich, beruht also nicht auf Naturgesetzen, sehr wohl aber auf Gesetzen. Um also zu verstehen, welchen Status Objekte im Web 3.0 haben, ist es nötig, nachzuvollziehen, in welcher Hinsicht sie sich uns mit Notwendigkeit bzw. Verbindlichkeit einstellen, in welcher Hinsicht sie also Illusionen und in welcher Hinsicht Sachen und Medien sind. Denn Illusionen sind faszinierend. Das Wissen um die Tatsache, dass etwas eine Illusion ist, ändert nichts daran, dass es eine Illusion ist. Aber trotzdem kann die Illusion, wenn sie rechtlich fixiert wird, Effekte entwickeln, die durch und durch wirklich sind. Hinsichtlich dieser Effekte handelt es sich nicht mehr um Illusionen, sondern um Rechtsverbindlichkeit und darauf beruhend um gesellschaftliche Notwendigkeit, politische Notwendigkeit etc.

Das Metaverse eröffnet die Perspektive, dass nahezu alles, was Sache des Wirtschaftsrechts darstellen kann, auch digital entstehen und die Märkte erweitern kann: Mode? Digitale Mode für Avatare. Möbel? Digitale Möbel für die Ausstattung von Räumen in *Second-Life*-Welten. Architektur? Architektur in *Decentraland*. Automobilindustrie? Fahrzeuge in *Second-Life*-Welten. Dienstleistungen? Klar. Mit dem Metaverse entstehen also neue Märkte. Märkte sind wirklich, selbst wenn die darin gehandelten Sachen virtuell sind. Es entstehen neue Berufsfelder, neue Handelswege, neue Perspektiven.

Virtuelle Objekte im Web 3.0 mögen zwar Illusionen sein, aber sie sind Sachen in rechtlichem Sinne. Darum möchte ich im Folgenden nicht den spekulativen Gedankensträngen über *Second Life, After Life, The Singularity* oder *The Simulation Hypothesis* nachgehen, sondern erörtern, was mit der Entwicklung des Web 3.0 bereits gegenwärtig der Fall ist und wie es die Lebenswelt von Menschen unausweichlich beeinflusst. Es ist zweitrangig, ob die Notwendigkeit natürlich, wirtschaftlich, gesellschaftlich oder politisch ist. Entscheidend ist, dass ein Erlebnis mit Notwendigkeit an Menschen herangetragen wird. Geschieht dies, handelt es sich in der Hinsicht, in welcher Notwendigkeit besteht, um ein wirkliches Ereignis. Nicht unbedingt real, aber wirklich. Es erfüllt also das zweite von Chalmers genannten Realitätskriterien, nämlich kausale Wechselwirkung, „causal power" (Chalmers 2022, S. 111). Es entwickelt Auswirkungen in der tatsächlichen Lebenswelt von Menschen – mit Notwendigkeit, unausweichlich.

Um zu erörtern, wie sich die entsprechende Notwendigkeit entwickelt, werden im nächsten Abschnitt einige technische Grundlagen des Metaverse skizziert und die spezifische Art digitaler Gegenstände erörtert, die nach dem gegebenen Stand der Technik zunehmenden Einfluss auf die lebensweltliche Wirklichkeit von Menschen entwickeln.

1 Technik

Die Fähigkeit, Technik zu entwickeln und sie zur Gestaltung unserer Lebenswelt einzusetzen, stellt ein Glanzstück der menschlichen Kulturgeschichte dar und ist, indem sich die Menschheit als Spezies auf diesem Planeten besonders erfolgreich etabliert hat, auch ausschlaggebend dafür, dass sich das Erscheinungsbild des ganzen Planeten in den vergangenen Jahrhunderten so entwickelt hat, wie wir es beobachten: Großstädte, Elektrizität, elektrisches Licht, Asphalt, Beton, Kunststoff, Automobile, aber auch *Apple, Google, Facebook, Instagram* und *TikTok*. All diese Dinge hat es zuvor nicht gegeben und einige davon hätte man vielleicht niemals vermisst. Aber nun sind sie da. Sie sind mithilfe von Technik erschaffen worden und zwar als Elemente einer Lebenswelt für Menschen. Sie sind durch und durch wirklich. Insofern leben Menschen, wie bereits Gehlen betont, niemals bloß in der Natur, sondern stets in der „Kultur", also einer Lebenswelt, die sie sich selbst entsprechend eingerichtet haben, und zwar durch den Einsatz von Technik. Dabei handelt es sich nicht mehr allein um mechanische Technik, sondern, als besonderes Phänomen unserer Zeit, vor allen Dingen um digitale Technik.

Digitale Technik prägt unsere Lebenswelt in vielerlei Bereichen (Floridi 2014). Sie steuert unseren Zugang zu Informationen, unsere Kommunikation miteinander und unseren Zugang zu materiellen und ideellen gesellschaftlichen Ressourcen wie Krediten, dem Gesundheitssystem, Versicherungen, Bildungsangeboten, Unterhaltungsmedien etc. Die Operationen Künstlicher Intelligenz (KI) haben unmittelbare Auswirkungen auf lebensweltliche Ereignisse und betreffen Schicksale von Menschen. Wie genau die KI dabei operiert, wissen wir oftmals nicht (Josifović 2020), aber wir sind aus gesamtgesellschaftlicher Perspektive weitgehend zufrieden mit den Ergebnissen und bereit, die entsprechenden Risiken ebenfalls gesamtgesellschaftlich zu tragen. Insofern ist digitale Technik nicht weniger als mechanische Technik nunmehr ein Bestandteil unserer gesellschaftlichen Wirklichkeit. Mit zunehmendem öffentlichem Verständnis dafür, wie ganze Gesellschaftsbereiche durch den Einsatz digitaler Technik gestaltet werden, hat sich auch die Anerkennung ihrer lebensweltlichen Wirklichkeit weitgehend etabliert. Wir sind dazu übergegangen, auch in philosophischen Debatten von Digitalität (Noller 2022) als einem Bereich konkreter gesellschaftlicher Wirklichkeit zu sprechen: einem Bereich, in dem der Einsatz digitaler Technik unmittelbare Auswirkungen auf lebensweltliche Ereignisse hat und idealerweise zur prinzipiengeleiteten Gestaltung der gesellschaftlichen Lebenswelt beiträgt. KI ist nicht mehr Gegenstand spekulativer Debatten über phantastische, virtuelle Welten, sondern Gegenstand der praktischen Philosophie, die sich mit der Erörterung und prinzipiengeleiteten Gestaltung der menschlichen Lebenswelt befasst.

Es ergibt sich aber die Frage, wie weit die Anerkennung der Realität, Wirklichkeit und Wahrheit des Digitalen geht. Dass digitale Technik wirklich ist, ist empirisch nachvollziehbar, aber was ist mit digitalen Objekten und Ereignissen? In den philosophischen Debatten unserer Zeit hat sich immer mehr die Herausforderung ergeben, den ontologischen, praktischen und epistemischen Status solcher

Objekte, digitaler Objekte im weitesten Sinne, zu bestimmen, also zu bestimmen, inwiefern im Zusammenhang mit digitalen Objekten von Realität, Wirklichkeit und Wahrheit gesprochen werden kann. David Chalmers erörtert in *Reality+* umfassend die Frage, inwiefern digitale Objekte als real angesehen werden können und sollen. Er vertritt den Standpunkt, dass es sich durch und durch um reale Objekte handelt. Aber wie sind diese Objekte überhaupt beschaffen?

2 Digitale Objekte im Web 3.0

Digitale Technik befähigt Menschen dazu, Werte bzw. Güter miteinander zu teilen und auszutauschen. Solche Güter können materiell oder ideell sein. Menschen können einander Geld überweisen, Immobilien vermieten, Modeartikel verkaufen oder auch Sympathiebezeugungen, Freundlichkeiten, Informationen etc. austauschen. Solcher Austausch von Gütern ist im Web 2.0 allerdings nicht ohne eine sogenannte „Trusted Third Party" (TTP) möglich. Wenn Nutzer 1 (in Argentinien) Nutzer 2 (in Indien) ein Gut übertragen will, beispielsweise eine Geldsumme, sind beide auf eine übertragende Instanz angewiesen, die die Transaktion vornimmt. Das ist in der Regel eine Bank. Wenn eine Information, ein Bild oder Video ausgetauscht wird, ist die Trusted Third Party die Plattform, auf der kommuniziert wird, beispielsweise *Facebook, WhatsApp, TikTok* oder der Internet Provider. Die TTP gewährleistet, dass bei Nutzer 2 genau das ankommt, was Nutzer 1 gesendet hat, beispielsweise genau derselbe Text oder dasselbe Bild. Bisher ist es im Internet nicht möglich gewesen, Güter ohne eine TTP auszutauschen.

Mit der Entwicklung der Blockchain ist dies möglich geworden. Nunmehr sind Nutzer imstande, Güter miteinander auszutauschen, ohne eine TTP dafür in Anspruch zu nehmen. Die Transaktion wird in der Blockchain verzeichnet und die Intaktheit der Blockchain gewährleistet das Bestehen des entsprechenden Werts. Wird die Blockchain unterbrochen, existiert der Wert nicht mehr. Mithilfe der Blockchain kann Nutzer 1 also Nutzer 2 beispielsweise einen monetären Wert von 1000 Dollar zukommen lassen, ohne eine dritte Partei zu involvieren. Die Summe wird tatsächlich im Crypto-Wallet des Nutzers 1 gelöscht und im Crypto-Wallet des Nutzers 2 verzeichnet. Es findet ein wirkliches Ereignis statt, nämlich eine Finanztransaktion. Auf Blockchain basieren mehrere Kryptowährungen. Die bekannteste ist der Bitcoin. Weitere bekannte und handelbare Währungen sind *Etherium, Solana, ApeCoin, Mana* etc. Sie werden als „Fungible Token" bezeichnet. Das bedeutet, dass sie untereinander austauschbar und nicht einzigartig sind. Es ist also gleichgültig, ob jemand diesen oder jenen Bitcoin besitzt. Der Wert ist immer derselbe, genauso wie beim Euro oder Dollar. Es kommt nicht auf die genaue Seriennummer des Euroscheins an. Es ist egal, ob am Ende eine 1 oder 2 steht: Es bleiben 10 Euro.

Davon können sogenannte „Non Fungible Token" (NFT) unterschieden werden. Sie sind einzigartig. Das bedeutet nicht, dass sie nicht von Usern getauscht werden können, sondern, dass jeder Wert einzigartig ist, zum Beispiel eben dieses Bild, diese Karte oder eben diese Dienstleistung. Bekannte NFTs sind beispielsweise die *Bored Apes, CLONEX* oder *Crypto Punks,* nämlich Serien digitaler Kunstwerke, die im Einzelnen gehandelt werden und Werte von mehreren Hunderttausend Euro erzielen können. Erworben wird eben dieser eine Affe oder dieser eine *Crypto Punk.* Dieser Eine gehört dann einer juristischen oder natürlichen Person und sie kann ihn nach Belieben behalten, verwenden oder verkaufen. Das NFT ist ein Zertifikat, das die Identität des Objekts und das Eigentum daran innerhalb der Blockchain verzeichnet, und zwar eindeutig. Es wird verzeichnet, aus welchem Crypto-Wallet dieser Bored Ape in welches Crypto-Wallet übertragen worden ist. Indem jemand das entsprechende Crypto-Wallet (digital oder physisch) besitzt, gehört ihm die Sache, also das NFT.

Mit einem NFT kann auch der Zugang zu weiteren Privilegien, sogenannten „Utilities", gewährt werden. Utilities stellen konkrete Nutzwerte dar, die beispielsweise bei der Ausschüttung bestimmter materieller oder digitaler Produkte an Besitzer digitaler Objekte erkennbar sind. Solche Ausschüttung kann mitunter sogar kostenlos erfolgen. So hat ein Unternehmen jüngst allen Besitzern eines bestimmten digitalen Kunstwerks, eines *Azuki,* kostenlos eine limitierte *Azuki*-Bomberjacke zur Verfügung gestellt. Jedermann also, der einen *Azuki,* nämlich ein digitales Kunstwerk aus der gleichnamigen Reihe erworben hat, erhält auf Wunsch kostenlos eine bestimmte Bomberjacke mit einem auffälligen Abdruck auf der Rückseite. Niemand sonst erhält diese Jacke. Der Besitz der Jacke zeigt somit auch in der analogen Welt den Besitz eines *Azuki* an und stellt über den monetären Wert hinaus ein Statussymbol und Medium zur individuellen Selbstdarstellung dar.

Darüber hinaus kann der Besitz von NFTs den Zugang zu bestimmten Token-Gated-Communities oder zu exklusiven Geschäftsangeboten eröffnen. So wurde in einer im September 2022 begonnenen Aktion des Unternehmens rtfkt mit dem Besitz eines digitalen Objekts, eines *CLONEX,* auch der privilegierte Zugang zum Kauf weiterer NFTs gewährt, die wiederum teils digitale, teils analoge (materielle) Objekte umfassen, also beispielsweise digitale Mode für Avatare und zugleich materielle Produkte für die Käufer. Der Verkauf wird über Token-Gated-Communities abgewickelt. Nur Besitzer bestimmter Clones können bestimmte Produkte erwerben. Diese Produkte werden zweifach verfügbar gemacht.[3] Jeder Käufer kann also ein Produkt für sich und eines für den Weiterverkauf erwerben. Durch den Weiterverkauf des zweiten Produkts kann er Gewinne erzielen. Er kann auch beide verkaufen. Somit wird ein mögliches zukünftiges Geschäftsmodell erkennbar: Über Token-Gated-Communities können Unternehmen zukünftig Vertriebspartner autorisieren, also exklusive Vertriebsnetzwerke bilden. Dabei stellt der Besitz bestimmter NFTs (zum Beispiel eines *CLONEX*) die Voraussetzung dafür dar, als Vertriebspartner (zum Beispiel von rtfkt) aktiv werden zu können, indem man exklusiv eine bestimmte Anzahl digitaler und/oder analoger Produkte erwerben und weiter vertreiben kann. Der konkrete Nutzen, die Utility, ist monetär abbildbar. Er generiert ein passives oder sogar aktives Einkommen.

---

[3] Ich beziehe mich auf das rtfkt-forging 2022: https://rtfkt.com (30.09.2022).

NFTs stellen eine spezifische Art digitaler Objekte im Web 3.0 dar, nämlich Objekte, die als Gegenstände des Eigentums- und Vertragsrechts, also als Sachen, fungieren und mit spezifischen monetären Werten und Nutzwerten verbunden sein können. Das NFT ist dabei das Zertifikat, das das Eigentum an einer Sache verzeichnet. Der Gegenstand des Eigentums kann materiell im klassischen Sinne, also beispielsweise ein Modeartikel, sein. Er kann auch digital sein, beispielsweise ein Modeartikel für einen Avatar in virtuellen Welten oder die Inneneinrichtung virtueller Räume in *Decentraland*. Es kann eine Dienstleistung sein, ein ideeller Wert wie ein Text, es kann ein analoges oder digitales Bild sein. Es kann alles Mögliche sein. Indem das NFT das Eigentum innerhalb der Blockchain verzeichnet, gewährleistet es auch die Identität einer Entität als Gegenstand des Eigentumsrechts bzw. als Sache, gleichgültig, ob diese Entität analog, digital oder hybrid ist. Ähnliche digitale Objekte sind bereits aus Welten wie *Roblox* oder *Minecraft* bekannt, denn auch in diesen Spielwelten konnten und können User Objekte erarbeiten, errichten oder erhalten, aber der wesentliche Unterschied besteht darin, dass sie kein über das Spiel hinausgehendes Eigentum an den entsprechenden Objekten erwerben konnten und können. Auch erwerben sie kein Eigentum an *Roblox* oder *Minecraft* im Ganzen. Das ist in auf dem Web 3.0, also auf Blockchain, basierenden Welten wie *Decentraland* oder *The Sandbox* anders, denn nun haben User die Möglichkeit, in Form von NFTs Anteile an den entsprechenden Welten und darin vorkommenden Objekten zu erwerben, neue zu erschaffen, diese miteinander zu teilen und zu handeln. Somit ändert sich auch der Status der entsprechenden Objekte, denn sie sind Gegenstände des Eigentums- und Vertragsrechts.

Das Metaverse befindet sich noch ganz am Anfang seiner Entwicklung, aber einige digitale „Welten", *Second-Life*-Welten, die auf Web 3.0 basieren und die Blockchain-Technik nutzen, sind bereits konzipiert worden. Dazu zählen *The Sandbox* und *Decentraland*. *Decentraland* ist eine virtuelle Welt, die aus einer bestimmten Menge an digitalen Parzellen besteht, die wiederum als NFTs erworben werden können. Es ist also jedermann möglich, sich ein digitales Grundstück in *Decentraland* zu kaufen. Dieses Grundstück kann mehr oder weniger groß sein und mehr oder weniger gut gelegen sein. Selbstverständlich kann man dieses Grundstück auch wieder verkaufen. Ob man damit einen Gewinn oder Verlust erzielt, hängt von vielerlei Umständen ab, beispielsweise davon, was in der Nachbarschaft geschieht. Wenn ein großes Unternehmen ein angrenzendes Areal erwirbt und darin Spektakel veranstaltet, kann sich dies positiv auswirken. Wenn die Gegend verödet, kann sich der Grundstückswert negativ entwickeln. Wenn *Decentraland* offline geht, kann der NFT wertlos werden. Die Investition ist hoch spekulativ. Aber das ist beim Kauf anderer Wertpapiere ähnlich. Ich habe oben betont, dass das Metaverse und virtuelle Welten nicht ein und dasselbe sind. In Bezug auf *Decentraland* bedeutet dies, dass die Objekte, die erschaffen, erworben und gehandelt werden, virtuell sind, das Eigentum daran aber die virtuelle Welt überschreitet und auf die analoge Welt übergreift. Die Ereignisse in der virtuellen Welt haben also Auswirkungen über diese Welt hinaus, nämlich auf die analoge Lebenswelt, sogar in Bezug auf Menschen, die überhaupt nichts mit dieser virtuellen Welt zu tun haben.

3 Hybride Objekte im Metaverse

Über die bereits angesprochenen Arten digitaler Entitäten hinaus deutet sich die Entwicklung einer genuin neuen Art von Objekten an, die mit weiterem technischem Fortschritt im Bereich der Augmented Reality das immersive Erleben des Metaverse, also das Eintauchen darin, unterstützen können. Dabei handelt es sich um Objekte, die analoge und digitale Elemente miteinander verbinden. Sie sind nicht nur in *Second-Life*-Welten, sondern auch in der analogen Welt als hybride, also analoge und digitale Objekte, wahrnehmbar. So hat beispielsweise rtfkt-Nike[4] einen Hoodie entwickelt, auf dessen Brust neben dem rtfkt-Nike Markenzeichen auch ein QR-Code abgedruckt ist, der wiederum mit mobilen Endgeräten eingescannt werden kann, sodass auf dem Bildschirm im Hintergrund des Hoodies Flügel erscheinen. Auf dem Bildschirm erscheint die Trägerin bzw. der Träger also nicht nur mit einem Hoodie, sondern mit einem Hoodie und Flügeln. Das erinnert an die Pokemon aus *Pokémon Go,* allerdings mit dem substantiellen Unterschied, dass es sich um ein NFT-Objekt handelt, also um etwas, das wirklich ein einzelner Gegenstand des Eigentums und Handels ist. Es hat einen monetären Wert. Überdies kann es vom User beliebig, auch außerhalb eines Spiels, verwendet werden. Mit fortschreitender Technik zeichnet sich ab, dass solche Produkte auch mit anderen Endgeräten visualisiert werden können, beispielsweise mit AR-Brillen. Diese sind noch sehr unkomfortabel. Aber mit der zukünftigen Entwicklung solcher Technik, beispielsweise durch komfortablere AR-Endgeräte, seien es Brillen oder Ähnliches, ergibt sich ein Markt, der eine entsprechende Eigendynamik entwickeln wird, sodass weitere digitale Güter auch in der bislang analogen Lebenswelt sichtbar werden, wodurch sie auch darin als Medien zur individuellen Selbstdarstellung, zur Präsentation von Statussymbolen und anderen Formen der Partizipation an der wechselseitigen Anerkennung von Individuen in der Gesellschaft verwendet werden können. Solche Objekte sind weder einseitig digital noch einseitig analog. Sie unterscheiden sich deutlich von klassischen Produkten der digitalen Mode, beispielsweise Mode für Avatare in virtuellen Welten, denn durch die Sichtbarkeit in der analogen Welt sind sie eben nicht nur an Avataren, sondern beispielsweise als zusätzliche Modeaccessoires an Menschen erkennbar und überschreiten die Grenzen des bloß „virtuellen" Raums. Sie greifen nicht nur wirtschaftlich, sondern auch ästhetisch in die analoge Welt über und nach meinem Verständnis des Metaverse ist genau das die Idee: die Entwicklung digitaler Produkte und Märkte, die die lebensweltlichen Verhältnisse in der analogen Welt beeinflussen, nämlich in ästhetischer, sozialer, wirtschaftlicher und sicherlich auch politischer Hinsicht. Die entsprechenden Objekte sind hybrid, und zwar nicht nur deswegen, weil sie als Ausdrucksformen der Augmented Reality auftreten, sondern weil sie Elemente beinhalten, die sowohl mit analogen als auch mit digitalen

---

[4] Eine Kooperation zwischen dem von Nike jüngst erworbenen Unternehmen rtfkt und Nike. rtfkt ist das Unternehmen, das die CLONEX-Serie entwickelt hat.

Objekten und Ereignissen in Kausaler Wechselwirkung stehen. Sie stehen selbst mit gesellschaftlichen, wirtschaftlichen und sozialen Ereignissen in Wechselwirkung.

Mehr als alle zuvor angesprochenen Arten digitaler Objekte, scheinen mir solche hybriden Objekte spezifisch und einschlägig für die Erörterung der Frage zu sein, welchen ontologischen, praktischen und epistemischen Status Entitäten im Metaverse und das Metaverse als Ganzes haben. Der rtfkt-Hoodie beinhaltet über die Tatsache, dass er ein NFT darstellt, hinaus Aspekte, die auf verschiedenen Ebenen als wirklich aufgefasst werden können. In technischer Hinsicht handelt es sich um ein teils analoges, teils digitales Objekt, das nur mithilfe entsprechender Visualisierungstechnik vollständig sichtbar gemacht werden kann, dann aber als Erscheinung in Raum und Zeit wahrnehmbar ist. Auf einer anderen Ebene, nämlich als Medium zur individuellen Selbstbestimmung bzw. Positionierung im sozialen Raum der wechselseitigen Anerkennung von Menschen in der Gesellschaft, ist er ohne irgendwelche Abstriche absolut wirklich – nicht weniger als irgendein anderes Statussymbol wie ein Maßanzug, eine Hermès-Handtasche oder ein *Bored Ape* als Profilfoto auf *Twitter Blue*. Ideengeschichtlich spiele ich dabei auf Hegels Theorie der Anerkennung, besonders im System der Bedürfnisse in der bürgerlichen Gesellschaft sowie auf Bourdieu an. In wirtschaftlicher Hinsicht schließlich kosten sowohl der Hoodie als auch der Bored Ape Geld.

Diese Überlegungen zeigen an, dass NFTs unterbestimmt werden, wenn sie als „digitale" Objekte bezeichnet werden. Ein NFT ist nämlich nicht nur ein „digitales" Objekt. Es ist auch eine Sache im rechtlichen Sinne. Es kann einen monetären Wert besitzen. Überdies kann ein NFT einen konkreten Nutzwert besitzen. Des Weiteren kann es ein Medium zur individuellen Selbstverwirklichung und Selbstdarstellung in digitalen und analogen sozialen Räumen sein. Schließlich kann ein NFT ein wirkliches, als solches erkennbares und anerkanntes Statussymbol darstellen. Ein NFT stellt also eine komplexe, hybride Entität dar, deren ontologischer, praktischer und epistemischer Status ebenso komplex ist.

4 Sachen gibt's, die gibt es gar nicht!

Ich unterscheide konsequent zwischen der Realität und Wirklichkeit digitaler Objekte, weil ich die Möglichkeit in Betracht ziehen möchte, dass digitale Objekte im Web 3.0 gegebenenfalls gar nicht so vollkommen real beziehungsweise „perfectly real" sind, wie Chalmers behauptet, aber trotzdem in einer einschlägigen Hinsicht als wirkliche Elemente der menschlichen Lebenswelt angesehen werden können, nämlich besonders unter dem Gesichtspunkt der kausalen Wechselwirkung mit anderen, realen beziehungsweise wirklichen Objekten und Ereignissen der menschlichen Lebenswelt. In *Reality+* zieht Chalmers nämlich fünf Kriterien heran, nach denen er die Realität digitaler Objekte erörtert. Das Erste Kriterium ist Existenz. Das zweite ist kausale Wechselwirkung, ‚causal power'. Das dritte ist die Unabhängigkeit vom Geist, das vierte die Eigenschaft, keine Illusion zu sein, und das fünfte die genuine Echtheit, „genuineness" (Chalmers 2022, S. 96 ff.).

Real ist nach seiner Auffassung etwas, das alle fünf Kriterien erfüllt. Chalmers vertritt den Standpunkt, dass digitale Objekte alle fünf Kriterien erfüllen, also in jeder Hinsicht vollkommen real sind. Ich greife besonders das zweite von ihm genannte Kriterium auf und vertrete den Standpunkt, dass digitale Objekte im Web 3.0 selbst unter der Bedingung, dass sie gar nicht in ontologischem Sinne existieren, oder gar nicht unabhängig vom Geist existieren, selbst unter der Bedingung, dass es sich dabei durchaus um Illusionen handelt, dennoch Objekte darstellen, die in kausaler Wechselwirkung mit anderen Objekten und Ereignissen unserer Lebenswelt stehen können und wirklich sind, zumindest insofern als sie Sachen im rechtlichen Sinne darstellen und Medien zur Partizipation an der Gesellschaft und persönlichen Selbstbestimmung darstellen können. Sie sind darum möglicherweise gar nicht so vollkommen real wie ein Baum in einem Wald, durchaus aber mindestens so wirklich wie ein Kredit, eine Erbschaft oder die vertragliche Mitgliedschaft in einem exklusiven Club.

Die neue Dimension, die durch das Metaverse eröffnet wird, besteht darin, dass wirkliche Objekte nunmehr auch digitale Elemente umfassen und vor allem darin, dass ihr Erwerb mitunter die Partizipation an digitalen Ereignissen voraussetzt. Es ist also durchaus möglich, dass ein bestimmtes hybrides Objekt, ein NFT, den Zugang zu bestimmten gesellschaftlichen Ressourcen und Privilegien in der analogen Welt gewährt, dass aber sein Erwerb nur durch Partizipation an bestimmten Aktivitäten in einer virtuellen Welt möglich ist. In solchen Fällen stellt das NFT eine Schnittstelle zwischen analogen und digitalen Ereignissen und Objekten dar und steht in kausaler Wechselwirkung mit beiden Sphären der nunmehr entstandenen lebensweltlichen Wirklichkeit – einer Wirklichkeit, die durch digitale Objekte und Ereignisse angereichert ist (Josifović 2023).

Realität und Wirklichkeit sind Kategorien, die nicht nur auf Dinge, sondern auch auf Ereignisse angewandt werden können. Ein Ereignis ist die Veränderung der Zustände in der Welt, die sich innerhalb einer mehr oder weniger bestimmten Dauer über einen mehr oder weniger bestimmten Raum entwickelt. Ereignisse sind real, wenn sie gegenwärtig als Veränderungen von Zuständen im Raum stattfinden. Eine spezifische Art von Ereignissen stellen Handlungen dar. Handlungen sind Ereignisse, die Handlungsträgern bzw. Akteuren, zugeschrieben werden, idealerweise, weil sie von ihnen aus bestimmten Gründen intentional verursacht worden sind und weil ihr Verlauf von ihnen kontrolliert wird. Handlungsgründe beinhalten Wünsche und Überzeugungen. Sowohl Wünsche als auch Überzeugungen können phantastisch sein. Ich, beispielsweise, hatte als Kind Angst vor Vampiren. Darum habe ich es vermieden, nachts alleine in dunklen Räumen oder draußen zu sein. Natürlich sind Vampire nicht real. Aber der Grund für mein Verhalten ist die Angst vor Vampiren gewesen. Nicht Angst im Allgemeinen, sondern Angst vor Vampiren. Die inhaltliche Bestimmung dieser Angst, nämlich Angst vor Vampiren, ist ausschlaggebend dafür, dass ich ein bestimmtes Verhalten entwickelt habe, von dem ich wohl überzeugt gewesen sein muss, dass es mich vor ihnen, sofern sie denn existieren, schützt. Hätte ich Angst vor Clowns gehabt, hätte ich möglicherweise den Zirkus gemieden, nicht die Nacht. Angst vor Clowns und Angst vor Vampiren ist also nicht ein und dasselbe, denn daraus resultieren verschiedene Handlungsmuster. Ebenso ist es nicht ein und dasselbe, ob man einen *CLONEX* oder einen *Bored Ape* als Profilbild auf *Twitter Blue* haben will. Es ist eine inhaltliche Frage des Geschmacks, der individuellen Selbstbestimmung und somit auch eine Frage der eigenen Identitätsbildung. Die inhaltliche Bestimmung eines Handlungsgrundes kann also phantastisch erscheinen und dennoch eine wirkende Ursache für die Entwicklung von Wert- und Erwartungshaltungen gegenüber sich selbst und Anderen sowie für die Entstehung realer Ereignisse auf der Welt sein und dadurch ein wirkliches Element unserer Lebenswelt darstellen. Die entsprechenden Ereignisse sind real, die sie bewirkenden subjektiven Überzeugungen stellen wirksame Ursachen dar und können als wirklich bezeichnet werden.

Mindestens in Bezug auf eine spezifische Art von Ereignissen auf der Welt, nämlich Handlungen, können also Ursachen wirksam werden, die für sich keinen Anspruch auf Realität im strengen Sinne erheben können oder müssen, nämlich subjektive Überzeugungen, Wertvorstellungen, Phantasien etc. Um dies begrifflich zu unterscheiden, können wir von Wirklichkeit sprechen. Wirklich sind Dinge, Ereignisse oder Vorstellungen, sofern sie kausale Auswirkungen auf die Entwicklung von Ereignissen haben. Sofern es sich um Vorstellungen handelt, können deren Gegenstände entweder real oder phantastisch sein. In beiden Fällen können Vorstellungen wirkende Ursachen von Handlungen darstellen. Durch Handlungen gestalten Menschen ihre Lebenswelt in technischer, gesellschaftlicher, wirtschaftlicher und politischer Hinsicht. Subjektive Überzeugungen, Phantasien, Wertvorstellungen etc. können das individuelle und kollektive Verhalten auf allen Ebenen der Gestaltung unserer Lebenswelt mitbestimmen. Der praktische Status der entsprechenden Gegenstände ist die Wirklichkeit. Alle Dinge, die Gegenstände des Eigentums- und Vertragsrechts sein können, die also Sachen in diesem rechtlichen Sinne darstellen können, sind wirklich. Genau dies ist aber, wie oben ausgeführt, charakteristisch für Objekte im Web 3.0. Gegenstände, die im Web 2.0 noch unbestimmt gewesen sind, erhalten im Web 3.0, indem sie als NFTs auftreten, Identität als Sachen im Sinne des Eigentums- und Vertragsrechts. Sie sind nicht in materieller Hinsicht real. Sie mögen Illusionen sein. Aber auch als Illusionen ist ihre Produktion, das Eigentum an ihnen, ihre Verwendung etc. rechtlich geregelt. Somit stellen sie Elemente unserer Lebenswelt dar, die uns mit derselben Notwendigkeit begegnen, wie alle anderen Rechtssachen und alle anderen Aspekte der Wirtschaft und Politik. Zumindest als Sachen sind NFTs also wirklich, selbst wenn es sie gar nicht gibt, sie also nicht in ontologischer Hinsicht als real und existent angesehen werden.

Literatur

Chalmers, David J. 2022. *Reality+. Virtual worlds and the problems of philosophy.* New York: W. W. Norton & Company.

Floridi, Luciano. 2014. *The Fourth Revolution: How the Infosphere is Reshaping Human Reality.* Oxford: OUP.

Josifović, Saša. 2012. Die systematische und inhaltliche Bestimmung der „vollkommenen Selbstanschauung" in Schellings Genieästhetik von 1800. *Philosophisches Jahrbuch* 119: 47–68.
Josifović, Saša. 2020. „Denn wir wissen nicht, was sie tun" – Das Problem der Verantwortungszuschreibung für die Handlungsfolgen selbstlernender Algorithmen. *Philosophisches Jahrbuch* 127: 48–62.
Josifović, Saša. 2023. Die Wirklichkeit digitaler Objekte und Ereignisse im Metaverse. In *Was ist digitale Philosophie?* Hrsg. Jörg Noller. Paderborn: Mentis. [*im Ersch.*]
Noller, Jörg. 2022. *Digitalität. Zur Philosophie der digitalen Lebenswelt*. Basel: Schwabe Verlag.
Schelling, Friedrich W. J. 1800. *System des transzendentalen Idealismus*. Hrsg. Horst D. Brandt und Peter Müller. Hamburg: Meiner. [Zitiert wird entsprechend der Paginierung im Erstdruck (ED): Tübingen: Cotta 1800.]
Schiller, Friedrich. 1793. Über Anmut und Würde. In *Friedrich Schiller: Sämtliche Werke*, Hrsg. Gerhard Fricke und Herbert G. Göpfert, in Verb. mit Herbert Stubenrauch, Band 1–5, 3. Aufl. (1962). München: Hanser.

Social Media. Alltag, Daten und Gesellschaft

Oliver Zöllner

1 Einleitung: Social Media und Vernetzung

Seit den frühen 2000er-Jahren bestimmen soziale Online-Netzwerke *(social networking sites)* bzw. soziale Medien *(social media)* in zunehmendem Maße die Interaktionen im digitalen Raum. Die Markteinführung der Plattformen MySpace 2003 und insbesondere Facebook 2005 (ab 2007 auch im deutschsprachigen Raum) kann als ein Wendepunkt gesehen werden. Mehr und mehr Menschen interagieren seither im Netz, tauschen also Botschaften *(messages)* aus, stellen sich dar und/oder vernetzen sich online mit anderen. Die Nutzung von Social Media wurde zunehmend gängig. Die Plattformen stehen in einer Entwicklungslinie der prinzipiellen Sozialität des Menschen als *zoon politikon* (vgl. Aristoteles, Pol. 1253a2), also seiner Orientierung am Zusammenleben mit anderen in Gruppen, Gemeinschaften oder Gesellschaften, in die Menschen über soziale Netzwerke im eigentlichen Sinn – die „Kreuzung sozialer Kreise", wie es Georg Simmel (1992 [1908]) trefflich formulierte – verbunden sind (vgl. Nollert 2010; Wegmann 1995).

In dem Sinne, dass „soziale Netzwerke" prinzipiell nichts Neues sind (Menschen haben sich seit jeher vernetzt), sind auch „soziale Medien" allein schon begrifflich keine Novität: Medien, speziell in ihrer modernen Ausformung als Massenmedien, haben immer einen interpersonalen und gesellschaftlichen Bezug. „Alle Medien sind insofern sozial, als sie Teil von Kommunikationsakten, Interaktionen und sozialem Handeln sind" (Taddicken und Schmidt 2017, S. 4). Tom Standage (2013) belegt in seiner Sozialgeschichte der Medien, wie Menschen von der Antike bis in die digitale Gegenwart stets das Bedürfnis hatten, sich ihren

---

O. Zöllner (✉)
Institut für Digitale Ethik (IDE), Hochschule der Medien Stuttgart & Heinrich-Heine-Universität Düsseldorf, Stuttgart/Düsseldorf, Deutschland
E-Mail: zoellner@hdm-stuttgart.de

© Der/die Autor(en), exklusiv lizenziert an Springer-Verlag GmbH, DE, ein Teil von Springer Nature 2024
M. Schwartz et al. (Hrsg.), *Digitale Lebenswelt,* Digitalitätsforschung / Digitality Research, https://doi.org/10.1007/978-3-662-68863-2_8

Bezugsgruppen mitzuteilen und Inhalte aller Art zu teilen, ob auf Steinwänden, Pamphleten, in Zeitungen oder eben neuerdings auf digitalen Plattformen: Im Mittelpunkt steht das Prinzip des Teilens *(sharing)* von Botschaften.

In der digitalen Sphäre führen Online-Netzwerke dieses Prinzip von Verknüpfen und Teilen über virtuelle Stellvertreter – den selbst geschaffenen Repräsentanzen oder Profilen von Menschen – kongenial fort und bieten ergänzend die Möglichkeit, dort auch eigene Inhalte zu produzieren und ins Netz zu stellen *(user-generated content)*. Social Media ermöglichen es Menschen, sich „mit anderen Nutzern auszutauschen, bringen also dialogische Merkmale mit ins Spiel. Sie beinhalten vielfach auch, soziale Beziehungen zu anderen Menschen ‚explizit zu machen', also andere Nutzer als ‚Kontakte' oder ‚Freunde' zu bestätigen" (Schmidt 2018, S. 11). In vielen Ländern ist „Facebook" bis in die Gegenwart ein Synonym für „das Internet", weil der Zugang zu Netzinhalten dort quasi nur über diese Plattform und über Smartphones funktioniert – stationäre Computer und Verbindungen über stabile Festnetztelefonleitungen sind an vielen Orten der Welt keineswegs garantiert.

Dies verdeutlicht, dass parallel zur Markteinführung von Social-Media-Plattformen eine zweite technologische Entwicklung deren rasante Verbreitung und Einbettung in den Alltag vieler Menschen vorangetrieben hat: das Smartphone. Ab 2007 fanden portable und internetfähige Kleincomputer, mit denen man auch telefonieren kann, ihren Weg in die Jackentaschen vieler Menschen. Smartphones lösten Mobiltelefone älterer Bauart ab, mit denen man grosso modo nur Telefondienste nutzen konnte. Nunmehr waren viele Internetanwendungen in einer Smartphone-Version als App *(application)* per Knopfdruck umstandslos und ubiquitär verfügbar, bald auch auf handlichen Tablet-Computern. Sehr einfach lassen sich so „Fotos machen, Filme drehen oder Audioaufnahmen aufzeichnen, die dann über multimediale Plattformen einfach und schnell online gestellt werden können" (Schmidt und Taddicken 2017, S. 25). Zum rasch sehr weit verbreiteten Facebook gesellten sich in der Folge – hier lediglich jeweils exemplarisch aufgeführt – Snapchat, Instagram und TikTok als bildzentrierte Selbstdarstellungs- und Vernetzungsplattformen, Twitter, Tumblr und Mastodon als Microbloggingdienste und Tinder, Bumble und Lovoo als Datingplattformen. Instant-Messaging-Dienste wie WhatsApp, Telegram, Threema oder Discord integrieren auch Chat-, Telefonie- und Videokonferenz-Funktionen. Auch die Videoplattform YouTube, gegründet 2005, fand als App auf Smartphones und Tablets große Akzeptanz und ermöglicht über persönliche Nutzerprofile und „Playlists" die Vernetzung von Menschen. In einer ähnlichen Logik fungiert ein Musik- und Audio-Streamingangebot wie Spotify, das sich in seiner Smartphone-App mit „Home-Feed"-Videos ab 2023 deutlich an TikTok orientiert, oder auch Twitch als ein Streamingdienst für Videogames (wie überhaupt Onlinespiele an sich stark auf Vernetzung hin ausgelegt sind und in Teilen wie soziale Netzwerke fungieren). Die Grundidee, über persönliche Profile mit anderen in Beziehung zu treten, ist zudem längst auch in spezialisiertere Kontexte überführt worden, etwa bei berufsbezogenen Plattformen wie LinkedIn oder den akademischen Netzwerken ResearchGate und Academia. Social Media scheint ein wesensbestimmendes Grundkonzept der Digitalität geworden zu sein.

2 Social Media und virtuelle Welten

Diese Entwicklung, die nachgewachsenen Generationen längst ‚normal' erscheint, setzt sich fort. Die mobile Nutzung von Diensten nimmt dabei stetig zu (vgl. Wiebach 2021a, S. 276). Keineswegs vernetzen sich nur Menschen untereinander, sondern auch Firmen und andere Organisationen betreiben über ihre Social-Media-Profile Selbstdarstellung, Public Relations und Werbung. Häufig setzen sie hierfür Menschen als „Influencer" ein, also Personen mit möglichst hoher Reichweite und einer spezifisch etablierten Meinungsführerschaft, die ihre „Follower" auf Meinungen, Angebote und Produkte aufmerksam machen (vgl. Nymoen und Schmitt 2021). Diese Äußerungen werden von vielen Menschen aufgegriffen und in ihre eigenen Entscheidungsfindungen eingebaut – also als Richtschnur dafür, was sie in ihrem persönlichen Alltag sagen, machen oder vielleicht auch unterlassen.

Zunehmend treten in Online-Netzwerken auch nicht-humane Entitäten auf, etwa in Form von Social bzw. Chatbots, die auf sehr avancierten Sprachmodellen beruhen und in Kombination mit ebenso komplexer Bildbearbeitungs-Software Repräsentationen schaffen können, die zwischenmenschlicher Kommunikation oft erstaunlich ähnlich sind. „These algorithms present themselves as people in order to influence human users on social media" (Gigerenzer 2022, S. 225). Interaktionen mit „künstlicher Intelligenz" (KI), die mit menschlichem Handeln verwechselt werden kann, und der Einsatz von Bildfiltern, die im Netz das eigene Aussehen manipulieren können, werden eine wesentliche Herausforderung des Umgangs mit virtuellen Welten darstellen (vgl. Coeckelbergh 2020). Was ist noch echt oder authentisch? (vgl. Glanz 2023; Paganini 2020, S. 59; Schilling 2020) Auch jenseits von KI-Anwendungen wird mit dieser Frage ein zentraler Konflikt im Umgang mit Social Media adressiert. Anstatt es als gegeben zu akzeptieren, dass die Vernetzungsplattformen es Menschen gestatten, ihr authentisches Selbst auszudrücken, ist zu fragen, inwiefern sie überhaupt erst die Voraussetzungen jener Authentizität schaffen und mediatisieren – „often by destroying them" wie Morozov (2013, S. 347) kritisch anmerkt. Auf Social Media „you train yourself to post what will please" (Turkle 2015, S. 41). Viele User:innen präsentieren sich just nach solchen Normen der Plattformen. In Zukunft dürfte sich die Art und Weise, wie solche Normen ausgehandelt werden, durch den intensivierten Einsatz von KI-Instanzen noch komplexer gestalten.

Als dritte Ausbaustufe der digitalen Umgebungen – nach den eher statischen Websites der ersten Generation (ab ca. 1991) und des interaktiven „Web 2.0", das insbesondere auf Social Media basiert (ab ca. 2005), steckt inzwischen das „Metaversum" in den Startlöchern. Es soll die KI-basierte, immersive Online-Umgebung für Arbeit, Sport und Spiel sein, das 360-Grad-Rundum-Erlebnis: effizient, agil, bunt und bequem, so jedenfalls die werblichen Verheißungen der Technologiekonzerne. Wenn das so kommt, sollen Menschen in einer nahenden Zukunft nicht nur im Netz stöbern, Botschaften versenden und sich mit anderen vernetzen, sondern auch in Büroumgebungen kollaborativ miteinander arbeiten, einkaufen, Produkte testen, Kleidung anprobieren, Turnschuhe konfigurieren, Games spielen, Partnerschaften anbahnen, virtuell verreisen, sich für Jobs bewerben, digitale Kunstwerke kaufen und ausstellen oder digitale Tokens austauschen (vgl. Ball 2022). Eine gewisse konsumistische Ausrichtung ist bei vielen dieser Visionen nicht zu übersehen. Sie sind zudem meist eine intensivierte Fortsetzung bereits etablierter Praktiken. Inwieweit sich diese „Zukunft der Verbindung" (Meta Platforms 2023) so realisieren lässt oder erstrebenswert ist, bleibt abzuwarten. Deutlich wird aber, dass das Konzept sozialer Online-Netzwerke auch für die weitere Entwicklung der Digitalität, in der viele Menschen wie in einer natürlichen Ausweitung ihrer physischen Alltagswelt leben (vgl. Noller 2022, S. 7–11; Stalder 2016), von zentraler Bedeutung ist und die Unterscheidbarkeit oder Dichotomie zwischen „real" und „virtuell" wohl weiter verschwimmen lassen wird (vgl. Chalmers 2022; Noller 2022, S. 34–35). Wo Smartphones und mobile Internetverbindungen verfügbar sind, lebt ein Gutteil der Menschen recht fluide in einem realvirtuellen Raum und trifft dort auf andere Menschen bzw. deren Repräsentationen sowie auf programmierte automatisierte Akteure bzw. Bots (vgl. Wiebach 2021b).

Dieser Beitrag betrachtet Social Media im Folgenden aus drei Perspektiven. Einer soziologischen Einteilung folgend, soll auf der Mikroebene der Individuen die Einbettung sozialer Online-Netzwerke in den Alltag beleuchtet werden. Auf einer organisationalen Mesoebene werden anschließend die Unternehmen und ihre auf Datenhandel basierenden Geschäftsmodelle in den Fokus gerückt. Die Makroperspektive des vorliegenden Beitrags blickt auf die gesellschaftlichen Auswirkungen der mit Social Media verknüpften Prozesse und ergänzt sie um einen reflexiven Ausblick, bei dem Aspekte einer zukünftigen Ethik der Digitalität im Mittelpunkt stehen.

3 Mikroebene der Social Media: Menschen, Nutzung, Alltag

„Für welches Problem ist die Digitalisierung eine Lösung?", fragt Armin Nassehi (2019, S. 12) in seinem Theorieentwurf der digitalen Gesellschaft. Für die Mikroebene des menschlichen Alltags ließe sich zumindest als Teilantwort formulieren, dass Social Media das vor ihrem Aufkommen offenbar drängende Problem gelöst haben, dass die mit professionell ausgewählten Inhalten gefüllten Massenmedien alter Prägung zu wenig Raum boten für die Widerspiegelung auch höchst persönlicher Interessen und ihre personalisierte Ausspielung. Social Media dagegen erlauben mit ihren nutzergenerierten Inhalten die schnelle laterale Austauschmöglichkeit individuell geprägter, hyperpersonalisierter Informationen: über sich selbst und eigene Befindlichkeiten, Vorlieben und Sehnsüchte oder über andere Personen und deren Befindlichkeiten: Neben professionell recherchierten Nachrichten über reale Ereignisse in der Welt finden sich in Social Media auch Aussendungen über imaginierte Ereignisse (im Extremfall bis hin zu Fake News und Verschwörungsfantasien) oder sehr partikulare Weltanschauungen (im Extremfall bis hin zu Hassrede und Propaganda) – und in ihrem Fahrwasser eine große Anzahl an Metabotschaften, also Verweise *(links)* auf andere Inhalte, ob nun kommentiert oder unkommentiert (vgl. Bartlett 2018, S. 41 – 68; Nocun und Lamberty 2020; Zöllner 2020). Die Plattformen und ihre Algorithmen entscheiden maßgeblich darüber, welche Inhalte überhaupt verbreitet werden (dürfen) „und wie viel Reichweite diese erhalten" (Schmiege und Deck 2022, S. 36).

Social Media besitzen ein enorm großes und weit verzweigtes Netz gegenseitiger Verknüpfungen von Selbstbespiegelungen und haben hierfür medial vielfältige Formen geschaffen (Text, Grafik, Foto, Video, Musik etc.). Diese „Vernetzungsstruktur" der emergenten Digitalität überzieht „unsere Lebenswelt immer weiter" und lässt auf diese Weise „scheinbar Disparates in eine bedeutungsvolle Beziehung setzen" (Noller 2022, S. 14). Beziehungen mit Anderen herzustellen, zu pflegen und auszubauen, Gemeinschaftserfahrungen zu machen, emotionale Unterstützung zu erfahren, Möglichkeiten der eigenen Identität und Existenz auszuprobieren, können dezidiert positive Erfahrungen im Kontext von Social Media sein (vgl. Gardner und Davis 2013; Pirker 2018, S. 471 – 472). Dass viele Menschen in diesem Kontext die nach außen weithin gefälligste Version ihres Selbst hochladen, etwa das ansprechendste und möglicherweise bearbeitete oder gefilterte Foto, mag den Ausdruck ihrer komplexeren Persönlichkeit auch einschränken. „Both vanity and expectation are satisfied by this decision" (Scott 2015, S. 221). Die über Social Media ausgehandelten Normen erscheinen in diesem Fall als „effective whips that can discipline our behaviour, limiting the style of our digital personae" (Scott 2015, S. 222).

Für viele Menschen bedeutet eine Art der Realitätskonstruktion, in der eine intensive Nutzung von Social Media und ihre Steigerungslogiken das eigene Fühlen, Denken und Handeln beeinflussen, eine Überforderung, wie te Wildt (2015) und Hepp (2022) in psychotherapeutischer Perspektive an zahlreichen Beispielen darlegen – bis hin zu Störungen und Leidensdruck. Die Netzwerke bieten „oft Anlass zu Narzissmus, Exhibitionismus und Voyeurismus" (Capurro 2017, S. 188). Das nicht enden wollende Durchrollen von Inhalten unterschiedlicher Profile *(infinite scrolling)* hat für viele Menschen durchaus eine Sogwirkung (vgl. Tortorici 2020). Die Nutzung von Social Media kann glücklich und zugleich unglücklich machen (vgl. Bachmann et al. 2019, S. 51 – 52).

Das Smartphone als tragbarer Computer, Informations- und Vernetzungsmedium und De-facto-Personalausweis sorgt zugleich für eine Ubiquität der digitalen Ausspielungen. Social Media sind gewissermaßen ‚Überallmedien'. Sie sind mit ihrer starken Permanenz zugleich auch ‚Immermedien'. Möglicherweise ist die Permanenz der Vernetzung eine der großen Problemlösungen, die der Prozess der Digitalisierung des menschlichen Alltags perpetuiert. Möglicherweise mehr noch als ihre Inhalte prägt die Allgegenwart der Social Media den Alltag ihrer Nutzerinnen und Nutzer: „The medium is the message", wie McLuhan (1964, S. 7) es prominent formuliert hat. Die Botschaft dieser Medialität enthält in ihrer Konsequenz einen deutlichen Aufforderungscharakter zu einer spezifischen Nutzung, eine Affordanz (vgl. Zillien 2008), wie soziale Online-Netzwerke im Alltag einzubetten sind und wie sich die Nutzenden an sie anzupassen haben – dies aber nicht mit deterministischer Richtungsweisung oder per autoritärem Befehlsgestus, sondern freiwillig als ein weitgehend unhinterfragter ‚zwangloser Zwang' einer Technologie, der sich in den Alltag hineinschreibt (vgl. Zöllner 2019, S. 80).

Dieses geradezu dialektische Prinzip der sozialen Netzwerke ist am Fallbeispiel WhatsApp gut dokumentiert. In Deutschland ist dies 2022 mit 68 % der erwachsenen Internetnutzenden die am weitesten verbreitete Social-Media-Anwendung (vgl. Hölig et al. 2022, S. 51); unter Jugendlichen ist WhatsApp 2022 die mit Abstand beliebteste und meistgenutzte App (vgl. Feierabend et al. 2022, S. 26 – 31). Jenseits der primären Nutzungsebene – dem Versenden und Empfangen von persönlichen Botschaften und dem Verfolgen von Nachrichten – wird WhatsApp auch „als Instrument zur Organisation, Verwaltung und Koordination des Alltags, also der individuellen Lebensführung eingesetzt" (Bachmann et al. 2019, S. 36). Teilnehmende einer empirischen Studie berichten, dass die App jenseits ihrer positiv gesehenen Funktionalität und Praktikabilität für sie quasi unverzichtbar geworden ist und fest in interpersonale Prozesse eingeschrieben wurde; so seien für einige Proband:innen in ihrem Bekanntenkreis etwa Telefonate nur noch nach vorheriger Ankündigung per WhatsApp möglich (Bachmann et al. 2019, S. 37). Dies ist ein interessantes Beispiel für eine Mediatisierung zweiten Grades, bei der sich eine sekundäre Medienebene (Social Media) in eine primäre (die Telefonie) ‚zwischenschaltet'. Im beruflichen Kontext steht WhatsApp für das Prinzip der permanenten und leichten Erreichbarkeit zu jeder Uhrzeit, sowohl hierarchisch von der Chefebene nach unten als auch lateral zwischen Kolleg:innen, was als karrierefördernd gewertet wird, aber auf Kosten der persönlichen Autonomie der Alltagsgestaltung geht (Bachmann et al. 2019).

WhatsApp erscheint zudem sowohl in beruflichen wie privaten Kontexten als ein „Management-Tool" (Bachmann et al. 2019), mit dem Nutzende ihre Effizienz zu steigern versuchen. Befragte berichten von realisierten Effizienzsteigerungen, die sie mit der Plattform erreicht haben, etwa durch die schiere Geschwindigkeit der Botschaftenübermittlung und den transparenten Austausch in Gruppen (Bachmann et al. 2019, S. 38). Ebenso treten jedoch auch „Pseudoeffizienz"-Effekte auf, indem sich etwa Absprachen und Abstimmungen zwischen den Interaktionspartner:innen „deutlich langwieriger und komplizierter gestalten" und es oft schwierig erscheint, relevante Inhalte aus der Vielzahl an Botschaften herauszufiltern, was nur „mit großem persönlichem Aufwand" gelingt (Bachmann et al. 2019). Das permanente Eingebundensein in solche Austauschprozesse hat offenbar seinen Preis: WhatsApp-Nutzende schildern eine Art Abhängigkeit bis hin zur Konditionierung, wenn sie etwa sehr häufig am Tag zum Smartphone greifen, um den Eingang von Botschaften zu kontrollieren oder den Impuls verspüren, Nachrichten sofort lesen zu müssen (Bachmann et al. 2019, S. 41). Auch andere Studien weisen darauf hin, dass sich Social-Media-User:innen schlecht fühlen, wenn sie nicht online sind – ständige Erreichbarkeit scheint allgemein eine prägende Haltung zu sein (vgl. Pirker 2018, S. 471); die Angst, etwas zu verpassen *(fear of missing out),* wird in vielen Studien berichtet (vgl. Tunç-Aksan und Akbay 2019). Nutzende beschreiben vielfältig, „wie sie geradezu mit ihren Smartphones und den darauf gespeicherten Anwendungen ‚verschmolzen' sind und diese in ihr Leben eingebettet haben" (Bachmann et al. 2019, S. 41). Dies ist durchaus eine

Widerspiegelung der These von McLuhan (1964, S. 41 – 47, 89 – 105), derzufolge Medien Erweiterungen menschlicher Sinnesorgane seien, was Reiner und Nagel (2017) in neuroethischer Perspektive als „technologies of the extended mind" bezeichnen. Die starke Einbettung der technologischen Ebene in das persönliche Verhalten im Alltag sowie dessen Habitualisierungen werden von den Betroffenen konkret auch als „Zwang" aufgefasst, der die persönliche Entscheidungsfreiheit einschränkt (Bachmann et al. 2019, S. 42). Alles in allem ist für viele Befragte – recht typisch für Social Media im Allgemeinen – allerdings die Einfachheit und Bequemlichkeit *(ease of use)* von WhatsApp ausschlaggebend (Bachmann et al. 2019, S. 39), also die Tatsache, dass die Anwendung funktioniert (vgl. Nassehi 2019, S. 196 – 200). Es ist nicht zuletzt die technische Funktionalität von Social Media, die viele Menschen fasziniert.

Viele Menschen scheinen also eng verwoben zu sein mit den Anwendungen in ihrer Jackentasche. Etwaige Abhängigkeiten und Autonomieverluste, die sich aus ihrem Gebrauch ergeben, bleiben im Alltag meist unreflektiert. Mediale Technologien wie Social Media, die auf Algorithmisierung beruhen, sind Technologien des Selbst, die Identität(en) prägen wie auch zum Ausdruck bringen und stabilisieren können (vgl. Straus und Höfer 2008, S. 201). Die permanente Datenproduktion, die die Nutzenden vollführen, hat Folgen: „Praktisch führt die digitale Lebensprotokollierung zu einer Vereinheitlichung von Lebensentwürfen" (Selke 2014, S. 242). Sie suggeriert individuelle Freiheit, bringt aber auch Standardisierung, Kontrolle und Überwachung mit sich. Die Protagonisten der letztgenannten Prozesse, die Betreiberfirmen der Plattformen, sind mit ihren Geschäftsmodellen auf der Mesoebene der sozialen Netzwerke zu lokalisieren.

4 Mesoebene der Social Media: Unternehmen, Daten, Geschäftsmodelle

Für die meisten Menschen stehen Social Media in ihrem Alltag vor allem für eine Fülle an nützlichen Anwendungen. Auf der Bedienoberfläche der Geräte, dem *front end,* sieht dies zweifelsohne sehr einfach und bequem aus – es ist jeweils nur ein Knopfdruck nötig. Nutzende haben sich daran gewöhnt, die Dienste der Apps quasi kostenlos zu erhalten, doch erfolgt die Nutzung vielmehr „in exchange for acquiescence to being spied on" (Lanier 2013, S. 10). Menschen zahlen mit ihren Daten. Sie bilden primär nicht die Kundschaft der Konzerne, sondern sind – per Repräsentation als Datensätze – das Produkt. Was im Hintergrund der Anwendungen passiert, dem programmlichen und systemischen *back end,* entzieht sich meist dem Interesse und der Kenntnis der Nutzenden. Die algorithmischen Datenverarbeitungsprozesse sind zudem weitgehend intransparent: Sie erscheinen als „black box", sofern sie nicht mit offenem Quellcode verfügbar sind und die Menschen nicht über Programmierkenntnisse verfügen (Pasquale 2015). Die von den User:innen produzierten Daten – neben Texten, Bildern, Filmen auch Metadaten wie Geolokation und Uhrzeit – bilden als Verhaltensspuren die Grundlage für die Erstellung von detaillierten Nutzerprofilen und dienen als Trainingsdaten für das maschinelle Lernen. Die Algorithmen sollen die Verhaltensmuster von Menschen erkennen, „verstehen" und vorhersagen. Über gezielte „Anstöße" *(nudges)* können Programme auch dafür sorgen, dass Menschen ihr Verhalten an definierte Ziele anpassen, die ein Algorithmus vorgibt (vgl. Thaler und Sunstein 2008). Der einzelne Mensch ist hierbei als Datenpunkt kaum von Belang; es zählt der große kollektive und statistisch auswertbare Datensatz (vgl. Lanier 2013, S. 11).

Unter dem Schlagwort „Big Data" (vgl. Mayer-Schönberger und Cukier 2013) ist dies naturgemäß ein an Gewinn orientiertes Geschäftsmodell, das besonders im Fall von sozialen Online-Netzwerken von sehr großen und diversifizierten Technologieunternehmen dominiert wird, vor allem den amerikanischen Firmen Alphabet (ehemals Google), Amazon, Apple, Meta Platforms (ehemals Facebook) und Microsoft; unter den chinesischen Playern sind vor allem Alibaba, Baidu, Byte Dance und Tencent zu nennen (vgl. Webb 2019). Shoshana Zuboff (2019) analysiert dieses Geschäftsmodell sehr eingehend als „Überwachungskapitalismus", in dem nicht nur die Technologieunternehmen sich zunehmend in die Lage versetzen, menschliches Verhalten algorithmisch vorherzusagen, sondern auch staatliche Stellen die Daten einsetzen, um ihre Bürger zu kontrollieren (vgl. Greenwald 2014; Hofstetter 2014; Zuboff 2019, S. 107–127). „The primary business of digital networking has come to be the creation of ultrasecret mega-dossiers about what others are doing, and using this information to concentrate money and power" (Lanier 2013, S. 60). Seit der massiven Marktpenetration des Smartphones und der stark über sie ausgespielten Social Media sind die Menschen somit gewissermaßen niemals mehr allein, d. h. jederzeit vernetzt, erreichbar und überwachbar (vgl. Klosterman 2022, S. 337; Preisendörfer 2018, S. 85). Dies berührt letztlich die Frage nach der menschlichen Autonomie.

Die Grenzen und damit die Dichotomie der öffentlichen und der privaten Sphäre verschwimmen zunehmend. Resultat ist der eigentümliche Schwellenzustand einer „privacy in public" (Nissenbaum 2010, S. 66). Das Konzept der Privatheit, ursprünglich verstanden sowohl als persönliches Abwehr- wie auch Gestaltungsrecht (vgl. Rössler 2001, S. 11–40), ist also längst nicht mehr nur auf der individuellen Mikroebene zu verorten, sondern erscheint in der Digitalität längst als ein systemisches Konstrukt, das zunehmend bedeutungsvoll und dringlich wird (vgl. Grimm und Zöllner 2012; Nissenbaum 2010; Véliz 2020). Dem Datenschutz kommt hierbei eine besonders prominente Rolle zu. Im fortwährenden Prozess der Digitalisierung ist die Ausgestaltung dieses Grundrechts immer wieder verfeinert worden. Allerdings greifen die Gesetze der Staaten bzw. Staatenbünde, die den Datenschutz als zentrales Gut betrachten – an erster Stelle wäre hier die Europäische Union zu nennen –, nur sehr bedingt bzw. gar nicht auf die Geschäftspraxen der Unternehmen aus den USA oder China aus. Zwar müssen die Technologiekonzerne, sofern sie auf dem Gebiet der EU tätig werden, den Regelungen der Datenschutz-Grundverordnung (DS-GVO; vgl. Schwartmann et al. 2018) folgen. Allerdings unterwandern die Konzerne auf vielfältige und kreative Weise oft die eigentlichen Ziele dieser Verordnung. Die ordnungsgemäße Befolgung aller Rechtsnormen ist zudem aufgrund des immensen Aufwands von staatlichen Stellen kaum lückenlos zu kontrollieren. Etwaige Sanktionen (etwa in Form von Bußgeldern) sind angesichts des großen Profits der Firmen betriebswirtschaftlich gesehen für letztere vernachlässigenswert. Die systemische Macht, die sowohl in den algorithmischen Programmen der sozialen Online-Netzwerke und damit ihrer Ausgestaltung und Nutzung als auch in der Marktdominanz der dahinterstehenden Konzerne liegt, ist profund. Viele Nutzende richten sich in ihrer wahrgenommenen eigenen Ohnmacht ein und akzeptieren sie als weitgehend alternativlos (vgl. Acquisti et al. 2015; Bachmann et al. 2019, S. 43; Taddicken 2014).

Eine Austarierung dieser Machtunwucht, die derzeit klar den Unternehmen zuneigt, zugunsten der Nutzenden von Social Media ist vorerst nicht abzusehen. Aufgrund der offensichtlichen Attraktivität der Netzwerke ist keine ‚unsichtbare Hand des Marktes' in Sicht, die dieses Ungleichgewicht beheben könnte, und der nationalstaatlich-territorial basierte Wirkungskreis von Rechtsnormen stößt bei transnational bzw. global operierenden Unternehmen an seine Grenzen. Neuere Trends im Geschäftsmodell der Technologieunternehmen deuten darauf hin, die Social-Media-Nutzer:innen für sog. Premium Accounts auch direkt monetär zahlen zu lassen, um Reichweite und Sichtbarkeit der eigenen Profile und Beiträge zu erhöhen. Meta Platforms, der Mutterkonzern von Facebook, Instagram und WhatsApp, hat 2023 für 12 US$ pro Monat das Abonnementmodell „Meta Verified" eingeführt; auch Twitter/X, YouTube und Snapchat bewerben intensiv ihre Premiumzugänge mit den entsprechenden öffentlichen Markierungen als besonders vertrauenswürdige „verifizierte" Profile.

Dies macht Social Media allerdings nicht transparenter oder ihre Nutzenden autonomer. Es verstärkt sich vielmehr der „Eindruck, als stünde eine Fülle von Gestaltungsmöglichkeiten offen", doch bewegen sich die Nutzenden weiterhin faktisch „in vordefinierten Strukturen und greifen bereits vorgedachte Ideen auf" (Paganini 2020, S. 59). Menschen werden von den Anwürfen der Social Media beherrscht, sie suchen zugleich aber auch nach Möglichkeiten, im Alltag ihre Autonomie zu wahren und selbst über ihre technologischen Hilfsmittel zu herrschen. In einer Studie zu WhatsApp erscheint diese Anwendung

> als paradoxes Steuerungsinstrument, mit dessen Hilfe Menschen ihre Alltagsroutinen und ihr Beziehungsmanagement aktiv und kompetent regeln, sich dabei aber zugleich vielerlei Erwartungen ihrer sozialen Umwelt wie auch der Affordanzen der technischen Plattform unterwerfen (Bachmann et al. 2019, S. 54).

Mit einem privilegierten Nutzungsmodus, wie ihn einige Unternehmen eingeführt haben, werden die User:innen nicht besser in ihrer Privatheit geschützt. Vielmehr bleiben sie Objekt der datenbasierten Ausbeutung und werden im Zuge des modifizierten Preismodells sogar dazu motiviert, ihr Profil und damit ihre Selbstdarstellung stärker zu exponieren, um so noch mehr Interaktionen und damit Daten zu generieren. Die fortschreitende Intensivierung des im Kern auf Kontrolle und Prädiktion von menschlichem Verhalten hin angelegten Geschäftsmodells rund um Social Media hat Auswirkungen auch auf der gesellschaftlichen Makroebene.

5 Makroebene der Social Media: Gesellschaft, Ideologie, Relationalität

Die Social Media der digitalen Gegenwart operieren im Kern ohne die Rolle eines journalistischen „Schleusenwärters" *(gatekeeper)*, der Inhalte professionell auswählt und in einen sinnvollen Zusammenhang stellt. Menschen und zunehmend Bots verbreiten dort vielmehr Botschaften ohne verlässliche Kontextualisierung und Wahrheitsorientierung. Die zunehmende Machtverschiebung von Menschen als Akteuren mit genuin humanen kommunikativen Kompetenzen hin zu technisierten, automatisierten Interaktionsprozessen über Instanzen der Datenverarbeitung mit „künstlicher Intelligenz" verändert zudem das Zusammenleben als Gesellschaft, die Kultur der Digitalität und allmählich die Positionierung des Menschen als Subjekt.

Ohne eigene Handlungsermächtigung erscheinen Menschen als bloße Objekte, als Spielbälle im Kontext der Machtausübung der Technologiekonzerne. Für das Zusammenleben in einer durch demokratisch legitimierte und im Verfahren transparente Willensbildungsprozesse gesteuerte Gesellschaft hat dies Konsequenzen. Die in Social-Media-Anwendungen zum Einsatz kommenden Algorithmen sind

> nicht auf Meinungsvielfalt und Qualität des öffentlichen Diskurses ausgerichtet, sondern darauf, die Nutzenden möglichst lange auf der Plattform zu halten und hohe Klickzahlen zu erreichen. Das führt zu höheren Werbeeinnahmen und funktioniert am besten mit emotionalen bis extremen Inhalten. Das mag aus Sicht der Unternehmen zwar zielführend sein, es bildet aber keine angemessene Grundlage für einen freien Willensbildungsprozess als Basis einer demokratischen Grundordnung (Schmiege und Deck 2022, S. 36).

Die Geschäftsmodelle der Technologieunternehmen berühren also zunehmend den Wesenskern der auf gesellschaftliche Integrationsprozesse hin angelegten Institutionen. Die Distribution von Propaganda, Verschwörungserzählungen und Fake News verändert dabei in besonderem Maße die Beziehung vieler Menschen zur Realität und zur Wahrheit. Über Social Media finden diese eigentlich altbekannten Phänomene der Desinformation zu neuer Prominenz im Mediensystem (vgl. Bartlett 2018, S. 83; Zöllner 2020, S. 65). Für das Zusammenleben in der und als Gesellschaft kann dies destabilisierend sein: Falschinformation „erodes trust and thereby damages the social fabric" (Coeckelbergh 2020, S. 104). Soziale Übereinkünfte darüber, was als wahr und vertrauenswürdig gelten kann, werden im Zuge einer in der Gesellschaft zunehmend zentral und dominant eingebetteten Social-Media-Nutzung aufgeweicht oder relativiert. Hier ist in ethischer Hinsicht Haltung gefragt: „[…] sometimes we need reminding that there is a time to draw a line and take a stand, and that alternative ways of looking at things can be corrupt, ignorant, superstitious, wishful, out of touch or plain evil" (Blackburn 2005, S. 66).

Eingedenk der Tatsache, dass nicht zuletzt relativ beliebige Vehikel der Desinformation in Social Media vielfältige Interaktionen auslösen, hierdurch auswertbare Daten generieren und somit das Geschäftsmodell der algorithmischen

Datenausbeutung und Prädiktion befeuern, ist dieser hochskalierte Prozess Ausdruck einer tiefgreifenden Ökonomisierung der Gesellschaft (vgl. Zöllner 2015). Nicht nur die Daten sind in diesem Kontext eine Handelsware, sondern auch die Menschen, die sie produzieren. Das permanente gegenseitige Beobachten, Sharen, Liken und Kommentieren der Online-Partizipanten dient einem politisch-ökonomischen Zweck. Man kann ihn als Narrativ der Disruption lesen (vgl. Taplin 2017, S. 19–31), der von den Technologieunternehmen selbst typischerweise aber als Narrativ der Innovation präsentiert wird. Während die Produzenten der Desinformation via Social Media ihre Zielgruppen in der diskursiven Blase ihrer selbstreferentiellen Überzeugungen halten und Zweifler auf ihre Seite ziehen wollen, ist der Telos für die Intermediäre, also die Technologiekonzerne und ihre Distributionsplattformen, ganz im Sinne ihrer Geschäftsmodelle als eine Orientierung an Macht und Disruption zu sehen (vgl. Zöllner 2020, S. 91–92). Die Technologieunternehmen bringen alle paar Monate neue Features, Angebote und Updates auf den Markt, um als Innovationsführer zu gelten – und bedienen damit vor allem ihre selbstbezogenen Bedürfnisse.

In einer sehr eigenen Weltsicht, die von der „kalifornischen Ideologie" des Silicon Valley geprägt ist, geht es um die Durchsetzung des Marktgedankens an sich und die Optimierung des Menschen dank Digitalisierung. Als Credo erscheint, eine stets bessere Version des Selbst zu schaffen, hin zu einem sich selbst optimierenden Werkzeug der Wertschöpfung, das in konstantem Wettbewerb zu anderen Marktteilnehmern steht. Dieses Glaubenssystem wurzelt tief im Erweckungsmythos der puritanischen Gründungsväter der Vereinigten Staaten. Wer ein vorbildliches Leben führt, lebt gewissermaßen gottgefällig und wird dafür entsprechend belohnt, nicht zuletzt durch Konsumoptionen (vgl. Barbrook und Cameron 1996; Lazzarato 2013). Social Media bieten die Plattformen, um sein eigenes Leben transparent vorzuführen und die Konsumoptionen zu internalisieren. Insofern passen sie sich in diese „kalifornische Ideologie" ein. Ein quasi spiritueller Glaube an Optimierung durch Datafizierung ist somit in die alltägliche Digitalität eingeschrieben.

Selbstverständlich steht es jedem Marktteilnehmer bzw. jeder Social-Media-Nutzerin frei, dieses System zu verlassen, also die eigene Mitgliedschaft bei den Plattformen zu kündigen. Entscheiden sie sich dafür, droht allerdings insbesondere jüngeren Menschen quasi eine „soziale Nichtexistenz": ohne Neuigkeitsaustausch mit Freunden und Bekannten, ohne Status-Updates, Party-Einladungen oder romantische Dates. Aus der Entscheidung für das Einrichten eines Social-Media-Profils ergibt sich zudem das Erfordernis einer aktiven und für viele quasi alternativlosen Zustimmung zu den Geschäftsbedingungen der Betreiberfirmen, etwa was Rechte an geposteten Bildern und Texten anbelangt. Natürlich gilt vordergründig: ‚If you don't like it, you can quit' – aber sind die Nutzenden wirklich noch frei und autonom, die Plattformen zu verlassen? Mit Nolen Gertz (2018, S. 154) lässt sich hier ein nihilistisches Prinzip ausmachen. Den Social Media ist ein ‚zwangloser Zwang' inhärent, hinter dem das Bild eines ‚herrenlosen Sklaven' des Marktes steht, wie ihn Max Weber (1947, S. 800–801) so berühmt als

Denkmuster eingeführt hat und wie er längst auch das Nachdenken über die Zukunft von Arbeit, Gesellschaft und Digitalisierung kennzeichnet. Die Frage nach der „digitalen Knechtschaft" (Staab 2015, S. 5), die vorgeblich freiwillig ist (vgl. Selke 2014, S. 286), berührt fundamental die Frage nach dem Selbstbild des Menschen bzw. seiner Positionierung in sozialen Geflechten.

Die Vernetzung der Menschen und Profile spiegelt sich in elektronischen Medien und insbesondere in Social Media zunehmend wider in einer Art von „relational selfhood" (Ess 2014, S. 626–628), also einer Subjektpositionierung, in der die beschriebene ‚Kreuzung sozialer Kreise', die ständige Antizipation der Äußerungen und Verhaltensweisen Anderer und die eigenen Reaktionen hierauf prägend sind:

> the emergence of, and now, in developed countries, our saturation within the multiple networks facilitating computer-mediated communication—and increasingly so by way of mobile devices such as tablets and smartphones—appears to have dramatically amplified our sense of relationality (Ess 2014, S. 626).

Nach dieser Vorstellung fühlen sich Menschen stärker vernetzt mit Interaktionspartnern im Netz (auch wenn deren humaner Status ungeklärt sein mag, man denke an Bots) und geben so letztlich einen Teil ihrer Autonomie auf. Ihre Stellung im virtuellen Gefüge, das für sie eine Realität eigener Art darstellt, verändert sich in Richtung einer Heteronomie, also einer Orientierung an anderen Akteuren in Echtzeit und möglicherweise deren Überlegenheit. Das „quantifizierte Selbst" (Kelly 2016, S. 238) als Teil eines „metrischen Wir" (Mau 2017) passt sich ein in ein größeres Netzwerk von Personen, Profilen, Plattformen und Algorithmen. Damit deutet sich an, dass in der Webgesellschaft teilweise eine allmähliche Ablösung der Vorstellung der freiheitsgeleiteten, emanzipatorischen Autonomie des Individuums zu beobachten ist (vgl. Rössler 2017, S. 168–175). Keineswegs soll hier behauptet werden, der Mensch sei nicht auch schon vor der Digitalisierung in „soziale Netzwerke" eingebunden gewesen. Der Alltag in und mit Social Media bedeutet jedoch im Kontext einer „tiefgreifenden Mediatisierung" der sozialen Welt (Hepp 2020) den Übergang zu einem Prinzip gesteigerter Verwobenheit, die zunehmend von Entscheidungen anderer Instanzen (gleich ob Menschen, algorithmischen Entitäten oder Organisationen) abhängt und somit auf Andere und Anderes bezogen ist, ohne dass menschliche Interaktionspartner dies noch vollständig selbstbestimmt steuern können. Es ist eine genuine Netzwerkgesellschaft mit ihren zahlreichen mobilen Kommunikationsgeräten, die ihr „Onlife" (Floridi 2014, S. 59–86; Onlife Initiative 2015) so „relational" lebt – wenn auch typischerweise freiwillig und in freudiger Kooperation. Doch trägt diese Freiwilligkeit, wie oben beschrieben, längst einen inneren, ideologisch induzierten Widerspruch in sich. Der Mensch wird mit seinen virtuellen Ausformungen im System des datenbasierten „Überwachungskapitalismus" zuvörderst als Rohstoff geschürft – es ließe sich auch formulieren: ausgeweidet.

6 Ausblick: Wie aus „Social Media" soziale Medien machen?

Das Internet als Innovations- und Vernetzungstechnologie kann unseren Alltag bereichern und neue kreative und produktive Kräfte freisetzen – was teils ja auch bereits zu beobachten ist. Aber wir haben noch nicht das Internet oder die Social Media, die wir verdient haben. Die besonders populären Anwendungen des Webs sind in der Hand weniger großer Technologieunternehmen. Sie kontrollieren (jedes für sich) zentralistisch die Daten, die ihre Kundinnen und Kunden sehr freigiebig produzieren. Letzteren erscheinen sowohl die virtuellen Umgebungen als Habitat wie auch die Prozesse ihrer eigenen Ausbeutung bereits völlig normal und natürlich. Wie kann man vor diesem Hintergrund der oben angerissenen Debatten Social Media, also die sozialen Online-Netzwerke, zu „sozialen Medien" machen, die sich an gesellschaftlichen Güterabwägungen orientieren, zu Mittlern einer freien, diskursiven Öffentlichkeit, die nicht bloß unter den Vorgaben und Bedingungen mächtiger Datenmonopolisten kommuniziert, noch dazu auf deren digitalen Privatgeländen?

Möglich ist dies nur im Rahmen einer liberalen Demokratie – den vielen Autokratien und Diktaturen dieser Welt spielt die bisherige Struktur der Social Media ohnehin in die Karten. Dies ist das große Menetekel, dessen sich Nutzerinnen und Nutzer im demokratisch regierten Teil der Welt bewusst sein sollten. Längst sind die Anwendungen des Internets keine technische Spielerei mehr irgendwo im Cyberspace, sondern mit dem Leben ganz real verbunden und verwoben (Chalmers 2022; Noller 2022, S. 34 – 35). Hieraus ergibt sich die Pflicht, als politische Wesen *(zoa politika)* darüber nachzudenken, wie der digitale Alltag, zu dem auch die Social Media gehören, in Zukunft (besser) gestaltet werden kann. Das bisher weithin zu beobachtende Wegducken vor den zu kritisierenden Strukturen des virtuellen Raums mag in eine Zukunft weisen, doch diese wäre aus Sicht liberal und demokratisch verfasster Gesellschaften nicht wünschenswert: „It is therefore an illusion to think that we can live in a society and not be political" (Floridi 2022, S. 10).

Voraussetzung für eine gerechtere Ausgestaltung von Social Media ist aber, dass sich mehr Menschen als bisher des gegenwärtigen Status quo des Internets bewusst werden und ihre weit verbreiteten und im Kern nihilistischen Haltungen (vgl. Gertz 2018) mit Blick auf ihre Nutzungsweisen aufgeben – wie auch die Vorstellung, dass die Nutzung von Social Media kostenlos und von daher per se menschenfreundlich oder gemeinwohlorientiert sei. Bartlett (2018, S. 207 – 224) präsentiert zahlreiche anschlussfähige Ideen, wie digitale Technologien in Zukunft für eine Stärkung der demokratischen Gesellschaft eingesetzt werden können. Fuchs (2023) zeigt in kritischer Perspektive detailliert die Konturen digitaler Gemeingüter auf und entwickelt deren digital- bzw. informationsethischen Grundlagen mit Blick auf Anwendungen im Zeitalter des „surveillance-industrial complex" weiter.

Floridi (2022, S. 25 – 30) präsentiert und diskutiert vor dem Hintergrund einer intensivierten Relationalität menschlicher (und damit auch politischer) Beziehungen in einer „reifen Gesellschaft" ein größeres „menschliches Projekt", das sich an philosophische Konzepte anlehnt und sie vertieft. Bedingung hierfür ist die Formulierung und Perpetuierung einer „ethischen Infrastruktur" bzw. „Infraethik", die allerdings prononciert am individuellen und gesellschaftlichen Wohl orientiert sein müsste und insofern eben nicht simpel „neutral" sein kann: „in fact, if it is a good infraethics, it means that is oriented towards facilitating the occurrence of what is morally good. At its best, an infraethics is the grease that lubricates the moral mechanism in the right way and successfully" (Floridi 2022, S. 32 – 33). Daran wird weiter zu arbeiten sein.

Literatur

Acquisti, Alessandro, Laura Brandimarte, and George Loewenstein. 2015. Privacy and human behavior in the age of information. *Science* 347(6221): 509–514. https://doi.org/10.1126/science.aaa1465.

Aristoteles. 1989. *Politik. Schriften zur Staatstheorie* [Pol.]. Übers. und hrsg. von Franz F. Schwarz. Stuttgart: Reclam.

Bachmann, Nils, Ann-Kathrin Frey, Shila Guthmann, Jan Habersetzer, Carolin Lange, Marcel Lewohl, Mattia Ricci, Alexander Sawicki, Katrin Storandt, und Oliver Zöllner. 2019. *Wie WhatsApp den Alltag beherrscht. Eine empirische Studie zum ambivalenten Umgang mit Messengerdiensten.* Köln: Reguvis Bundesanzeiger-Verlag.

Ball, Matthew. 2022. *The metaverse: And how it will revolutionize everything.* New York: Liveright/Norton.

Barbrook, Richard und Andy Cameron. 1996. The Californian ideology. *Science as Culture* 6(1): 44–72. https://doi.org/10.1080/09505439609526455.

Bartlett, Jamie. 2018. *The people vs tech: How the internet is killing democracy (and how to save it).* London: Ebury Press/Penguin.

Blackburn, Simon. 2005. *Truth: A guide for the perplexed.* London: Allen Lane/Penguin.

Böhm, Christoph und Oliver Zöllner. 2024. Paradoxien des digitalen Wandels. Positionen zu einer kritischen Digitalen Ethik. In *Was ist digitale Philosophie? Phänomene, Formen und Methoden* (Philosophia Digitalis, Bd. 1), Hrsg. Sybille Krämer und Jörg Noller, 83–118. Paderborn: Brill/mentis. https://doi.org/10.30965/9783969752975_006.

Capurro, Rafael. 2017. *Homo Digitalis. Beiträge zur Ontologie, Anthropologie und Ethik der digitalen Technik.* Wiesbaden: Springer VS.

Chalmers, David J. 2022. *Reality +: Virtual worlds and the problems of philosophy.* London: Allen Lane/Penguin.

Coeckelbergh, Mark. 2020. *AI Ethics.* Cambridge MA, London: MIT Press.

Ess, Charles M. 2014. Selfhood, moral agency, and the good life in mediatized worlds? Perspectives from medium theory and philosophy. In *Mediatization of communication* (Handbooks of communication science, Vol. 21), Hrsg. Knut Lundby, 617–640. Berlin, Boston: De Gruyter/Mouton. https://doi.org/10.1515/9783110272215.617.

Feierabend, Sabine, Thomas Rathgeb, Hediye Kheredmand, und Stephan Glöckler. 2022. *JIM-Studie 2022. Jugend, Information, Medien. Basisuntersuchung zum Medienumgang 12- bis 19-Jähriger.* Stuttgart: Medienpädagogischer Forschungsverbund Südwest. https://www.mpfs.de/fileadmin/files/Studien/JIM/2022/JIM_2022_Web_final.pdf. Zugegriffen: 22. März 2023.

Floridi, Luciano. 2014. *The fourth revolution: How the infosphere is reshaping human reality.* Oxford, New York: Oxford University Press.

Floridi, Luciano. 2022. The green and the blue: A new political ontology for a mature information society. In *The green and the blue: Digital politics in philosophical discussion*, Hrsg. Luciano Floridi und Jörg Noller, 9−51. Baden-Baden: Alber/Nomos. https://doi.org/10.5771/9783495998335.

Fuchs, Christian. 2023. *Digital ethics* (Media, communication and society, Vol. 5). London, New York: Routledge. https://doi.org/10.4324/9781003279488.

Gardner, Howard und Katie Davis. 2013. *The app generation: How today's youth navigate identity, intimacy, and imagination in a digital world*. New Haven, London: Yale University Press.

Gertz, Nolen. 2018. *Nihilism and technology*. London, New York: Rowman & Littlefield.

Gigerenzer, Gerd. 2022. *How to stay smart in a smart world: Why human intelligence still beats algorithms*. London: Allen Lane/Penguin.

Glanz, Berit. 2023. *Filter. Alltag in der erweiterten Realität*. Berlin: Wagenbach.

Greenwald, Glenn. 2014. *No place to hide: Edward Snowden, the NSA and the surveillance state*. London: Hamish Hamilton/Penguin.

Grimm, Petra und Oliver Zöllner, Hrsg. 2012. *Schöne neue Kommunikationswelt oder Ende der Privatheit? Die Veröffentlichung des Privaten in Social Media und populären Medienformaten (Medienethik, Bd. 11)*. Stuttgart: Steiner.

Grimm, Petra, Tobias O. Keber, und Oliver Zöllner. 2019. Digitale Ethik: Positionsbestimmung und Perspektiven. In *Digitale Ethik. Leben in vernetzten Welten*, Hrsg. Petra Grimm, Tobias O. Keber, und Oliver Zöllner, 9−26. Ditzingen: Reclam.

Hepp, Andreas. 2020. *Deep mediatization*. London, New York: Routledge.

Hepp, Johannes. 2022. *Die Psyche des Homo Digitalis. 21 Neurosen, die uns im 21. Jahrhundert herausfordern*. München: Kösel.

Hölig, Sascha, Julia Behre, und Wolfgang Schulz. 2022. *Reuters Institute Digital News Report 2022. Ergebnisse für Deutschland* (Arbeitspapiere des Hans-Bredow-Instituts, Projektergebnisse Nr. 63). Hamburg: Hans-Bredow-Institut. https://doi.org/10.21241/ssoar.79565.

Hofstetter, Yvonne. 2014. *Sie wissen alles. Wie intelligente Maschinen in unser Leben eindringen und warum wir für unsere Freiheit kämpfen müssen*. München: Bertelsmann.

Kelly, Kevin. 2016. *The inevitable: Understanding the 12 technological forces that will shape our future*. New York: Viking.

Klosterman, Chuck. 2022. *The nineties*. New York: Penguin Press.

Lanier, Jaron. 2013. *Who owns the future?* New York, London, Toronto, Sydney, New Delhi: Simon & Schuster.

Lazzarato, Maurizio. 2013. Über die kalifornische Utopie/Ideologie. In *The Whole Earth. Kalifornien und das Verschwinden des Außen* [Ausstellungskatalog], Hrsg. Diedrich Diederichsen und Anselm Franke, 166−168. Berlin: Sternberg.

Mau, Steffen. 2017. *Das metrische Wir. Über die Quantifizierung des Sozialen*. Berlin: Suhrkamp.

Mayer-Schönberger, Viktor und Kenneth Cukier. 2013. *Big data: A revolution that will transform how we live, work, and think*. Boston, New York: Houghton Mifflin Harcourt.

McLuhan, Marshall. 1964. *Understanding media: The extensions of man*. New York, Toronto, London: McGraw-Hill.

Meta Platforms, Inc. 2023. *Das Metaversum*. https://about.meta.com/de/metaverse. Zugegriffen: 22. März 2023.

Morozov, Evgeny. 2013. *To save everything, click here: The folly of technological solutionism*. New York: Public Affairs.

Nassehi, Armin. 2019. *Muster. Theorie der digitalen Gesellschaft*. München: Beck.

Nissenbaum, Helen. 2010. *Privacy in context: Technology, policy, and the integrity of social life*. Stanford: Stanford Law Books/Stanford University Press.

Nocun, Katharina und Pia Lamberty. 2020. *Fake Facts. Wie Verschwörungstheorien unser Denken bestimmen*. Köln: Quadriga.

Noller, Jörg. 2022. *Digitalität. Zur Philosophie der digitalen Lebenswelt*. Basel: Schwabe.

Nollert, Michael. 2010. Kreuzung sozialer Kreise: Auswirkungen und Wirkungsgeschichte. In *Handbuch Netzwerkforschung* (Netzwerkforschung, Bd. 4), Hrsg. Christian Stegbauer und Roger Häußling, 157–165. Wiesbaden: Springer VS.

Nymoen, Ole und Wolfgang M. Schmitt. 2021. *Influencer. Die Ideologie der Werbekörper*. Berlin: Suhrkamp.

Onlife Initiative, The. 2015. The onlife manifesto. In *The onlife manifesto: Being human in a hyperconnected era*, Hrsg. Luciano Floridi, 7–13. Cham, Heidelberg, New York, Dordrecht, London: Springer. https://doi.org/10.1007/978-3-319-04093-6_2.

Paganini, Claudia. 2020. *Werte für die Medien(ethik)* (Kommunikations- und Medienethik, Bd. 12). Baden-Baden: Nomos.

Pasquale, Frank. 2015. *The black box society: The secret algorithms that control money and information*. Cambridge MA, London: Harvard University Press.

Pirker, Viera. 2018. Social Media und psychische Gesundheit. Am Beispiel der Identitätskonstruktion auf Instagram. *Communicatio Socialis 51*(4): 467–480. https://doi.org/10.5771/0010-3497-2018-4-467.

Preisendörfer, Bruno. 2018. *Die Verwandlung der Dinge. Eine Zeitreise von 1950 bis morgen*. Köln: Galiani Berlin.

Reiner, Peter B. und Saskia K. Nagel. 2017. Technologies of the extended mind: Defining the issues. In *Neuroethics: Anticipating the future*, Hrsg. Judy Illes, 108–122. Oxford, New York: Oxford University Press. https://doi.org/10.1093/oso/9780198786832.003.0006.

Rössler, Beate. 2001. *Der Wert des Privaten*. Frankfurt a. M.: Suhrkamp.

Rössler, Beate. 2017. *Autonomie. Ein Versuch über das gelungene Leben*. Berlin: Suhrkamp.

Schilling, Erik. 2020. *Authentizität. Karriere einer Sehnsucht*. München: Beck.

Schmidt, Jan-Hinrik. 2018. *Social Media*. 2. Aufl. Wiesbaden: Springer VS. https://doi.org/10.1007/978-3-658-19455-0.

Schmidt, Jan-Hinrik und Monika Taddicken. 2017. Soziale Medien: Funktionen, Praktiken, Formationen. In *Handbuch Soziale Medien*, Hrsg. Jan-Hinrik Schmidt und Monika Taddicken, 23–37. Wiesbaden: Springer VS. https://doi.org/10.1007/978-3-658-03765-9_2.

Schmiege, Thorsten und Regina Deck. 2022. Make Social Media a Better Place. Sicherung der Medien- und Meinungsvielfalt in Sozialen Medien. In *Vielfaltsbericht der Medienanstalten 2022*. Hrsg. die Medienanstalten – ALM, 35–49. Berlin: die Medienanstalten – ALM. https://www.die-medienanstalten.de/fileadmin/user_upload/die_medienanstalten/Publikationen/Vielfaltsbericht/Vielfaltsbericht_2022_DMA_final_WEB.pdf. Zugegriffen: 22. März 2023.

Schwartmann, Rolf, Andreas Jaspers, Gregor Thüsing, und Dieter Kugelmann, Hrsg. 2018. *DS-GVO/BDSG. Datenschutz-Grundverordnung, Bundesdatenschutzgesetz* [Kommentar]. Heidelberg: Müller.

Scott, Laurence. 2015. *The four-dimensional human: Ways of being in the digital world*. London: Heinemann.

Selke, Stefan. 2014. *Lifelogging. Wie die digitale Selbstvermessung unsere Gesellschaft verändert*. Berlin: Econ.

Simmel, Georg. 1992. Die Kreuzung sozialer Kreise. In *Soziologie. Untersuchungen über die Formen der Vergesellschaftung* (Gesamtausgabe, Bd. 11, Hrsg. Otthein Rammstedt, 456–511. Frankfurt a. M.: Suhrkamp [zuerst 1908].

Staab, Philipp. 2015. The Next Great Transformation. Ein Vorwort. *Mittelweg 36* 24(6): 3–13.

Stalder, Felix. 2016. *Kultur der Digitalität*. Berlin: Suhrkamp.

Standage, Tom. 2013. *Writing on the wall: Social media – the first 2,000 years*. New York, London, New Delhi, Sydney: Bloomsbury.

Straus, Florian und Renate Höfer. 2008. Identitätsentwicklung und Soziale Netzwerke. In *Netzwerkanalyse und Netzwerktheorie*, Hrsg. Christian Stegbauer, 201–211. Wiesbaden: VS.

Taddicken, Monika. 2014. The 'privacy paradox' in the social web: The impact of privacy concerns, individual characteristics, and the perceived social relevance on different forms of self-disclosure. *Journal of Computer-Mediated Communication* 19(2): 248–273. https://doi.org/10.1111/jcc4.12052.

Taddicken, Monika und Jan-Hinrik Schmidt. 2017. Entwicklung und Verbreitung sozialer Medien. In *Handbuch Soziale Medien*, Hrsg. Jan-Hinrik Schmidt und Monika Taddicken, 3–22. Wiesbaden: Springer VS. https://doi.org/10.1007/978-3-658-03765-9_1.

Taplin, Jonathan. 2017. *Move fast and break things: How Facebook, Google and Amazon have cornered culture and what it means for all of us*. London: Macmillan.

Thaler, Richard H. und Cass R. Sunstein. 2008. *Nudge: Improving decisions about health, wealth and happiness*. New Haven: Yale University Press.

Tortorici, Dayna. 2020. Infinite scroll: Life under Instagram. In *The Guardian online*, 31. Januar. https://www.theguardian.com/technology/2020/jan/31/infinite-scroll-life-under-instagram. Zugegriffen: 22. März 2023.

Tunç-Aksan, Aygül und Sinem Evin Akbay. 2019. Smartphone addiction, fear of missing out, and perceived competence as predictors of social media addiction of adolescents. *European Journal of Educational Research* 8(2): 559–566. https://doi.org/10.12973/eu-jer.8.2.559.

Turkle, Sherry. 2015. *Reclaiming conversation: The power of talk in a digital age*. New York: Penguin Press.

Véliz, Carissa. 2020. *Privacy is power: Why and how you should take back control of your data*. London: Bantam Press.

Webb, Amy. 2019. *The Big Nine: How the tech titans and their thinking machines could warp humanity*. New York: Public Affairs.

Weber, Max. 1947. *Wirtschaft und Gesellschaft* (1. und 2. Halbband [= Grundriß der Sozialökonomik, Abteilung III]). 3. Aufl. Tübingen: Mohr/Siebeck [zuerst 1922].

Wegmann, Jutta. 1995. Netzwerk, soziales. In *Grundbegriffe der Soziologie*. 4. Aufl., Hrsg. Bernhard Schäfers, 225–228. Opladen: Leske + Budrich.

Wiebach, Norman. 2021a. Dark Social – Entwicklung, Einordnung und Herausforderungen. In *Social Media Handbuch. Theorien, Methoden, Modelle und Praxis*. 4. Aufl., Hrsg. Stefan Stumpp, Daniel Michelis, und Thomas Schildhauer, 269–288. Baden-Baden: Nomos. https://doi.org/10.5771/9783748907466-269.

Wiebach, Norman. 2021b. Social Bots – wie Algorithmen Meinungen beeinflussen. In *Social Media Handbuch. Theorien, Methoden, Modelle und Praxis*. 4. Aufl., Hrsg. Stefan Stumpp, Daniel Michelis, und Thomas Schildhauer, 289–307. Baden-Baden: Nomos. https://doi.org/10.5771/9783748907466-289.

Wildt, Bert te. 2015. *Digital Junkies. Internetabhängigkeit und ihre Folgen für uns und unsere Kinder*. München: Droemer.

Zillien, Nicole. 2008. Die (Wieder-)Entdeckung der Medien. Das Affordanzkonzept in der Mediensoziologie. *Sociologia Internationalis* 46(2): 161–181. https://doi.org/10.3790/sint.46.2.16.

Zöllner, Oliver. 2015. Was ist eine Ökonomisierung der Wertesysteme? Gibt es einen Geist der Effizienz im mediatisierten Alltag? Einleitende Bemerkungen zum Thema des Buches. In *Ökonomisierung der Wertesysteme. Der Geist der Effizienz im mediatisierten Alltag* (Medienethik, Bd. 14), Hrsg. Petra Grimm und Oliver Zöllner, 7–18. Stuttgart: Steiner.

Zöllner, Oliver. 2019. Der zwanglose Zwang des „Always on". Informationsdruck, soziale Vernetzung und das neue Bild des Menschen in der Digitalität. In *Digitale Ethik. Leben in vernetzten Welten*, Hrsg. Petra Grimm, Tobias O. Keber, und Oliver Zöllner, 76–89. Ditzingen: Reclam.

Zöllner, Oliver. 2020. Klebrige Falschheit. Desinformation als nihilistischer Kitsch der Digitalität. In *Digitalisierung und Demokratie. Ethische Perspektiven* (Medienethik, Bd. 18), Hrsg. Petra Grimm und Oliver Zöllner, 65–104. Stuttgart: Steiner.

Zuboff, Shoshana. 2019. *The age of surveillance capitalism: The fight for the future at the new frontier of power*. London: Profile Books.

Was ist digitale Teilhabe? Anmerkungen zu den Gefahren digitaler Spaltung in einer zunehmend vernetzten Welt

Hauke Behrendt

1   Problemaufriss: Zum Hintergrund und Aufbau

In diesem Beitrag widme ich mich den Themen „digitale Teilhabe" und „digitale Spaltung". Ich analysiere die Bedeutung und mögliche Ausprägungen dieser Phänomene und erörtere ihre Auswirkungen auf die Verwirklichung einer gerechten Gesellschaft. Ziel meines Beitrags ist es, die moralischen und sozialen Implikationen digitaler Ungleichheiten zu beleuchten und die Relevanz eines inklusiven digitalen Raums und seiner technischen Grundlagen zu betonen. Um die digitale Spaltung der Gesellschaft zu verringern und allen Menschen eine gleichberechtigte digitale Teilhabe zu ermöglichen, ist es zentral, politische und gesellschaftliche Initiativen zu unterstützen, die einen allgemeinen Zugang zu digitalen Technologien und Ressourcen für ihre vollständige Nutzung sicherstellen. Es ist ebenso essenziell, die negativen Auswirkungen von Exklusionsprozessen wie Zensur durch voreingenommenes Content-Management oder Diskriminierung von Minderheiten durch Cybermobbing in Online-Communitys zu berücksichtigen und zu bekämpfen.

In den letzten Jahren hat sich digitale Technologie, insbesondere Internetanwendungen wie Social Media (Facebook, Twitter, Instagram usw.) und virtuelle Plattformen (Amazon, Airbnb, Uber usw.), in vielen Bereichen des täglichen Lebens etabliert und bietet neue Möglichkeiten in der Kommunikation, beim Zugang zu Informationen und der Beteiligung an Aktivitäten. Während diese positiven Auswirkungen des digitalen Wandels von den meisten Menschen begrüßt werden, besteht jedoch das Risiko einer wachsenden digitalen Spaltung der Gesellschaft,

---

H. Behrendt (✉)
Institut für Philosophie, Universität Stuttgart, Stuttgart, Deutschland
E-Mail: hauke.behrendt@philo.uni-stuttgart.de

© Der/die Autor(en), exklusiv lizenziert an Springer-Verlag GmbH, DE, ein Teil von Springer Nature 2024
M. Schwartz et al. (Hrsg.), *Digitale Lebenswelt,* Digitalitätsforschung / Digitality Research, https://doi.org/10.1007/978-3-662-68863-2_9

auch bekannt als „Digital Divide". Dieses Phänomen beschreibt den Unterschied in der Verfügbarkeit und Nutzung digitaler Technologie zwischen verschiedenen Bevölkerungsgruppen und geografischen Regionen, was zu einer ungleichen Verteilung der Chancen und Vorteile führt, die die Digitalisierung bietet, wie beispielsweise Zugang zu Informationen, Geschäftsmöglichkeiten oder sozialen Netzwerken (vgl. u. a. van Dijk 2020; Loh et al. 2020; Rogers 2001; Cullen 2001). Digitale Benachteiligung kann auf eine Kombination aus sozialen, wirtschaftlichen und geografischen Faktoren zurückgeführt werden, wie zum Beispiel mangelnde finanzielle Mittel, unzureichende Infrastruktur oder fehlende technische Kenntnisse.[1] Insbesondere Menschen mit geringem Einkommen und Bildungsgrad, ältere Menschen und Menschen mit Behinderungen sind von einer eingeschränkten digitalen Teilhabe betroffen, was bestehende Nachteile verstärken oder zu neuen Benachteiligungen führen kann (Rogers 2001; Hargittai und Hinnant 2008; van Deursen und van Dijk 2011; Ragnedda 2017; van Dijk 2020). Ein Beispiel: Menschen, die bereits aufgrund sozioökonomischer Faktoren benachteiligt sind, etwa wegen ihrer Herkunft aus einkommensschwachen Familien, können aufgrund eines fehlenden Zugangs zu digitalen Inhalten ökonomisch weiter zurückfallen. Diejenigen ohne Möglichkeiten, auf Online-Lernplattformen, digitale (Schul-)Bücher, KI-gestützte Übersetzungshilfen usw. zuzugreifen, haben tendenziell Schwierigkeiten, mit ihren besser ausgestatteten Altersgenossen Schritt zu halten. Dies führt im Durchschnitt zu reduzierten Beschäftigungsmöglichkeiten und *verstärkt* somit die bereits bestehende sozioökonomische Ungleichheit. Mit der zunehmenden Bedeutung des Internets als Informationsquelle kann der Mangel an digitaler Teilhabe außerdem dazu führen, dass der eingeschränkte Zugang zu aktuellen Nachrichten, Online-Ressourcen oder Bildungsinhalten zusätzlich zu den bestehenden sozioökonomischen Nachteilen zu einer *weiteren* Benachteiligung in Bezug auf Wissen und Informationszugang führt. Digitale Exklusion würde somit nicht nur die soziale Mobilität ärmerer Bevölkerungsschichten verringern, sondern auch ihre Möglichkeiten zur Teilhabe an Bildung einschränken. Die ökonomische Benachteiligung wird also nicht nur verstärkt, sondern auch in eine neue Dimension, Bildung, überführt. Wie ich unten verdeutlichen werde, entstehen durch eine ungleiche digitale Teilhabe aber auch *vollkommen neuartige* Benachteiligungsdimensionen, etwa ein deutlich höheres Risiko von Menschen mit geringer digitaler Kompetenz, Opfer von Cyberkriminalität und Privatsphäreverletzungen zu werden.

---

[1] Die aktuelle Forschung geht von einem Zwei-Ebenen-Ansatz der Digitalen Spaltung aus, auf den ich unten (Abschn. 4) näher eingehen werde: Die erste Ebene bezieht sich auf eine Ungleichheit digitaler Teilhabe, die aus einem unterschiedlichen Zugang resultiert, der u. a. Hardware und eine Verbindung zum Internet erfordert („First Level Digital Divide"). Die zweite Ebene bezieht sich auf die Ungleichheit in der digitalen Kompetenz, d. h. auf die Fähigkeiten, die zur Nutzung der Technologie (Hardware, Software und Anbindung) erforderlich sind („Second Level Digital Divide"). Selbst wenn Benachteiligungen auf der ersten Ebene behoben werden, man also z. B. über ein Smartphone oder einen Laptop mit hinreichend schneller Internetverbindung verfügt, kann es noch immer Unterschiede der digitalen Kompetenz geben, die mehr oder weniger Teilhabe am Digitalen ermöglichen (vgl. Loh et al. 2020; Kutscher und Iske 2022).

Digitale Ungleichheit stellt ein Gerechtigkeitsproblem dar, denn digitale Teilhabe ist ein wichtiger Faktor für die gesellschaftliche Inklusion und gleichberechtigte Teilhabe an der Gesellschaft. Im Folgenden werde ich mich genauer mit den Voraussetzungen für eine umfassende digitale Teilhabe auseinandersetzen. Digitaler Teilhabe kommt eine hohe Bedeutung zu, da sie es Personen ermöglicht, die Möglichkeiten der Digitalisierung voll auszuschöpfen. Dies setzt den Zugang zu digitalen Geräten und Diensten, die Fähigkeit und Bereitschaft, digitale Technologien umfassend zu nutzen und regelmäßig an digitalen Kommunikations- und Informationsprozessen teilzunehmen sowie eine ausreichende Ressourcenausstattung für einen vollwertigen Gebrauch voraus. Digitale Teilhabe ist ein hochkomplexes und vielschichtiges soziales Phänomen, bei dem verschiedene theoretische Ansätze unterschiedliche Aspekte in den Vordergrund rücken können (Kuhn et al. 2023). In diesem Beitrag werde ich auf Basis eines dezidiert praxistheoretischen Ansatzes der gesellschaftlichen Teilhabe und einer relational-egalitaristischen Konzeption von Teilhabegerechtigkeit die spezifischen Ausprägungen und den normativen Stellenwert digitaler Teilhabe erläutern. Hierfür werde ich zunächst die hier vertretene Konzeption relational-egalitaristischer Teilhabegerechtigkeit vorstellen (Abschn. 2) und im Anschluss verschiedene Aspekte der digitalen Teilhabe beleuchten (Abschn. 3). Abschließend werde ich mögliche Exklusionsrisiken diskutieren (Abschn. 4).

2 Eine relational-egalitaristische Konzeption von Teilhabegerechtigkeit

Die moralische Forderung nach vollwertiger und gleichberechtigter gesellschaftlicher Teilhabe aller Menschen eines Gemeinwesens ist ein zentrales Anliegen sozialer Gerechtigkeit, die ich als Teilhabegerechtigkeit bezeichne. Jede Person soll die Möglichkeit haben, gemäß ihren individuellen Besonderheiten und Interessen als vollwertige:r und gleichberechtigte:r Partner:in an der Gesellschaft zu partizipieren (vgl. Behrendt 2018). Dies knüpft an die Idee einer kollektiv geteilten Verantwortung für die nachhaltige (Weiter-)Entwicklung einer inklusiven Gesellschaft an (Young 2011). Diesem Ansatz liegt die Vorstellung eines *relationalen Egalitarismus*[2] zugrunde – eine Konzeption einer gerechten Gesellschaft also, „in der es keine Hierarchien des sozialen Status, keine gruppenbezogenen Vorstellungen von Überlegenheit, keine Klassenprivilegien oder undemokratische Machtverteilungen gibt" (Scheffler 2003 S. 22, eigene Übersetzung). Positiv gewendet, strebt das hier vertretene Ideal von Teilhabegerechtigkeit also die Verwirklichung einer Gesellschaftsordnung an, in der alle Menschen gleichberechtigt sind und ohne Diskriminierung an gesellschaftlichen Gütern und Positionen teilhaben können. Niemand darf aufgrund seiner ethnischen oder sozialen Herkunft, seiner Religion, seines

---

[2] Für eine kritische Bestandsaufnahme und Diskussion siehe Lippert-Rasmussen (2018).

Geschlechts oder einer Behinderung willkürlich ausgeschlossen oder benachteiligt werden. Dies erfordert die „Abschaffung von Unterdrückungsformen, bei denen einige Menschen andere beherrschen, ausbeuten, ausgrenzen, erniedrigen oder ihnen Gewalt antun" (Anderson 1999, S. 313, eigene Übersetzung). Ein solches Ideal relationaler Gleichheit schließt auch den „Abbau institutionalisierter Hindernisse [ein], die einige Personen davon abhalten, als ebenbürtige und gleichberechtigte Partner am gesellschaftlichen Leben teilzuhaben." (Fraser 2008, S. 56). Anders ausgedrückt: Teilhabegerechtigkeit definiert, was es heißt, ein vollwertiges Mitglied der Gesellschaft zu sein.

Eine inklusive Gesellschaft darf einzelne Personen und Gruppen nicht marginalisieren, sondern muss sich als eine Gesellschaft von Gleichen verstehen lassen können. Trotz der offenkundig vielfältigen *deskriptiven* Unterschiede zwischen Menschen sind diese grundsätzlich als moralisch *gleichwertig* zu betrachten und deshalb *als Gleiche* zu behandeln. Hier muss betont werden, dass aus der moralischen Forderung, Personen *als Gleiche* zu behandeln, nicht (notwendig) folgt, dass alle (strikt) gleichbehandelt werden sollen. Gerade weil man allen Menschen mit dem gleichen Respekt begegnen muss, kann es in Hinblick auf ihre individuellen Besonderheiten geboten sein, im Ergebnis nicht alle strikt gleich zu behandeln (Gosepath 2004, S. 129). Um diesen Gesichtspunkt weiterzuverfolgen, lässt sich an den Vorschlag von Rainer Forst (2007) anknüpfen, wonach Menschen in gleichberechtigten Beziehungen stehen, wenn und weil die sie umgebenden gesellschaftlichen Verhältnisse allen Betroffenen gegenüber gerechtfertigt werden können, ohne einigen etwas vorzuenthalten, was andere für sich beanspruchen, und ohne die eigene Perspektive darauf, was im Leben erstrebenswert ist, zu verabsolutieren. Aus der grundlegenden Idee der Gesellschaft als eines fairen Systems sozialer Kooperation folgt, dass sich Gerechtigkeitsforderungen nicht als Befehle einer übergeordneten Autorität verstehen lassen, sondern mit Bezug auf alle möglicherweise Betroffenen bestimmt werden müssen. Eine gesellschaftliche Ordnung ist in diesem Sinne eine „Rechtfertigungsordnung" (Forst und Günther 2011; Forst 2015), die alle in ihrem Geltungsbereich lebende und handelnde Personen einschließt. Die Teilhabebedingungen der sozialen Welt sind von Menschen gemacht und müssen sich *eo ipso* auch gegenüber jeder Person rechtfertigen lassen, die sie betreffen. Die konkreten Inhalte der gesellschaftlichen Teilhabegerechtigkeit ergeben sich dabei aus der gleichen *Berücksichtigung der individuellen Besonderheit* jedes:jeder Einzelnen („equal concern") und der gleichen *Achtung der individuellen Freiheit,* selbst zu entscheiden, was für sein:ihr Leben gut ist („equal respect") (Dworkin 1977). Das heißt: Alle Personen müssen im Besitz derjenigen Ressourcen sein, die sicherstellen, ein vollwertiger und gleichberechtigter Teil der Gesellschaft zu sein („treat as equal") oder um von sich selbst und anderen als vollwertiger und gleichberechtigter Teil der Gesellschaft angesehen werden zu können („regard as equal") (Moreau 2020). Niemand darf dauerhaft von Gütern oder Positionen ausgeschlossen werden, die für diesen grundlegenden Status eines Gleichen unter Gleichen wesentlich sind.

Das Phänomen der gesellschaftlichen Teilhabe, um das es dabei geht, bezieht sich direkt auf die Möglichkeit, sich an sozial institutionalisierten Praktiken zu beteiligen (vgl. auch für das Folgende Behrendt 2017). Die aufeinander bezogenen sozialen Positionen einer Gesellschaftsordnung, die innerhalb dieser Praktiken als soziale Rollen zur Verfügung stehen, sind für soziale Inklusions- und Exklusionsprozesse entscheidend. Teilhabe bedeutet, innerhalb sozialer Praktiken Zugang zu den verfügbaren Rollen zu haben, die von allen Beteiligten wechselseitig anerkannt werden müssen, wenn sie eingenommen werden. Für die vergesellschafteten Subjekte ermöglicht Teilhabe so qualifizierte zwischenmenschliche Interaktionen und Zugriff auf die damit verbundenen Ressourcen. Um den moralischen Wert der Teilhabe bereichsspezifisch zu bestimmen, müssen die einzelnen Praktiken und ihre Rollenarrangements näher untersucht werden. Wenn die betrachteten Teilhabeverhältnisse unhaltbar sind oder einzelne Rollenbilder nicht länger überzeugen, müssen Maßnahmen ergriffen werden, um einen sozialen Wandel anzustoßen. Erstens ist es wichtig, zu prüfen, ob die bestehenden Zugangsmöglichkeiten gerechtfertigt sind oder unzulässige Ausschlusskriterien beinhalten, etwa wenn Menschen mit Behinderungen grundsätzlich auf Sonderschulen räumlich segregiert werden, anstatt ihnen eine gleichberechtigte Beschulung an einer Regelschule zu ermöglichen. Zweitens muss außerdem die individuelle Teilhabesituation jeder betroffenen Person evaluiert werden, um berechtigte Teilhabeansprüche zu identifizieren und angemessene Forderungen abzuleiten, um diese zu erfüllen. So kann es geboten sein, die Teilhabe an Arbeit für Menschen mit Behinderungen durch angemessene Vorkehrungen wie technische oder persönliche Assistenz zu unterstützen. Drittens bleibt zu prüfen, ob die tatsächlich verwirklichten Teilhabeverhältnisse einer Änderung oder Abschaffung bedürfen, wie im oben kurz erwähnten Fall überholungsbedürftiger Rollenbilder. Dies betrifft zum Beispiel die Rekonfiguration der Elternrolle, die in der traditionellen bürgerlichen Kleinfamilie ausschließlich heterosexuellen und biologischen Eltern vorbehalten war, oder die Abschaffung von Genderstereotypen, die „Männer" und „Frauen" auf einen festen Platz im Gefüge der Gesellschaft festlegen. In diesen Fällen können strukturtransformative Inklusionspolitiken erforderlich sein, die auf einen Wandel formeller oder informeller sozialer Normen und gesellschaftlicher Erwartungen zielen, um die vorhandenen Praktiken zu verändern. In anderen Fällen können strukturpersistente Inklusionspolitiken, die an den Einstellungen und Fähigkeiten der Subjekte anknüpfen, notwendig sein, um berechtigte Inklusionsansprüche zu erfüllen, wenn zugleich gute Gründe für das Fortbestehen einer Praxis und ihrer als gerechtfertigt angesehenen Rollenstruktur sprechen. Die Teilhabe an einer bestimmten Praxis kann sowohl für das einzelne Individuum als auch für die Gesellschaft als Ganzes unter verschiedenen Gesichtspunkten von Bedeutung sein. Es ist jedoch wichtig, zu betonen, dass soziale Teilhabe kein Gut ist, das einfach aufgeteilt und besessen werden kann. Vielmehr realisiert sich der Wert von Inklusion vornehmlich in der Praxis, abhängig von den spezifischen Gütern, die durch eine Beteiligung erworben werden. Weil Menschen nicht an allen zur Verfügung stehenden Positionen der sie umgebenden sozialen Welt gleichermaßen partizipieren können, werden einige der arbeitsteilig aufeinander bezogenen Rollen innerhalb des sozialen Zusammenhangs knappe Güter darstellen, auf die unter den Teilnehmern konkurrierende Ansprüche erhoben werden. Und umgekehrt mag es einige zumutungsvolle

Rollen geben, deren Ausübung innerhalb der bestehenden Kooperationsstruktur nur um den Preis einer allgemeinen Frustration gemeinschaftlicher Interessen und Reproduktionsleistungen ausgeschlagen werden kann. Sprich: Neben einer gerechten Verteilung von begehrten Positionen gibt es ein komplementäres Erfordernis, individuell unattraktive, aber gesellschaftlich unvermeidliche Tätigkeiten in der einen oder anderen Form gerecht zu verteilen. In dieser Hinsicht stellen sich Praktiken als Arenen von Anerkennungs- und Verteilungskämpfen zwischen den Gesellschaftsmitgliedern um gerechte Teilhabeverhältnisse dar. Die individuelle Teilhabesituation von Betroffenen ist dabei im Kontext der jeweiligen Praktiken zu evaluieren. Im nächsten Abschnitt werde ich mich dabei auf die Bedeutung digitaler Teilhabe konzentrieren.

3 Die Bedeutung digitaler Teilhabe für die Verwirklichung gerechter gesellschaftlicher Teilhabeverhältnisse

Wie wir gesehen haben, bezieht sich das Phänomen der sozialen Teilhabe darauf, dass Individuen in der Lage sind, bestimmte Positionen innerhalb eines sozialen Kontextes einzunehmen und die damit verbundenen Rollen effektiv auszuüben. Allerdings bedeutet vollwertige Mitgliedschaft nicht eine möglichst umfassende Inklusion in alle Teilbereiche der Gesellschaft, sondern verlangt lediglich eine gute, qualifizierte Teilhabe. Das Ideal einer inklusiven Gesellschaft steht für eine Gesellschaft, in der jedes Mitglied entsprechend seinen individuellen Begabungen und Interessen als Gleiche:r teilhat. So stellt es eine relational-egalitäre Forderung der Teilhabegerechtigkeit dar, dass niemand dauerhaft von Praktiken ausgeschlossen bleibt, die für die Verwirklichung individueller Lebenspläne zentral sind. Die konkreten Praktiken, die eine Gesellschaft ausmachen, können dabei stark variieren und sind abhängig von historischen Rahmenbedingungen. Eine grobe Unterscheidung kann zwischen der politisch-administrativen Handlungssphäre und den Staatsbürgerrollen (als Rechtsautoren und -adressaten), der Wirtschaft und ihren Wirtschaftsbürgerrollen (zum Beispiel als Beschäftigte und Konsumenten) sowie privaten, zivilgesellschaftlichen Assoziationen wie der Familie (mit Eltern- und Kinderrollen) oder Verbänden und Organisationen (mit speziellen Mitgliederrollen) getroffen werden (vgl. Habermas 1987). Die digitale Sphäre überformt diese Struktur. Sie prägt alle genannten Bereiche mit einer neuen sozio-technischen Umwelt, die auch die jeweiligen Formen der Teilhabe maßgeblich beeinflusst. So ist es kaum möglich, eine Dimension gesellschaftlicher Teilhabe anzugeben, die sich nicht durch die Digitalisierung grundlegend wandelt oder bereits verändert hat.

Wichtige Dimensionen umfassen ökonomische (Arbeit, Ausbildung, Kauf und Verkauf von Waren und Dienstleistungen, Einkommen und Eigentum), soziale (soziale Kontakte, bürgerschaftliches Engagement, Gemeinschaftssinn), politische (Bürgerbeteiligung, Nutzung von Behördendiensten und Einbindung in lokale Gemeinschaften, politische Beteiligung, Abrufen von politischen Informationen, Diskussion über politische Angelegenheiten, Nachrichten an einen politischen

Vertreter, Unterzeichnung von Petitionen), kulturelle (Nutzung von Musik, Videos und Spielen, Reservierungen für Veranstaltungen und Restaurantbesuche) und private (persönliche Identitätsentwicklung und Bildung, Gesundheit) Aspekte (van Deursen und van Dijk 2012; Helsper et al. 2015; van Deursen und Helsper 2018; van Dijk 2020). Um digitale Teilhabeverhältnisse zu bewerten, müssen dabei a) relative, b) absolute und c) komparative Benachteiligungen unterschieden werden.

a) *Relative Teilhabenachteile* treten auf, wenn analoge Wege der Teilhabe für bestimmte Güter vorhanden sind, diese aber im Vergleich zu digitalen Teilhabemöglichkeiten in Bezug auf Qualität, Quantität oder Kosten unterlegen sind. Zum Beispiel kann man für die Suche nach einer Ferienunterkunft immer noch offline auf lokale Anzeigen oder persönliche Empfehlungen zurückgreifen, aber es kann sein, dass das Angebot und die Preise auf digitalen Plattformen wie Airbnb oder booking.com insgesamt attraktiver sind. In diesem Fall kann von einem relativen Nachteil gesprochen werden, wenn und weil man ohne digitale Teilhabe auf ein geringeres oder schlechteres Angebot beschränkt ist. Solche relativen Benachteiligungen sind nichts prinzipiell Neues. Wir kennen sie beispielsweise auch abseits des Digitalen bereits im Zusammenhang mit strukturschwachen ländlichen Regionen, deren Bevölkerung im Vergleich zu städtischen Metropolregionen im Schnitt schlechter, weniger und teurer ausgestattet ist („urban–rural divide").

b) Gerade während der Corona-Pandemie wurde deutlich, dass *absolute Teilhabenachteile* entstehen können, wenn es für bestimmte Güter und Positionen keine analoge Entsprechung (mehr) gibt. Durch die Verlagerung von Unterricht in Schulen und Universitäten in virtuelle Räume des Internets mittels Zoom, Webex oder Lernplattformen wie Moodle oder Ilias, wurden Personen ohne digitale Teilhabemöglichkeiten vollständig ausgeschlossen und benachteiligt in Bezug auf Bildung, persönliche Kontakte und weitere Aktivitäten des täglichen Lebens.[3] Es ist zu erwarten, dass der digitale Wandel auch ohne den Ausnahmezustand einer weltweiten Pandemie die Teilhabemöglichkeiten an immer mehr Lebensbereichen entscheidend prägen wird. In Zukunft werden sich ökonomische, soziale, politische, kulturelle und private Teilhabemöglichkeiten ohne digitale Teilhabe zunehmend schwieriger realisieren lassen.

c) *Komparative Teilhabenachteile* beziehen sich auf die ungleiche Verteilung von Vor- und Nachteilen der Digitalisierung unter denjenigen, die (in unterschiedlichem Maß) über digitale Teilhabe verfügen. Im Gegensatz zu relativen Teilhabenachteilen (a) und absoluten Teilhabenachteilen (b) geht es hier um den unterschiedlichen Nutzen, den digitale Teilhabe für verschiedene Menschen bietet. Obwohl digitale Technologien beispielsweise grundsätzlich dazu beitragen

---

[3] Nach der Rückkehr in den analogen Klassenraum gibt „digitale Lehre" außerdem ein gutes Beispiel für eine *relative* Privilegierung digitaler Teilhabeformen ab, sofern nämlich „vorcoronäre ‚herkömmliche' Lehre (ausschließlich offline, analog und synchron) als sozialethisch defizitär" angesehen werden kann (vgl. Rath und Maisenhölder 2021).

können, Informationen universell verfügbar zu machen, sind sie nicht zwangsläufig für alle gleichermaßen zugänglich oder verwertbar. Ein gleichberechtigter Zugang zu digitalen Räumen hängt von der Netzneutralität ab, also davon, dass sie allen gleichermaßen offenstehen. Die effektive Nutzung vorhandener Informationen hängt hingegen wesentlich von der richtigen Gestaltung der Benutzeroberflächen und kontextsensitiven Aufbereitung der angebotenen Informationen ab. Eine inklusive Technikgestaltung ist essenziell für eine gleichberechtigte Teilhabe an digitalen Räumen. Hierbei geht es darum, Produkte so zu gestalten, dass sie für alle Personen leicht zugänglich und nutzbar sind, unabhängig von ihren individuellen kognitiven oder physischen Fähigkeiten. Eine inklusive Technikgestaltung ist auch für den Abbau algorithmischer Diskriminierung entscheidend. Sie kann dazu beitragen, latente Risiken komparativer digitaler Teilhabenachteile, die unter anderem durch die systematische Sammlung und Verarbeitung personenbezogener Daten entstehen, zu verringern und somit die Möglichkeiten gesellschaftlicher Teilhabe insgesamt verbessern. Untersuchungen zeigen, dass ohnehin schon benachteiligte Gruppen, wie beispielsweise ärmere und/oder weniger gebildete Bevölkerungsgruppen, systematisch unter Druck stehen, ihre privaten Daten im Netz preiszugeben und dadurch weitere Benachteiligungen durch algorithmische Profilerstellung und Empfehlungssysteme in Kauf nehmen müssen. Für sie sind nicht nur die Anreize von Cashback-Systemen und Bonusprogrammen großer Einzelhändler und Versicherungen naturgemäß höher, ihre Daten preiszugeben, sondern auch die negativen Auswirkungen wie beispielsweise eine schlechte Kreditwürdigkeit oder teure Versicherungen, die sich aus der algorithmischen Verarbeitung dieser Daten ergeben können, wiegen für sie im Schnitt schwerer als bei Mitgliedern privilegierterer Gruppen. Darüber hinaus haben benachteiligte Gruppen in der Regel weniger Möglichkeiten, angemessene digitale und datenschutzrechtliche Kompetenzen zu entwickeln, und leben seltener in sozialen und politischen Verhältnissen, in denen sie dies eigenverantwortlich tun können. Es ist genau diese strukturelle Anfälligkeit, die einen komparativen Teilhabenachteil darstellt und die bestimmte soziale Gruppen auch im digitalen Raum besonders vulnerabel macht (Behrendt und Loh 2022).

4 Exklusionsrisiken in einer zunehmend vernetzen Welt

Insbesondere in Bezug auf digitale Teilhabe spielt streng egalitäre Inklusion eine zentrale Rolle, da digitale Technologien eine Vielzahl von Ressourcen und Möglichkeiten bereitstellen, die für die Teilhabe an der Gesellschaft entscheidend sind (Wilkinson und Pickett 2009). Im wirtschaftlichen Bereich ermöglicht sie beispielsweise eine erleichterte Jobsuche und niedrigere Preise für Produkte und Dienstleistungen. Im Bereich des Sozialen ergeben sich mehr und bessere Kontaktmöglichkeiten mit Gleichgesinnten und der (anonyme) Austausch von intimen Erfahrungen. Im politischen Bereich betrifft dies die Teilnahme an Petitionen oder das Beantragen öffentlicher Leistungen. Im kulturellen Bereich kann die Teilnahme an Veranstaltungen oder zivilgesellschaftlichem Engagement genannt werden. Und durch den Zugang zu Informationen und Bildungsangeboten kann man sich privat leichter weiterbilden (vgl. van Dijk 2020, S. 99). Eine fehlende oder ungleiche digitale Teilhabe kann daher zu Exklusionsprozessen führen, bei denen bestimmte Bevölkerungsgruppen von den Vorteilen digitaler Technologien ausgeschlossen werden und die sich auf ihre Teilhabe an der Gesellschaft negativ auswirken (Helsper 2021).

Wie bereits angerissen, sind die Begriffe Inklusion und Exklusion stets im Hinblick auf die Rollenarrangements innerhalb eines spezifischen sozialen Kontextes zu verstehen. Soziale Teilhabe wurde als Möglichkeit zur Partizipation an intersubjektiv geteilten Praxisformen bestimmt. Inklusion bedeutet, dass eine Person effektiven Zugang zu den verfügbaren Positionen innerhalb eines sozialen Interaktionszusammenhangs hat. Der Grad der Inklusion hängt von den Möglichkeiten einer Person ab, diese verfügbaren Positionen tatsächlich einzunehmen. Die Beurteilung der Exklusivität von sozialen Verhältnissen richtet sich danach, inwieweit ihre Positionen für verschiedene Personen zugänglich sind. Eine effektive Teilhabe erfordert die Gewährleistung von Zugänglichkeit auf drei miteinander verbundenen Ebenen, welche formelle, informelle und strukturelle Inklusion umfassen. Jede dieser Ebenen entspricht einer grundlegenden Art der sozialen Inklusion, der parallel dazu eine grundlegende Art der sozialen Exklusion korrespondiert (vgl. auch für das Folgende Behrendt 2017).

Auf der *ersten* (formellen) Ebene sozialer Inklusion geht es um institutionelle Teilhabe. Die Möglichkeit der Teilhabe ergibt sich hier aus der Existenz gesellschaftlich institutionalisierter Positionen, in die man aufgenommen oder von denen man ausgeschlossen werden kann. Die notwendigen Merkmale, die erforderlich sind, um eine bestimmte Position erfolgreich einzunehmen, bestimmen den formalen Inklusionsmechanismus. Dieser Mechanismus legt fest, ob jemand die Teilhabe an einer Rolle berechtigterweise beanspruchen kann. Formelle Inklusion ist somit gegeben, wenn eine Person die gesellschaftlich verankerten Anforderungen erfüllt, um eine bestimmte Rolle erfolgreich auszufüllen. Dabei kommt es darauf an, dass die persönlichen Merkmale mit den institutionalisierten Inklusionsregeln einer Praxisform übereinstimmen. Um formelle Inklusion zu erreichen, gibt es zwei Möglichkeiten: Zum einen können die individuellen Merkmale der Inklusionssubjekte an die Inklusionsregeln angepasst werden, was ich oben als strukturerhaltende Inklusion bezeichnet habe. Zum anderen können die Inklusionsregeln der Praxis auf die Eigenschaften der zu inkludierenden Subjekte abgestimmt werden, was bei mir strukturverändernde Inklusion heißt.

Die *zweite* (informelle) Ebene der sozialen Inklusion ist interaktionaler Natur. Die Teilhabe an einer sozialen Rolle erfordert eine gegenseitige Anerkennung durch die beteiligten Rollenträger:innen und ihre Bezugsgruppen. Die praktische Wirksamkeit einer eingenommenen Position ist somit von der allgemeinen Akzeptanz der mit einer Rolle verbundenen Erwartungen abhängig und der Bereitschaft, diese Erwartungen in der Interaktion angemessen zu berücksichtigen. Trotz formaler Ansprüche auf Teilhabe können Einstellungen wie Sexismus, Rassismus oder Klassismus immer noch dazu führen, dass jemand in der konkreten Interaktion nicht akzeptiert wird und somit keinen gleichberechtigten Zugang und Status innerhalb der verschiedenen Bereiche des Soziallebens hat. Informelle Inklusion zielt darauf ab, die erforderlichen normativen Einstellungen und Erwartungen zwischen den Beteiligten in konkreten Interaktionen sicherzustellen. Dies erfordert den Abbau von Vorurteilen und Aversionen auf kognitiver, affektiver und praktischer Ebene sowie das Eintreten für gegenseitige Anerkennung und Wertschätzung. Eine erfolgreiche informelle Inklusion trägt somit dazu bei, dass Teilhabe nicht nur nominal dem Anspruch nach, sondern auch tatsächlich praktisch verwirklicht wird.

Die *dritte* (strukturelle) Ebene sozialer Inklusion betrifft die materielle Dimension. Sie bezieht sich auf die strukturellen Rahmenbedingungen, die für eine effektive Teilhabe erforderlich sind. Diese materiellen Bedingungen müssen so gestaltet sein, dass alle Personen, unabhängig von ihren individuellen Bedürfnissen und Fähigkeiten, in der Lage sind, erfolgreich an den relevanten sozialen Kontexten teilzunehmen und von ihren Ressourcen Gebrauch zu machen. Dies kann jedoch oft nicht gewährleistet werden, da viele soziale Praktiken und Institutionen auf die Bedürfnisse und Fähigkeiten der durchschnittlichen Teilnehmenden ausgerichtet sind. Beispielsweise können architektonische Barrieren wie Treppen statt Rampen, unzugängliche Toiletten, oder Arbeitszeiten, die nicht mit den Betreuungszeiten für Kinder vereinbar sind, zu ernsthaften Teilhabehindernissen werden. Es ist daher wichtig, dass wir die materiellen Rahmenbedingungen unserer Praktiken so gestalten, dass sie für alle Menschen zugänglich und vollständig nutzbar sind. Dies erfordert die Überwindung von Barrieren in allen Bereichen, einschließlich der rechtlichen, ökonomischen und baulichen Aspekte.

Durch die Analyse dieser Bestimmungen lassen sich drei grundlegende Arten von sozialer Exklusion identifizieren. Formale Exklusion tritt auf, wenn soziale Normen Personen von bestehenden Positionen ausschließen. Im Gegensatz dazu handelt es sich bei informeller Exklusion um eine Situation, in der Beteiligte aufgrund abwertender Einstellungen oder mangelnder Anerkennung de facto von Teilhabe ausgeschlossen werden. Wenn die Ausübung einer sozialen Rolle durch materielle Barrieren unverhältnismäßig erschwert oder gänzlich verhindert wird, spreche ich von struktureller Exklusion. Um die Inklusivität eines sozialen Kontexts zu bewerten, ist es notwendig zu prüfen, ob Inklusionsschwellen und -hemmnisse auf formeller, informeller oder struktureller Ebene bestehen, die die Ausübung einer bestimmten Position beeinträchtigen können.

In Bezug auf die digitale Welt können verschiedene Ausschlussprozesse eine Rolle spielen. Im Folgenden möchte ich sie nicht absteigend entlang ihrer eben erläuterten systematischen Abfolge – formelle, informelle und strukturelle Exklusion – vorstellen, sondern chronologisch entsprechend den drei bisherigen Phasen ihrer Erforschung (vgl. van Dijk 2020, Abschn. 2). Ein grundlegender Aspekt der digitalen Exklusion, der als erster ins Blickfeld der Forschung geriet, betrifft materielle Barrieren. Personen, die keinen Zugang zu Endgeräten oder einer Internetverbindung haben, sind strukturell benachteiligt. Man könnte meinen, dass dieses Problem des materiellen Zugangs im 21. Jahrhundert langsam der Vergangenheit angehören dürfte. Tatsächlich verfügen heute die meisten Menschen über eine Möglichkeit, digitale Medien zu nutzen, ob privat zu Hause oder in öffentlichen Einrichtungen (Schulen, Bibliotheken, Gemeindezentren, Internetcafés und anderen Orten). Doch obwohl die vollständige Exklusion im digitalen Bereich zurückgeht, bestehen weiterhin materielle Barrieren, die komparative Nachteile verursachen (vgl. oben Abschn. 3). Ein Beispiel hierfür ist die geringere Verbreitung von mobilen Geräten wie Smartphones und schnellen LTE-Verbindungen, insbesondere bei älteren Nutzer:innen. Darüber hinaus sind mobile Breitbandanschlüsse im Vergleich zu Festnetzanschlüssen teurer und oft mit Einschränkungen bei der Datennutzung verbunden. Jüngste Studien bestätigen, dass insbesondere Menschen mit niedrigem Einkommen Schwierigkeiten haben, dauerhaften Zugang zum Internet zu bekommen (vgl. Loh et al. 2020). Wie die Corona-Pandemie gezeigt hat, reicht ein Computer pro Haushalt oft nicht aus, um allen Familienmitgliedern eine angemessene digitale Teilhabe zu ermöglichen. Die materielle Zugänglichkeit zur digitalen Welt bleibt somit ein anhaltendes Problem, da einfache Hardware und eine langsame Verbindung immer weniger ausreichend sind, um vollwertig am digitalen Leben teilzuhaben. Darüber hinaus können Qualität, Kapazität, Vielfalt und regelmäßige Wartung der Hardware zu neuen materiellen Zugangsbarrieren führen.

Ein weiteres Risiko der digitalen Exklusion bezieht sich auf den erforderlichen Kenntnisstand im Umgang mit digitaler Technologie, um wirksam am Digitalen zu partizipieren. Dies stellt eine Form der formalen Exklusion dar, da die Kompetenz im Umgang mit digitalen Geräten und Anwendungen entscheidend ist, um in digitalen Lebenswelten eine Rolle ausüben zu können. Zwar gibt es keine sozialen oder gar rechtlich kodifizierten Normen, die bestimmte Kompetenzen formell vorschreiben würden, wie dies bei Rechtsanwälten oder Ärzten der Fall ist. Doch sind digitale Fähigkeiten ein implizites formelles Erfordernis, um digitale Medien adäquat zu nutzen und zu verstehen. Bis in die 1990er Jahre war die Bedienung von Computern nur Expert:innen und Programmierer:innen vorbehalten. Selbst als Mitte der 1990er Jahre breitere Bevölkerungsschichten begannen, mit PCs zu arbeiten, war ihre Bedienung noch immer komplizierter als die anderer Medien. Der Begriff „digitale Kompetenz" konzentriert sich dabei auf die notwendigen Fähigkeiten zur digitalen Teilhabe, die sowohl das Wissen über digitale Technologien als auch den richtigen Umgang mit Programmen, Webquellen und anderen Menschen umfassen, zum Beispiel, um online mit Waren und Dienstleistungen zu handeln oder vernünftige soziale Entscheidungen zu treffen (Loh 2021). Es ist wichtig, zu betonen, dass digitale Kompetenzen aufgrund der sich ständig und teils disruptiv wandelnden digitalen Anforderungen, wie neue Hardware und Software, neue Plattformen, Geschäftsmodelle und Interaktionsformen, kaum abschließend erworben werden können. Stattdessen müssen sie in einem dynamischen Prozess lebenslang angeeignet und verbessert werden. Digitale Kompetenzen sind also kein endgültig erreichbarer Zustand, sondern tendenziell offen und können in unterschiedlichen Graden entwickelt und wieder verloren werden. Diese Feststellung zeigt sich auch darin, dass Konzeptionen von Medienkompetenz, wie sie etwa die Medienpädagogik inhaltlich näher bestimmt, immer wieder angereichert und modifiziert werden, um neue Entwicklungen einzufangen[4]. So sind heute Auffassungen von *„digital literacy"* gefragt, die mehr umfassen als bloße „Medienkompetenz mit einer Prise IT-Sicherheit" (Morisco 2022):

> Digital literacy means having the knowledge and the skills to use a wide range of technological tools in order to read and interpret various media messages across different digital platforms. Digital literate people possess critical thinking skills and are able to use technology in a strategic way to search, locate, filter, and evaluate information; to connect and collaborate with others in online communities and social networks; and to produce and share original content on social media platforms. In the era of big data, digital literacy becomes extremely important as internet users need to be able to identify when and where personal data is being passively collected on their actions and interactions and form patterns on their online behavior, as well as contemplate the ethical dilemmas on data-driven decisions for both individuals and society as a whole. (Dimitrakopoulou 2022, S. 393)

Selbst wenn heute die meisten Menschen über grundlegende Fähigkeiten zur digitalen Teilhabe verfügen, werden Personen mit fortgeschritteneren digitalen Kompetenzen immer noch komparative Vorteile gegenüber Personen mit geringeren digitalen Fähigkeiten besitzen. Letzteren steht die digitale Welt eher für einfache Aufgaben wie persönliche Kommunikation via WhatsApp oder Telegram, Einkäufe auf Amazon oder Zalando und Unterhaltung auf Streamingdiensten wie Netflix oder Disney+ offen. Als Folge werden Menschen mit begrenzten digitalen Fähigkeiten weniger von den Vorteilen der digitalen Welt profitieren, demgegenüber aber stärker unter den negativen Auswirkungen wie Sicherheits- und Datenschutzproblemen, Cyberkriminalität und Cybermobbing leiden. Dies verstärkt die bestehende Kluft zwischen einer informierten Elite (Fachleute, Akademiker:innen, Regierungsbeamte und Geschäftsleute) und Menschen mit geringer Bildung, die in manuellen oder ungelernten Berufen tätig sind. Eine ähnliche Polarisierung findet auch in Bildungseinrichtungen statt, da höhere Bildungsniveaus heutzutage eine höhere digitale Kompetenz erfordern und ein Hochschulstudium ohne angemessene digitale Fähigkeiten kaum möglich erscheint. In den letzten zehn Jahren hat sich das absolute Niveau der digitalen Kompetenzen, die von der breiten Bevölkerung erworben wurden, deutlich erhöht. Gleichzeitig haben sich jedoch die relativen Unterschiede zwischen verschiedenen Gruppen hinsichtlich ihrer erworbenen digitalen Kompetenzen vergrößert, insbesondere im Zusammenhang mit formalem Bildungsstand und beruflicher Stellung (van Dijk 2020, Abschn. 5).

Die letzte Dimension digitaler Exklusion bezieht sich auf die soziale Interaktion und gelebte Partizipation auf digitalen Plattformen und in Online-Communitys. Dabei geht es um die gegenseitige Anerkennung als kompetente Interaktionspartner:innen und die Bereitschaft, die jeweiligen Rollenanforderungen in der Interaktion angemessen zu berücksichtigen. Diese Dimension wird im Zusammenhang mit der digitalen Spaltung oft vernachlässigt, obwohl sie eine wichtige Rolle

---

[4] Ich danke Samuel Ulbricht und Patrick Maisenhölder für wertvolle Hinweise und Ergänzungen zu dieser Passage.

für die digitale Teilhabe spielt. Digitale Plattformen und Online-Communitys bieten oft eine scheinbar anonyme Umgebung, die es den Nutzer:innen ermöglicht, sich offen auszudrücken und ihre Meinungen frei zu äußern. Allerdings können vieldiskutierte Probleme wie Cybermobbing und Hatespeech auf digitalen Plattformen zu diskriminierenden und benachteiligenden Effekten führen und Nutzer:innen aufgrund von sozialen Kategorien wie Geschlecht oder Ethnie informell ausschließen (Loh 2021). Insbesondere auf sogenannten Anarcho-Foren ohne feste Regeln wie 4Chan ist der Ton rau und es gibt oft wenig bis gar keine Moderation. In solchen Fällen können die dort geposteten Inhalte sehr aggressiv und feindselig sein, was eine toxische Atmosphäre schafft, die bestimmte Gruppen von Nutzer:innen ausschließt oder gezielt diskriminiert. Dies kann zum Beispiel bei Vorurteilen oder Stereotypen der Fall sein, die dazu führen, dass bestimmte Gruppen oder Personen als weniger kompetent oder unwichtig dargestellt werden. Ein Umstand, der von der Anonymität der Kommunikation weiter bestärkt werden dürfte.[5] Aber auch strukturelle Faktoren, wie eine ungleiche Verteilung von Redezeit oder die Dominanz bestimmter Personen oder Gruppen in der Interaktion, können dazu führen, dass andere Teilnehmer:innen ausgegrenzt werden. Dadurch können sie sich unwillkommen oder nicht akzeptiert fühlen und sich schließlich ganz aus den sozialen Medien zurückziehen. Dies kann zu einer weitgehenden digitalen Exklusion führen, die sich auf die Fähigkeit von Individuen auswirkt, ihre Meinungen und Perspektiven in der digitalen Welt zu äußern und sich an der Gestaltung von Diskursen und Entscheidungsprozessen zu beteiligen. Diese dritte Dimension digitaler Exklusion verdeutlicht, dass vollwertige digitale Teilhabe nicht nur von der Verfügbarkeit und Verwertbarkeit digitaler Technologien abhängt, sondern auch von der Qualität der Interaktionen und der geteilten Bereitschaft der Nutzer:innen, sich gegenseitig als mit gleicher „Standardautorität" (Titus Stahl) ausgestattet anzuerkennen und respektvoll miteinander umzugehen. Eine inklusive digitale Umgebung erfordert daher nicht nur eine sichere und zugängliche Technologie, sondern auch eine Kultur des respektvollen Umgangs miteinander, die allen Nutzer:innen ermöglicht, sich frei zu äußern und aktiv an der digitalen Gesellschaft teilzunehmen.

Es ist wichtig zu beachten, dass die geschilderten Exklusionsprozesse nicht unabhängig voneinander wirken, sondern häufig interagieren und sich verstärken können. Wenn Menschen beispielsweise aufgrund von sozialer Benachteiligung und einem Mangel an finanziellen Ressourcen keinen Zugang zu digitalen Geräten und Internetverbindungen haben, kann dies ihre Fähigkeit beeinträchtigen, digitale Kompetenzen zu erwerben und zu verbessern. Dies wiederum wird sich auf ihre Chancen auf dem Arbeitsmarkt auswirken, was zu einer weiteren sozialen Ausgrenzung führen kann. Diese Wechselwirkungen zwischen verschiedenen Exklusionsprozessen können auch zu einem Teufelskreis führen, der die

---

[5] Dieser Effekt wird jedoch mitunter auch gezielt (in erster Linie von neurechten Gruppierungen) eingesetzt, um in Foren eine rechte Gegenöffentlichkeit zu etablieren, um liberale und progressive Werte zu erodieren (Lanzke 2016). Ich danke Patrick Maisenhölder für diese Ergänzung.

Betroffenen immer mehr von digitalen Lebenswelten fernhält. So kann beispielsweise ein Mangel an digitaler Bildung dazu führen, dass Individuen und Gruppen keine Kenntnisse haben, um Bedenken hinsichtlich des Datenschutzes und der IT-Sicherheit zu bewältigen, was wiederum ihre Motivation zur Teilhabe an digitalen Lebenswelten einschränken kann und zur informellen Selbstexklusion führt. Es ist jedoch wichtig, hervorzuheben, dass Exklusion nicht nur eine individuelle Angelegenheit ist, sondern auch auf struktureller Ebene stattfindet. Einige Gruppen sind aufgrund von Vorurteilen und Diskriminierung systematisch benachteiligt und haben daher weniger Chancen, an digitalen Lebenswelten teilzunehmen. Um Exklusionsprozesse zu durchbrechen und Teilhabegerechtigkeit zu fördern, ist es daher notwendig, sowohl individuelle als auch strukturelle Barrieren zu erkennen und zu überwinden. Auf der anderen Seite können positive Verstärkungen auch dazu beitragen, Exklusionsprozesse zu durchbrechen und Teilhabemöglichkeiten zu fördern. Wenn Menschen Zugang zu qualitativ hochwertiger digitaler Bildung haben, können sie nicht nur ihre digitalen Kompetenzen verbessern, sondern auch ihr Bewusstsein für Datenschutz und Online-Sicherheit stärken. Dies kann sie motivieren, sich stärker an digitalen Lebenswelten zu beteiligen und ihnen so soziale und wirtschaftliche Vorteile sichern.

5   Fazit

Zusammenfassend lässt sich festhalten, dass die Digitalisierung verschiedene Dimensionen der gesellschaftlichen Teilhabe grundlegend verändert. Diese Dimensionen umfassen ökonomische, soziale, politische, kulturelle und private Aspekte. Es ist wichtig, relative, absolute und komparative Benachteiligungen bei der Bewertung von digitalen Teilhabeverhältnissen zu unterscheiden. Relative Nachteile treten auf, wenn analoge Wege zur Teilhabe an bestimmten Praktiken zwar vorhanden sind, aber im Vergleich zu digitalen Teilhabemöglichkeiten in Bezug auf Qualität, Quantität oder Kosten unterlegen sind. Absolute Teilhabenachteile entstehen, wenn es für die Teilhabe an bestimmten Gütern und Positionen keine analoge Entsprechung (mehr) gibt und Personen ohne digitale Teilhabemöglichkeiten vollständig von ihnen ausgeschlossen sind. Komparative Teilhabenachteile beziehen sich auf die ungleiche Verteilung von Vor- und Nachteilen der Digitalisierung unter denjenigen, die – wenn auch unterschiedlich stark – über digitale Teilhabe verfügen. Im Hinblick auf die digitale Exklusion spielen verschiedene Ausschlussprozesse eine Rolle. Einer der grundlegenden Aspekte der digitalen Exklusion betrifft materielle Barrieren. Obwohl die vollständige Exklusion im digitalen Bereich zurückgeht, bestehen weiterhin materielle Barrieren, die komparative Nachteile verursachen. Ein weiteres Risiko der digitalen Exklusion bezieht sich auf den erforderlichen formalen Kenntnisstand im Umgang mit digitaler Technologie. Unzureichende digitale Bildung und Fähigkeiten können dazu führen, dass Personen Schwierigkeiten haben, digitale Medien vollständig zu nutzen und zu verstehen. Menschen mit höheren digitalen Fähigkeiten besitzen komparative Vorteile gegenüber Personen mit geringeren Fähigkeiten, was die bestehende Kluft zwischen der Informationselite und Menschen mit geringer Bildung weiter verstärkt. Der dritte Aspekt der interaktionalen Exklusion bezieht sich auf die Nichtbeachtung und Nichtanerkennung von bestimmten Gruppen und Individuen in der digitalen Interaktion. Das bedeutet, dass bestimmte Personen oder Gruppen bewusst oder unbewusst von der Kommunikation ausgeschlossen werden, indem ihre Beiträge ignoriert, abgewertet oder als irrelevant betrachtet werden. Es ist wichtig, dass Regierungen und Organisationen Maßnahmen ergreifen, um die digitale Exklusion zu bekämpfen und eine gleichberechtigte digitale Teilhabe zu fördern. Dazu gehört eine gezielte Förderung von digitaler Bildung und der Ausbau von egalitären Zugangsmöglichkeiten. Nur so kann eine Teilhabegerechtigkeit im digitalen Raum sichergestellt werden.

Dank Ich danke Wulf Loh, Patrick Maisenhölder, Johannes Müller-Salo und Samuel Ulbricht für ihre wertvollen Anregungen und Hinweise zu diesem Aufsatz.

Literatur

Anderson, Elizabeth S. 1999. What is the point of equality? *Ethics* 109(2): 287–337.

Behrendt, Hauke. 2017. Was ist soziale Teilhabe? Plädoyer für einen dreidimensionalen Inklusionsbegriff. In *Arbeit, Gerechtigkeit und Inklusion. Wege zu gleichberechtigter gesellschaftlicher Teilhabe*, Hrsg. Catrin Misselhorn und Hauke Behrendt, 50–76, Stuttgart: Metzler.

Behrendt, Hauke. 2018. Teilhabegerechtigkeit und das Ideal einer inklusiven Gesellschaft. *Zeitschrift für Praktische Philosophie* 5(1):43–72.

Behrendt, Hauke, und Wulf Loh. 2022. Informed consent and algorithmic discrimination – is giving away your data the new vulnerable? *Review of Social Economy* 80(1): 58–84.

Cullen, Rowena. 2001. Addressing the digital divide. *Online Information Review* 25(5): 311–32.

Dimitrakopoulou, Dimitra. 2022. Digital Literacy. In *Encyclopedia of Big Data*, Hrsg. Laurie A. Schintler, Connie L. McNeely, 393–395. Cham: Springer International Publishing.

Dworkin, Ronald. 1977. *Taking rights seriously*. Cambridge MA: HUP.

Forst Rainer. 2007. Einleitung: Der Grund der Gerechtigkeit. In *Das Recht auf Rechtfertigung. Elemente einer konstruktivistischen Theorie der Gerechtigkeit*, Rainer Forst, 9–20. Frankfurt a. M.: Suhrkamp.

Forst, Rainer. 2015. Einleitung: Ordnungen der Rechtfertigung. Zum Verhältnis von Philosophie, Gesellschaftstheorie und Kritik. In *Normativität und Macht. Zur Analyse sozialer Rechtfertigungsordnungen*, Rainer Forst, 9–36. Berlin: Suhrkamp.

Forst, Rainer, und Klaus Günther. 2011. Die Herausbildung normativer Ordnungen. Zur Idee eines interdisziplinären Forschungsprogramms. In *Die Herausbildung normativer Ordnungen*, Hrsg. Rainer Forst und Klaus Günther, 11–32. Frankfurt a. M.: Suhrkamp.

Fraser, Nancy. 2008. Abnormale Gerechtigkeit. In *Gerechtigkeit in Europa Transnationale Dimensionen einer normativen Grundfrage*, Hrsg. Helmut König / Emanuel Richter / Sabine Schielke, 41–80. Bielefeld: transcript.

Gosepath, Stefan. 2004. *Gleiche Gerechtigkeit, Grundlagen eines liberalen Egalitarismus*. Frankfurt a. M.: Suhrkamp.

Habermas, Jürgen. 1987. *Theorie des kommunikativen Handelns, Band 2: Zur Kritik der funktionalen Vernunft*, vierte, durchgesehene Auflage, Frankfurt a. M.: Suhrkamp.

Hargittai, Eszter, und Amanda Hinnant. 2008. Digital Inequality: differences in young adults' use of the internet, *Communication Research* 35(5): 602–621.

Helsper, Ellen. 2021. *The Digital Disconnect. The Social Causes and Consequences of Digital Inequalities*. London: SAGE Publications.

Helsper, Ellen J. et al. 2015. *Tangible Outcomes of Internet Use: From Digital Skills to Tangible Outcomes Project Report*. Oxford: Oxford Internet Institute.
Kuhn, Caroline, Su-Ming Khoo, Laura Czerniewicz et al. 2023. Understanding Digital Inequality: A Theoretical Kaleidoscope. *Postdigital Science and Education*. https://doi.org/10.1007/s42438-023-00395-8.
Kutscher, Nadia, und Stefan Iske. 2022. Diskussionsfelder der Medienpädagogik: Medien und soziale Ungleichheit. In *Handbuch Medienpädagogik*, Hrsg. Uwe Sander, Friederike von Gross, und Kai-Uwe Hugger, 667–678. Wiesbaden: Springer VS.
Lanzke, Alice. 2016. Viraler Hass: Rechtsextreme Wortergreifungsstrategien im Web 2.0. In *Strategien der extremen Rechten*, Hrsg. Stephan Braun, Alexander Geisler, und Martin Gerster, 621–630. Wiesbaden: Springer VS.
Lippert-Rasmussen, Kasper. 2018. *Relational Egalitarianism: Living as Equals*. Oxford: OUP.
Loh, Wulf. 2021. Soziale Medien. In *Handbuch Liberalismus*, Hrsg. Michael G. Festl, 543–551. Stuttgart: Metzler.
Loh, Wulf, Anne Suphan, und Christopher Zirnig. 2020. Twitter and Electoral Bias. In: *Big Data and Democracy*, Hrsg. Kevin Macnish und Jai Galliott, 89–103. Edinburgh: EUP.
Moreau, Sophia. 2020. *Faces of Inequality. A Theory of Wrongful Discrimination*. Oxford: OUP.
Morisco, Raphael. 2022. Digitale Literacy als ‚neue' Medienkompetenz mit einer Prise IT-Sicherheit – ein Blick auf den tertiären Bildungssektor am Beispiel der Medienwissenschaft. In *Medien – Demokratie – Bildung. Normative Vermittlungsprozesse und Diversität in mediatisierten Gesellschaften*, Hrsg. Gudrun Marci-Boehncke, Matthias Rath, Malte Delere, und Hanna Höfer, 153–169. Wiesbaden/Heidelberg: Springer VS.
Ragnedda, Massimo. 2017. *The third digital divide: a Weberian approach to digital inequalities*, London/New York: Routledge.
Rath, Matthias O., und Patrick Maisenhölder. 2021. Digitalisierung als Capability und Fairness. Ausblicke auf eine Postcorona-Lehre. *Ludwigsburger Beiträge Zur Medienpädagogik* 21: 1–20.
Rogers, Everett M. 2001. The digital divide. *Convergence* 7(4): 96–111.
Scheffler, Samuel. 2003. What is Egalitarianism? *Philosophy and Public Affairs* 31(1): 5–39.
van Deursen, Alexander J.A.M., und Helsper, Ellen J. 2018. Collateral benefits of Internet use: explaining the diverse outcomes of engaging with the internet. *New Media & Society* 20(7): 2333–2351.
van Deursen, Alexander und Jan van Dijk. 2011. Internet skills and the digital divide, *New Media & Society* 13(6): 893–911.
van Deursen, Alexander J.A.M. van, und Johannes A.G.M. van Dijk. 2012. *Trendrapport internetgebruik 2012: een Nederlands en Europees perspectief*. Enschede: University of Twente.
van Dijk, Jan. 2020. *The Digital Divide*. Cambridge: Polity Press.
Wilkinson, Richard, und Kate Pickett. 2009. The Spirit Level: *Why More Equal Societies Almost Always do Better*. London: Allen Lane.
Young, Iris Marion. 2011. *Responsibility for justice*. Oxford: OUP.

Digitale Spiele

Ontologie des digitalen Spiel(en)s. Zwischen Simulation, Fiktion und virtueller Realität

Jörg Noller

1 Mehr als bloß Spiele(n)?

Wie die Digitalisierung allgemein, so sind auch digitale Spiele[1] ein pervasives Phänomen. Sie halten Einzug in ganz verschiedene Bereiche unserer Lebenswelt und verändern diese nachhaltig. Digitale Spiele gelten nicht mehr nur als Zeitvertreib, als unernste Beschäftigung – mit Schillers Worten, als *„bloßes Spiel"* (Schiller 1962, S. 358) –, sondern werden immer mehr als gesellschaftlich relevante Medien wahr- und ernstgenommen. Davon zeugt das Phänomen der „Gamification", also der „Anwendung spieltypischer Elemente in spielfremden Kontexten" (Tolks et al. 2020, S. 698; vgl. auch Stampfl 2012), aber auch die Bedeutung des digitalen Spiels im Kontext von Lehren und Lernen (vgl. dazu Bohlmann et al. 2023, S. 7–9). Die lebensweltliche Bedeutung von digitalen Spielen lässt sich statistisch eindrucksvoll belegen (vgl. im Folgenden Bitkom 2023). Aktuelle Statistiken widerlegen gängige Vorurteile, die da lauten: Überwiegend *Männer* spielen digitale Spiele; überwiegend *jüngere Menschen* spielen digitale Spiele; nur *gering ausgebildete* Menschen spielen digitale Spiele. Im Jahr 2023 lag das Durchschnittsalter von digital Spielenden in Deutschland bei knapp 40 Jahren. Seit 2013 hat sich der Anteil der digital Spielenden von unter 40 % auf über 50 % erhöht. Mehr als die Hälfte aller in Deutschland lebenden Menschen spielt digitale Spiele. Digitales

---

[1] Ich verwende im Folgenden den Ausdruck „digitales Spiel" anstatt „Computerspiel". Entscheidend ist nämlich nicht so sehr das Spielgerät (Computer, Konsole, Smartphone, VR-Brille), welches variieren kann, sondern die digitale Technik.

J. Noller (✉)
Ludwig-Maximilians-Universität München, Lehrstuhl I für Philosophie, München, Deutschland
E-Mail: joerg.noller@lrz.uni-muenchen.de

© Der/die Autor(en), exklusiv lizenziert an Springer-Verlag GmbH, DE, ein Teil von Springer Nature 2024
M. Schwartz et al. (Hrsg.), *Digitale Lebenswelt,* Digitalitätsforschung / Digitality Research, https://doi.org/10.1007/978-3-662-68863-2_10

Spielen ist nicht mehr nur Angelegenheit männlicher Spieler, sondern die Geschlechterverteilung war im Jahr 2022 mit 54 % genau gleich. Am häufigsten spielen Menschen der Altersgruppe von 30–39 und 50–59 Jahren. Der häufigste Bildungsgrad von digital Spielenden ist die Mittlere Reife, gefolgt vom Hochschulabschluss. Diese statistisch belegbare lebensweltliche Bedeutung und Zentralität des digitalen Spiel(en)s rechtfertigt es, die drei von Felix Stalder namhaft gemachten „gemeinsame formale Eigenheiten" (Stalder 2016, S. 95) der „Kultur der Digitalität" – Referentialität, Gemeinschaftlichkeit und Algorithmizität – durch eine vierte Kategorie, nämlich die Ludizität, zu ergänzen. Anders formuliert: Das digitale Spiel wird zu einem irreduziblen Moment einer digitalen Lebenswelt – der Digitalität – insofern in ihm die anderen digitalen zentralen Medien und Technologien – das Internet, künstliche Intelligenz und virtuelle Realität – auf eine noch näher zu bestimmende Weise zusammenlaufen (vgl. Noller 2022).

Die USK (Unterhaltungssoftware Selbstkontrolle) hat in ihren „Leitkriterien für die jugendschutzrechtliche Bewertung von digitalen Spielen" folgendermaßen auf deren zunehmende Bedeutung hingewiesen:

> Computerspiele sind ein selbstverständlicher Teil unserer Alltagskultur und finden auch unter künstlerischem Aspekt Beachtung. Technisch Machbares und ästhetischer Ausdruck können sich in einer Art und Weise verbinden, dass Spiele Merkmale einer Kunstform in der zeitgenössischen Unterhaltung erhalten. Durch die Chance der Interaktivität können sich Entwickler wie Spieler durch das Medium ausdrücken, sich kritisch mit Gesellschaft und ihren Prozessen auseinandersetzen und dabei Wirklichkeit, Entwicklung und Veränderung reflektieren. (USK 2023)

Interessant ist an diesem Zitat die Art und Weise, wie digitale Spiele begriffen werden. Von „Unterhaltungssoftware", „Medium" und „Kunstform" ist hier die Rede, aber auch von „Interaktivität" sowie von kritischer Gesellschafts- und Wirklichkeitsreflexion. Im Folgenden sollen diese Begriffe genauer analysiert werden: Inwiefern ist ein digitales Spiel ein Fall von Unterhaltungssoftware, ein Medium oder gar eine Kunstform? Inwiefern reflektieren wir im digitalen Spiel die Wirklichkeit? Dies sind im Grunde alles philosophische Fragen, die auch bedeutende anthropologische Implikationen besitzen.

Seit einiger Zeit hat auch die Philosophie das digitale Spiel als Forschungsgegenstand entdeckt. Das digitale Spiel(en) ist mittlerweile als „paradigmatische Manifestation" (Feige et al. 2018, S. 3) des Spiel(en)s allgemein anerkannt und darf als „ein würdiger Gegenstand für das philosophische Nachdenken" (Feige et al. 2018, S. 2) gelten. Während aus ethischer[2] und ästhetischer (vgl. Feige 2015) Perspektive das digitale Spiel(en) bereits relativ viel Beachtung gefunden hat, sind ontologische Untersuchungen dazu rar gesät (vgl. Ostritsch und Steinbrenner 2018). Dies ist zweifelsohne auf den problematischen Status des Spiel(en)s im Allgemeinen zurückzuführen, das sich nicht einfach auf einen Begriff bringen lässt. Hinzu kommt gerade bei digitalen Spielen, dass ihr ontologischer Status zwischen

---

[2] Vgl. Sicart 2009; Ostritsch 2018; Ulbricht 2020; Ostritsch 2023.

Realität, Simulation, Fiktion und Illusion notorisch unklar ist. Jesper Juul hat diese ontologische Ambivalenz dadurch auf den Begriff zu bringen versucht, dass er digitale Spiele im Titel seines Buches pointiert als „half-real" charakterisiert, insofern diese „between Real Rules and Fictional Worlds" (Juul 2005) zu verorten seien. Freilich sind Realität und Fiktionalität nicht die einzigen Modalitäten, welche in digitalen Spielen verhandelt werden. Hinzu treten noch Simulation, Illusion und Virtualität. So schwer es jedoch ist, digitale Spiele ontologisch und modalitätstheoretisch zu bestimmen, so wichtig ist dieses Unterfangen. Denn davon, wie wir digitale Spiele ontologisch bestimmen, hängt am Ende auch ab, wie wir sie ethisch und normativ zu bestimmen haben. Dass eine ethische Bestimmung des digitalen Spiel(en)s von zentraler Bedeutung ist, zeigen die zuvor angeführten Statistiken.

Der philosophische Diskurs über digitale Spiele darf der Gefahr einer Heteronomisierung des Phänomens – als Konsum- oder gar als Suchtmedium – nicht erliegen. Vielmehr gilt es, das Phänomen des digitalen Spiel(en)s als *Phänomen der Autonomie* und *Wirklichkeitsreflexion* ‚ernst' zu nehmen zu explizieren. Entgegen der Tendenz, digitales Spielen aus dem lebensweltlichen Kontext herauszureißen und isoliert zu betrachten, gilt es, dieses im Kontext anderer Praktiken zu analysieren und als eine spezifische Lebensform zu verstehen.[3] Im Folgenden untersuche ich (A) den ontologischen Status von digitalen *Spielen* und (B) den ontologischen Status des digitalen *Spielens*. Zu (A): Hier stellt sich die Frage, was *digitale* Spiele eigentlich sind, und worin – wenn überhaupt – ihre Realität besteht. Ich diskutiere dabei folgende Kandidaten, welche die Gliederung dieses Beitrags vorgeben: Digitale Spiele als *Spiele* (3.), digitale Spiele als *(neue) Medien* (4.), digitale Spiele als *Narrationen* bzw. *Fiktionen* (5.), digitale Spiele als *Simulationen* (6.) und digitale Spiele als *virtuelle Realitäten* (7.). Ich werde mit Blick auf (B) dafür argumentieren, dass digitales *Spielen* im Vollsinne keiner einzelnen der genannten Kategorien zuzuordnen ist, sondern vielmehr im Vollzug und ‚Durchspielen' dieser fünf Dimensionen seine philosophische Bedeutung erlangt. Digitales Spielen erweist sich damit als eine philosophisch bedeutsame Form von Autonomie und in letzter Konsequenz *selbst* als eine Form von Philosophie(ren).

2   Digitales Spiel(en) als digitales Phänomen

Nur selten wird im philosophischen Diskurs über digitales Spiel(en) auf seinen Status als *digitales* Spiel reflektiert. Dies setzt zunächst eine Klärung des Digitalen im Gegensatz zum Analogen und Physischen voraus, durch welches etwa traditionelle Brettspiele charakterisiert sind. Vereinzelt wurde bereits auf das Verhältnis von Programmcode und manifestem Computerspiel reflektiert, und es wurde für eine nichtreduktionistische Auffassung argumentiert, wonach die Spielregeln oder insgesamt auch das Spielgeschehen nicht auf den Code der Software reduzierbar

---

[3] Zur Frage nach der Lebensform des digitalen Spiels vgl. auch Feige 2015, S. 10.

sind, ähnlich der Supervenienz-Relation von Selbstbewusstsein und Gehirn in der Philosophie des Geistes (vgl. Ostritsch und Steinbrenner 2018). Hier wird insbesondere die Frage zentral, inwiefern es gelingt, analoge Strukturen durch das digitale Medium zu erzeugen, Strukturen also, hinter denen das Digitale selbst zurücktritt. Dies erfordert zuallererst eine Reflexion auf das Phänomen und die Ontologie des Digitalen, im Unterschied zum Analogen. Digitale Informationen setzen sich aus binären Zeichen, sogenannten „Bits" bzw. „binary digits", zusammen und folgen der Binärlogik. Wir können mithilfe von Nullen und Einsen jede beliebige Information, sei sie numerisch, sprachlich oder akustisch, darstellen. Diese binären Zeichen stehen in keinem analogen Verhältnis mehr zur ursprünglichen Information. Das Verhältnis ist arbiträr, ähnlich dem Verhältnis von Wort und bezeichnetem Gegenstand. Dadurch aber wird das Verhältnis der digitalen Information zur ursprünglichen analogen Information ein flexibles. Durch diese Flexibilität des Digitalen gegenüber dem Analogen werden neue Prozesse möglich. Das physische Medium tritt bei digitalen Informationen immer mehr in den Hintergrund. Digitale Informationen sind im Gegensatz zu analogen objektiv und identisch und nutzen sich nicht ab. Digitale Zustände befinden sich in Relationen zueinander, welche Luciano Floridi sehr treffend als „Daten-Supraleitfähigkeit" (Floridi 2015, S. 65) bestimmt hat. Die „informationelle Reibung" (Floridi 2015, S. 65), die wir in der physischen raum-zeitlichen Realität erfahren, verliert im Digitalen, und insbesondere im hochflexiblen digitalen Spiel, immer mehr an Bedeutung. Das Digitale referiert permanent auf sich selbst. Darin besteht die Proto-Autonomie des Digitalen.

Wie können wir den Unterschied von analog und digital genauer verstehen? Eine Möglichkeit besteht darin, digitale Informationen als bloße *Simulationen* der analogen Informationen anzusehen. Wir bauen demnach mit lauter Nullen und Einsen so gut es geht das analoge Signal nach, auch wenn es uns aufgrund ihrer diskreten Natur nicht gelingt, ein vollständiges Kontinuum zu erreichen. Dagegen spricht jedoch, dass wir mit digitalen Informationen nicht nur abbilden, sondern sich dadurch neue, künstliche Möglichkeiten und Realisierungsweisen eröffnen. Zutreffender ist es daher, davon zu sprechen, dass digitale Informationen, Gegenstände oder Prozesse analoge Gegenstücke *virtualisieren*.

3 Digitales Spiel(en) als Spiel

Von verschiedenen Seiten wurde auf die Bedeutung des Spiels im Allgemeinen für das philosophische Verständnis des *digitalen* Spiels bzw. Computerspiels hingewiesen (vgl. Feige et al. 2018, S. 2–3). Aus philosophischer Perspektive darf Friedrich Schillers Bestimmung des Spiels immer noch als die bedeutendste gelten: „[D]er Mensch spielt nur, wo er in voller Bedeutung des Wortes Mensch ist, und er ist *nur da ganz Mensch, wo er spielt.*" (Schiller 1962, S. 359) Schiller weist darauf hin, dass sich im Spiel die Freiheit des Menschen auf besondere Weise manifestiert. Denn im Spiel(en) spielt der Mensch ontologisch mit Wirklichkeit und Möglichkeit. Er ist einerseits an Regeln und die Wirklichkeit gebunden, doch gibt er sich diese Regeln mitunter selbst, indem er Realitäten simuliert, fingiert oder gar virtualisiert. Schiller bestimmt den hybriden ontologischen Status des Spiel(en)s als „das, was weder subjektiv noch objektiv zufällig ist, und doch weder äußerlich noch innerlich nöthigt" (Schiller 1962, S. 357). Ein Spiel ist also genau in der Mitte zwischen Zufälligkeit und Notwendigkeit zu verorten, jedoch nicht statisch, sondern dynamisch, insofern beide Modalitäten darin *vermittelt* werden. Schiller misst dem Spiel(en) eine bedeutende anthropologische Rolle zu, insofern es den Menschen „vollständig macht, und seine doppelte Natur auf einmal entfaltet" (Schiller 1962, S. 358).

Freilich ist ein digitales Spiel, wie überhaupt jedes Spiel, nur schwer auf einen Begriff zu bringen, denn die Spielarten und Spielregeln können mitunter stark variieren. Hier bietet es sich an, eine Art Idealtyp zu konstruieren, an dem sich prinzipiell alle Dimensionen des digitalen Spiels vereinen und im Zusammenhang ablesen lassen, die in den konkreten digitalen Spielen nur latent oder in einer geringeren Ausprägung instanziiert sein können.

Ist ein digitales Spiel aber nicht auch oder vielmehr eine *Erzählung,* in der sich eine Geschichte ohne unser eigenes Zutun ereignet? Die Forschung streitet sich darüber, ob digitale Spiele ludologisch oder narratologisch zu verstehen sind (vgl. Gamescoop 2012, S. 9). Denn ohne Frage transportieren Spiele semantische Gehalte, die sich im Laufe des Spielens entfalten. Mehr noch: Das digitale Spiel thematisiert nicht nur Geschichte, sondern hat mitunter *selbst* eine, etwa durch sogenannten „Sequels", also im zeitlichen Abstand folgende Fortsetzungen, die nicht nur intern die Geschichte, sondern auch das strukturelle Spielprinzip und die Spieltechnologie (man denke etwa an neuere Grafik-Technologien) fortschreiben.

Der Streit zwischen einer narratologischen und einer ludologischen Lesart kann dadurch geschlichtet werden, dass wir digitale Spiele auf die Modalitäten von Virtualität, Möglichkeit, Wirklichkeit, Illusion und Fiktion beziehen (vgl. Noller 2022, S. 77–81). Digitale Spiele sind nicht nur reine Simulationen, sondern weisen eine Binnenlogik auf, die im *Zusammenspiel* mit den Spielenden neue Realitäten hervorbringt. Der Spiel-Charakter von digitalen Spielen entspricht dem Raum der Möglichkeit, den wir darin erkunden. Der narratologische Aspekt betrifft die Fiktion, in die wir nicht einfach heteronom versetzt sind, wie in einem Film oder einem Buch, sondern die wir selbst autonom vorantreiben. Nun ist aber die simulative Dimension von digitalen Spielen nicht notwendigerweise auf Wirkliches gerichtet, sondern kann ebenso auf Fiktives gerichtet sein. Digitale Spiele sind insofern Simulationen von Fiktionen. Sie sind Experimentierfelder, auf denen ‚spielerisch' die Verhältnisse von Realität, Simulation, Fiktion und Illusion erprobt werden. Dieses modale Spielen betrifft nicht nur unser Welt-, sondern auch unser Selbstverhältnis. Denn in digitalen Spielen werden auch verschiedene Rollen personaler Identität durch Avatare spielerisch verhandelt. In der Anonymität oder Pseudonymität des Avatars werden gleichfalls die Modalitäten von Wirklichkeit, Illusion, Simulation und Fiktion reflektiert. Diese Verhältnisbestimmung erfolgt nicht begrifflich, sondern performativ. Technologisch kann ein digitales Spiel ferner als Katalysationsmedium und Experimentierfeld für die anderen digitalen Medien verstanden werden, denn hier können sowohl künstliche Intelligenz, das Internet wie auch virtuelle Realität eingehen.

Im Gegensatz zu Filmen und Bildern, die Fiktionen darstellen, und im Gegensatz zu Texten, die Fiktionen evozieren, indem sie an die kreative menschliche Phantasie appellieren, veranschaulichen und appellieren digitale Spiele zugleich an unsere Phantasie. Wir sind darin nicht nur der Erzählung ausgesetzt, wie in einem Film oder in einem Roman, sondern wir bestimmen allgemein den *Verlauf* und in manchen Spielen auch die *Geschichte* selbst, je nachdem wie wir uns darin und dazu verhalten. Die Geschichte des Spiels kann sich etwa idealtypisch in Rollenspielen zeigen, prototypisch aber bereits in jeder Form von Interaktion, der eine Strategie bzw. ein Ziel zugrunde liegt, welches sich über mehrere Stationen hinweg erreichen lässt. Digitale Spiele sind also dynamische Kunstwerke, deren Rezipienten zu Produzenten werden. Dynamisiert werden digitale Spiele dadurch, dass sie transsubjektiv mit anderen Spielenden geteilt werden, und dass in sie interobjektiv auch immer mehr künstliche Intelligenz eingeht. Indem wir selbst Figuren des digitalen Spiels spielen, verhalten wir uns darin zu uns selbst. Digitales Spielen bedeutet deswegen auch, *mit sich selbst* zu spielen, und insofern modale Selbsterkenntnis und -Bildung.

Hier stellt sich nun die Frage, worin die Besonderheit von digitalen Spielen etwa im Gegensatz zu Brettspielen wie Schach besteht. Der Unterschied scheint darin zu bestehen, dass die Freiheit des digitalen Spiels die Freiheit des Schachspiels performativ übersteigt. In digitalen Spielen manifestieren wir einen anderen Regel- und Wirklichkeitsbezug, als wir es in Brettspielen tun, und die Form des Spielens ist qualitativ durch ihre Reibungslosigkeit und Vernetzung im digitalen Raum ausgezeichnet. Entscheidend für den Status eines digitalen Spiels ist mithin seine Reflexivität. Wir spielen nicht nur *im* Spiel, sondern auch *mit* dem Spiel, indem wir es im digitalen Medium etwa modifizieren oder neu interpretieren, ohne dass sein Spielcharakter dadurch verloren geht. Im Gegenteil – er besteht gerade darin (vgl. auch Strobel und Zielinski 2020). Die Modifikation des digitalen Spiels kann im schwachen Sinne anhand der häufig sehr umfangreichen internen Spiele-Einstellungen („Settings") erfolgen, die sich sowohl auf die technische Präsentation als auch auf den Spiele-Vollzug selbst beziehen. Zu nennen ist hier etwa der Schwierigkeitsgrad. Im starken Sinne werden digitale Spiele durch digitale Zusatzprogramme modifiziert, wofür sich die englische Bezeichnung „Mod" eingebürgert hat. Ferner besteht die Möglichkeit, das Spiel auf eine neue Weise zu spielen, indem man neue Spielregeln in die vorhandenen integriert bzw. diese durch sie ersetzt. Ein Beispiel hierfür ist etwa das Phänomen des „Speedruns", in welchem das Spiel so schnell wie möglich zu Ende gespielt werden muss. Ein weiteres Phänomen sind die sogenannten „Cheats", mit deren Hilfe grundlegende Einstellungen der Spielwelt und der spielenden Figur selbst manipuliert werden können. Gerade in diesem flexiblen Umgang mit Spielregeln zeigt sich die autonome Dimension des digitalen Spielens. Jede Einstellung *im* Spiel ist also zugleich eine reflexive und autonome Einstellung *zum* Spiel. Daran zeigt sich, dass im digitalen Spiel(en) die Unterscheidung von Technologie und Ontologie aufgehoben wird. Digitales Spielen ist nicht nur Spielen *im* Medium des Digitalen, sondern auch *mit* dem Digitalen und seinen Möglichkeiten. In dieser ludologischen Flexibilität zeigt sich eine besondere *Autonomie* des digitalen Spiels. Es manifestiert sich als autonomer Wirklichkeitsbezug, der sich als Welt- und Selbstbezug weiter auslegen lässt. Digitale Spiele scheinen also mehr als ‚bloße Spiele' zu sein.

4   Digitales Spiel(en) als (neues) Medium

Das Wort „Medium" bedeutet ursprünglich so viel wie „Mitte" und kann im weiteren Sinne als „Vermittlungsinstanz" verstanden werden. Inwiefern vermitteln digitale Spiele etwas, und falls ja, zwischen wem? Digitale Spiele sind von traditionellen (Massen-)Medien wie Filmen, Zeitungen und Büchern verschieden, da sie nicht nur *passiv konsumiert,* sondern *performativ betrieben* werden. Spielen konstituiert ein komplexes Wirklichkeitsverhältnis, und die mediale, vermittelnde Seite tritt dahinter zurück. Oft scheint es zwar so, als ob die Praxis des digitalen Spiel(en)s in bloßem Konsum bestehe. Doch darf die reduzierte Körperlichkeit beim digitalen Spiel nicht zum Fehlschluss führen, dass darin keine Aktivität enthalten wäre. Dies verweist auf eine Besonderheit des digitalen Spiel(en)s, die in seiner speziellen Handlungstheorie[4] und Virtualität besteht.

Markus Rautzenberg hat darauf hingewiesen, dass ein digitales Spiel „kein vorkommendes Ding, sondern ein Seinsmodus, ein Geschehen" (Rautzenberg 2018, S. 13) sei. Digitale Spiele sind keine objektiven Konsumprodukte, oder Konsummedien, die von uns getrennt existieren, sondern wir gehen mit ihnen eine Beziehung ein, bringen uns selbst in sie ein. Digitale *Spiele* sind ohne die Dimension des digitalen *Spielens* unvollständig. Problematisch ist insofern Rautzenbergs These, wonach dem Spiel(en) „keine humanistische Qualität inhärent" (Rautzenberg 2018, S. 25) sei. Diese These kann insofern problematisiert werden, als Spiel immer auch als eine besondere Form von Freiheit verstanden wurde. Auch wenn die Bewertung des (Computer)spiel(en)s, wie Rautzenberg zurecht argumentiert, immer vom jeweiligen Gebrauch des Mediums abhängt, so besteht doch in unserer Freiheit als Ausübung von Autonomie ein nicht zu bestreitender Wert. Diese Freiheit kann darin erblickt werden, die Modalitäten von Realität und Möglichkeit, von Simulation, Fiktion, Illusion und Virtualität im Medium des Digitalen kritisch zu reflektieren. Gerade das digitale Spiel erlaubt durch seine komplexe technisch bedingte Medialität ein solches Verständnis. Verstehen wir in diesem Sinne digitale Spiele als Praxis der Wirklichkeitsreflexion, so verlieren sie zunehmend ihren rein medialen, vermittelnden Charakter und werden zu einer Form von Philosophie. Ein rein mediales Verständnis von digitalen Spielen greift also zu kurz, da es die performative Dimension nicht berücksichtigt; es geht vielmehr um einen spezifischen digitalen Medien*gebrauch.*

---

[4] Zur Handlungstheorie des digitalen Spiel(ens) vgl. Börchers 2018.

5 Digitales Spiel(en) als Fiktionen

In digitalen Spielen werden wir mit fiktiven Gehalten konfrontiert, jedoch nicht so, dass wir diesen fiktiven Gehalt vor unserem geistigen Auge rekonstruieren (wie im Falle eines Romans) oder rezipieren (wie im Falle eines Films). Vielmehr übernehmen wir fiktive Rollen und fingieren *selbst* Handlungen. In digitalen Spielen bekommen wir teils eine Geschichte erzählt oder vorgegeben, schreiben die Geschichte aber auch individuell fort. Wir machen uns in digitalen Spielen die Fiktion zu eigen, bestimmen dann aber interaktiv *selbst,* ob und wie die Geschichte aus- und weitergeht. Wir sind also selbst irreduzible Teile des digitalen Spiels und seiner Fiktion oder Simulation. Die Fiktion eines digitalen Spiels ist – anders als in einem Roman oder Film – nicht prädeterminiert, sondern es finden sich selbst bei vorgegebenen Rahmenbedingungen noch ‚Spielräume', die nicht zuletzt auch im spielerischen Verhältnis zum Spiel *selbst* bestehen. Dieses spielerische Verhältnis zum Spiel kann sich, wie oben gezeigt, technisch, technologisch oder aber inhaltlich vollziehen, wobei jede dieser Modifikationen gewissermaßen ein ‚Meta-Spiel' ist.

6 Digitales Spiel(en) als Simulation

In digitalen Spielen geht es nicht nur um Fiktionen, sondern auch um Simulationen, d. h. um Nachahmungen der Wirklichkeit. Wir selbst simulieren in digitalen Spielen jedoch nicht nur reale, sondern auch fiktive Welten und Handlungen. Eine Simulation einer *realen* Handlung etwa kann in Form eines Flugsimulators bestehen: Wir simulieren dabei z. B. die Handlung einer Pilotin, das simulierte Flugzeug zu landen. Eine Simulation einer *fiktionalen* Handlung kann etwa in Form eines Rollenspiels bestehen: Wir simulieren z. B. die Handlung eines Magiers und verzaubern eine andere simulierte fiktive oder reale Person in einen Frosch.

Digitale Spiele existieren also in der Spannung von Simulation und Fiktion: Wir wollen darin nicht *nur* simulieren, sondern darin auch mit der Wirklichkeit auf fiktive Weise spielen, ja *neue Wirklichkeiten erzeugen.* Wir simulieren in digitalen Spielen nie ausschließlich, sondern spielen mit der Wirklichkeit, d. h. wir fingieren sie. Die Handlung im digitalen Spiel besteht in dieser Spannung zwischen Simulation und Fiktion: Wir beanspruchen, indem wir Computerspielen, *mehr* zu tun als nur zu konsumieren, simulieren oder zu fingieren. Wir beanspruchen vielmehr einen Wirklichkeitsbezug, der sich durch die Selbstbezüglichkeit des digitalen Spiels konstituiert, die ein performativer Ausdruck unserer Autonomie ist.

7 Digitales Spiel(en) als virtuelle Realität

Wie zuvor gezeigt, simulieren und fingieren wir nicht nur beim digitalen Spielen, sondern erzeugen auch neue Realitäten. Beispiele dafür sind Online-Multiplayer-Spiele wie *World of Warcraft* oder *Horizon Worlds,* insbesondere das

„Metaversum", in welchem wir im Spielen zunehmend mit anderen Spielenden kommunizieren und interagieren. Es entstehen dadurch virtuelle Kulturen, die nicht angemessen durch die Begriffe „Simulation", „Fiktion" und „Illusion" charakterisiert sind. Online (Spiel-)Kulturen sind virtuelle Realitäten eignen Rechts. Sie entwickeln sich sukzessive aus bloßen Spielen, Simulationen und Fiktionen, wenn die Regeln des Spiels intersubjektiv geteilt und im digitalen Raum institutionalisiert werden.

Virtualität muss streng von Simulation, Fiktion und Illusion unterschieden werden, obwohl das Wort im Alltag häufig gleichbedeutend verwendet wird. Dabei ist Virtualität nicht der Wirklichkeit, sondern nur der Aktualität entgegengesetzt. Damit ist ausgedrückt, dass das Virtuelle durchaus wirklich sein kann, jedoch nicht in derjenigen Form existiert, wie sie ‚eigentlich' der Fall ist oder sein sollte. Dies zeigt an, dass Virtualität ein Fall von *Künstlichkeit* ist, die jedoch dadurch nicht gleich antirealistisch mit bloßer Fiktion oder Illusion gleichzusetzen ist. Die Begriffsgeschichte der Virtualität ist komplex, doch lässt sich Virtualität neben der Bedeutung von Kraft (lat. *virtus*) auf den Begriff des *nicht-Aktualen* zurückführen. Dass etwas, nämlich das Virtuelle, „nicht aktual" sei, kann auf zwei Weisen verstanden werden: 1) Es existiert nicht *wirklich* und daher nur eine Simulation oder Illusion; 2) es existiert nicht *im eigentlichen Sinne,* ist aber dennoch *wirklich*. Digitales Spielen erhält insbesondere vor dem Hintergrund der zweiten Lesart seine ontologische Relevanz. In digitalen Spielen manifestiert sich etwa insofern Virtualität, als darin virtuellen Gegenständen ein objektiver Wert zukommt, der sich in andere Währungen umtauschen lässt.

8 Schluss: Digitales Spiel(en) als Philosophie(ren)

Es hat sich gezeigt, dass sich digitale Spiele als komplexe Formen und Praktiken von Wirklichkeitsbezug verstehen lassen. Der mediale Zugriff auf digitale Spiele im Sinne von bloßen Vermittlungen erweist sich bei näherer Betrachtung als nicht erschöpfend und weist über sich hinaus auf Fiktionalität, Simulation und schließlich – auf ontologisch höchster Stufe – auf virtuelle Realität. Wir können digitale Spiele insofern als eine Form und Praxis von Philosophie verstehen, als in ihnen die Frage nach der Realität ‚spielerisch' verhandelt wird. Die Wendung „Ontologie des digitalen Spiel(en)s" kann demnach in einem zweifachen Sinne verstanden werden. Eine ontologische Analyse des digitalen Spiel(en)s ergibt, dass die Praxis des digitalen Spielens im Grunde *selbst* eine Form von Ontologie ist – eine Praxis der performativen Wirklichkeitsverhandlung. Ebenso wird eine Ethik des digitalen Spiel(en)s zeigen müssen, dass digitales Spielen *selbst* als eine Form von Ethik verstanden werden kann. Denn dabei loten wir die moralischen Grenzen von Wirklichkeit, Illusion, Simulation und Fiktion performativ aus, indem wir sie spielerisch verhandeln und in Bewegung bringen.

Indem sich digitales Spielen angesichts dieser Modalitäten vollzieht, d. h. einen Realitätsbezug und eine Realitätsverhandlung darstellt, kann der Prozess des digitalen Spielens in letzter Hinsicht eine Form von *Philosophie(ren)* verstanden werden. Fassen wir das Spiel nicht im Sinne einer bloß rezeptiven Haltung auf, sondern als Aktivität, Kritik und Verwirklichung unserer Freiheit im modalen Raum, so können wir auch das digitale Spielen als einen Bildungsprozess verstehen. Denn hier lassen sich die Modalitäten von Möglichkeit, Wirklichkeit, Notwendigkeit, aber auch von Simulation, Fiktion und Illusion auf eine kreative Weise in ein Verhältnis bringen. Dieser modale Bildungsprozess im virtuellen Raum ist zugleich offen für ethische und ästhetische Bildung. Denn die Unterscheidung zwischen bloßer Simulation und (virtueller) Realität ist kein rein theoretischer Akt, sondern eine Praxis, die normative Signifikanz besitzt und die sich medial als moralisch relevant manifestiert. Freilich liegt diese Normativität des digitalen Spiel(en)s noch vor einer moralisch-qualifizierten Normativität, worüber erst eine Ethik des digitalen Spiel(en)s Auskunft zu geben vermag. Anhand der im Vorigen explizierten autonomen und reflexiven Dimension des digitalen Spiel(en)s zeigt sich aber bereits, dass es von entscheidender Bedeutung ist, dass das Spiel nicht mit *uns,* sondern *wir* mit dem Spiel spielen.[5]

Literatur

Bitkom. 2023. *Statistik-Report zum Thema Videospiele*, zitiert nach de.statista.com. https://de.statista.com/statistik/studie/id/7177/dokument/videospiele-statista-dossier. Zugegriffen: 5. September 2023.

Börchers, Fabian. 2018. Handeln. In *Philosophie des Computerspiels. Theorie – Praxis – Ästhetik*, Hrsg. Feige, Daniel M., Sebastian Ostritsch, und Markus Rautzenberg, 97–122. Stuttgart: J. B. Metzler Verlag.

Bohlmann, Markus, David Lanius, Patrick Maisenhölder, Tim Moser, Jörg Noller, und Maria Schwartz. 2023. On the Use of YouTube, Digital Games, Augmented Maps, and Digital Feedback in Teaching Philosophy. *Journal of Didactics of Philosophy* 7:1–20. https://ojs.ub.rub.de/index.php/JDPh/article/view/9863/9720. Zugegriffen: 5. September 2023.

Feige, Daniel M., Sebastian Ostritsch, und Markus Rautzenberg, Hrsg. 2018. *Philosophie des Computerspiels. Theorie – Praxis – Ästhetik*. Stuttgart: J. B. Metzler Verlag.

Feige, Daniel Martin. 2015. *Computerspiele. Eine Ästhetik*. Berlin: Suhrkamp.

Floridi, Luciano. 2015. *Die 4. Revolution. Wie die Infosphäre unser Leben verändert*. Berlin: Suhrkamp.

GamesCoop. 2012. *Theorien des Computerspiels zur Einführung*. Hamburg: Junius.

Juul, Jesper. 2005. *half-real. Video Games between Real Rules and Fictional Worlds*. Cambridge/London: MIT Press.

Noller, Jörg. 2022. *Digitalität. Zur Philosophie der digitalen Lebenswelt*. Basel: Schwabe.

Ostritsch, Sebastian, und Jakob Steinbrenner 2018. Ontologie. In *Philosophie des Computerspiels. Theorie – Praxis – Ästhetik*, Hrsg. Feige, Daniel M., Sebastian Ostritsch, und Markus Rautzenberg, 55–74. Stuttgart: J. B. Metzler Verlag.

Ostritsch, Sebastian. 2023. *Let's Play oder Game Over? Eine Ethik des Computerspiels*. München: DTV.

---

[5] Eine Ethik des digitalen Spiels, welche die Bewertung des Spiel(en)s im Durchgang durch alle im Vorigen diskutierten Modalitäten unternimmt, ist immer noch ein Desiderat der Forschung.

Ostritsch, Sebastian. 2018. Ethik. In *Philosophie des Computerspiels. Theorie – Praxis – Ästhetik*, Hrsg. Daniel M. Feige, Sebastian Ostritsch, und Markus Rautzenberg, 77–96. Stuttgart: J. B. Metzler Verlag.

Rautzenberg, Markus. 2018. Medium. In *Philosophie des Computerspiels. Theorie – Praxis – Ästhetik*, Hrsg. Feige, Daniel M., Sebastian Ostritsch, und Markus Rautzenberg, 11–26. Stuttgart: J. B. Metzler Verlag.

Strobel, Benjamin, und Wolfgang Zielinski. 2020. Zum Qualitätsbegriff bei digitalen Spielen. In *Medienqualität. Diskurse aus dem Grimme-Institut zu Fernsehen, Internet und Radio*, Hrsg. Frauke Gerlach, 201–211. Bielefeld: transcript.

Schiller, Friedrich. 1962. Über die ästhetische Erziehung des Menschen in einer Reihe von Briefen (1795). In *Nationalausgabe* [NA], Bd. XX. Hrsg. Benno von Wiese, 309–412. Weimar: Hermann Böhlaus Nachfolger.

Sicart, Miguel. 2009. *The Ethics of Computer Games*. Cambridge, MA: MIT Press.

Stalder, Felix. 2016, *Kultur der Digitalität*. Berlin: Suhrkamp.

Stampfl, Nora S. 2012. *Die verspielte Gesellschaft. Gamification oder Leben im Zeitalter des Computerspiels*. Hannover: Heise.

Tolks, Daniel, Claudia Lampert, Kevin Dadaczynski1, Eveline Maslon, Peter Paulus, und Michael Sailer. 2020. Spielerische Ansätze in Prävention und Gesundheitsförderung. Serious Games und Gamification. *Bundesgesundheitsblatt – Gesundheitsforschung – Gesundheitsschutz* 63(6): 698–707.

Ulbricht, Samuel. 2020. *Ethik des Computerspielens. Eine Grundlegung*. Stuttgart: J. B. Metzler Verlag.

USK (Unterhaltungssoftware Selbstkontrolle). 2023. *Leitkriterien der USK für die jugendschutzrechtliche Bewertung von digitalen Spielen*, https://usk.de/?smd_process_download=1&download_id=50111645. Zugegriffen: 5. September 2023.

(Un-)Recht im Computerspiel? Ein naturrechtlicher Aufschlag mit J. G. Fichte

Samuel Ulbricht

Einleitung

> Recht bezieht sich auf die äußeren Beziehungen zwischen natürlichen und künstlichen Personen, zwischen Personen und Gemeinwesen sowie auf die Beziehungen von Gemeinwesen untereinander. Bei widerstreitenden Interessen wird im Medium des Rechts entschieden und ein entsprechendes Handeln oder Unterlassen erzwungen. (Schneidereit 2011, S. 292)

Angesichts dieser aus einem philosophischen Einführungswerk entnommenen Definition von ‚Recht' scheint ein Nachdenken über Recht und Unrecht im Spiel auf den ersten Blick müßig zu sein. Zwar interagieren beim Spiel(en) nicht selten verschiedene Personen miteinander, doch spätestens bei der Erwähnung von ‚erzwungenen Handlungen bei widerstreitenden Interessen' keimt der Verdacht auf, dass Recht und Spiel nicht gut zusammenpassen – schließlich gilt das Spiel typischerweise als zwang *lose* Handlungsform: „Befohlenes Spiel ist kein Spiel mehr" (Huizinga 2015, S. 16). Konkrete Beispiele erhärten den Verdacht: Kann von Unrecht gesprochen werden, wenn mein Springer im Schachspiel einen Läufer schlägt? Ein ‚widerstreitendes Interesse' der Gegner:in ist immerhin zu erwarten. Das Konstatieren eines Rechtsverhältnisses, das solche Handlungen reguliere, scheint *prima facie* höchst fragwürdig zu sein. Entsprechend stellt Johan Huizinga fest: „Das Spiel […] liegt außerhalb der Vernünftigkeit des praktischen Lebens, außerhalb der Sphäre von Notdurft und Nutzen. […] Das Spiel hat seine Gültigkeit außerhalb der Normen der Vernunft, der Pflicht und der Wahrheit" (Huizinga

---

S. Ulbricht (✉)
Philosophisches Seminar, Johannes Gutenberg-Universität Mainz, Mainz, Deutschland
E-Mail: saulbric@uni-mainz.de

© Der/die Autor(en), exklusiv lizenziert an Springer-Verlag GmbH, DE, ein Teil von Springer Nature 2024
M. Schwartz et al. (Hrsg.), *Digitale Lebenswelt,* Digitalitätsforschung / Digitality Research, https://doi.org/10.1007/978-3-662-68863-2_11

2015, S. 173). Die Regeln eines Spiels sind offenkundig keine rechtlichen, sondern eben *Spiel*-Regeln.

Die Abgesondertheit des Spiels und seiner Regeln von der sonstigen Welt und ihren Gesetzen wird häufig mit dem Schlagwort *magic circle* umschrieben, das auf Huizingas Überlegungen zurückgeht: „*Spiel ist nicht das ‚gewöhnliche' oder das ‚eigentliche' Leben. Es ist vielmehr das Heraustreten aus ihm in eine zeitweilige Sphäre von Aktivität mit einer eigenen Tendenz*" (Huizinga 2015, S. 16). In dieser Sphäre „*haben die Gesetze und Gebräuche des gewöhnlichen Lebens keine Geltung*" (Huizinga 2015, S. 21). Das ‚Heraustreten' aus dem ‚eigentlichen Leben' scheint also mit dem temporären Heraustreten aus Rechtsverhältnissen und -verpflichtungen und dem Eintreten in eine abgeschlossene und unabhängige ‚Spielsphäre' einherzugehen, die eigene (Spiel-)Regeln konstituiert. Entsprechend würde es auch im Computerspiel niemand als (rechtskräftigen) Diebstahl bezeichnen, wenn bei der ‚Münzenjagd' in *Mario Kart 8 Deluxe* der Gegner:in Münzen stibitzt werden. Oder wenn im Online-Modus von *Metal Gear Solid V: The Phantom Pain* eine Datendisc vom feindlichen Team ‚gestohlen' wird. In solchen Fällen auf das Eigentumsrecht zu beharren, scheint absurd. Wo also ansetzen, wenn sinnvoll über ein Rechtsverhältnis im Computerspiel nachgedacht werden soll? Um Fragen nach Urheber:innen- oder Verbraucher:innenrechten kann es jedenfalls nicht gehen, denn diese betreffen keine Rechtsverhältnisse *in* Spielen, sondern zielen auf den (spielexternen) Umgang *mit* Spielen.

Entgegen des ersten, robusten Eindrucks der Unvereinbarkeit von Recht und Spiel gibt es durchaus Beispiele, die Spielsphären rechtliche Relevanz zuweisen. So etwa beim Kauf und Verkauf virtueller Güter in Computerspielen; ein Thema, das bereits im Jahr 2011 im Bundestag diskutiert wurde und eine juristische Herausforderung darstellt, wie folgender Absatz aus einer entsprechenden Ausarbeitung zeigt:

> Nicht eindeutig fällt die Qualifizierung des Vertrages über den „Verkauf" eines virtuellen Gutes innerhalb einer Online-Welt und somit auch die Bestimmung der Gewährleistungsrechte aus. Es könnte bereits fraglich sein, ob die Akteure eines Onlinespiels bei ihren Tätigkeiten überhaupt über einen Rechtsbindungswillen verfügen, also ob z. B. dem Verkauf einer virtuellen Raumstation innerhalb des Spiels vom Rechtsverkehr eine rechterhebliche Bedeutung beigemessen wird. Denn ein Rechtsbindungswille ist notwendig, um einen Vertrag abschließen zu können. Was für einen nicht kundigen Außenstehenden wie eine spielerische und somit nicht ernstgemeinte Handlung aussieht (schließlich würde keiner auf die Idee kommen, beim Kauf einer „Schlossallee" auf die Erfüllung des Vertrages zu pochen oder die Geschäftsfähigkeit des Käufers zu überprüfen), ist für den betroffenen Rechtskreis – die Online-Community – eine verbindliche Erklärung. ([Anonym] 2011, S. 17)

Der Fall zeigt, dass rechtliche Fragen in Bezug auf Computerspiele sinnvoll gestellt werden können. Und zwar nicht nur virtuelles Eigentum betreffend, sondern „auch sonstige Kriminalitätserscheinungen der realen Welt wie Betrug, Beleidigung und Mobbing" ([Anonym] 2011, S. 20).

Es besteht ein Spannungsverhältnis zwischen den Überlegungen Huizingas, der jegliches Spiel außerhalb jedes Rechtsraums und innerhalb des *magic circle* verortet, und der juristischen Realität, die nahelegt, dass ein bestimmtes Verhalten im (Computer-)Spiel durchaus gegen geltendes Recht verstoßen kann. Die folgende Ausarbeitung strebt an, die divergierenden Standpunkte und Intuitionen unter einer Perspektive zusammenzubringen. Statt konkrete Rechtsfragen in Bezug auf konkrete Spiele zu klären oder eine umfassende Rechtsphilosophie des Spiels zu entwerfen, wird ein rechtsphilosophischer Aufschlag versucht, der die Relevanz des Themas für die (bislang nicht geführte) fachphilosophische Diskussion ausweisen soll. Speziell steht die folgende, grundlegende Frage im Zentrum: (Wo) Macht es Sinn, mit der Kategorie des Rechts über Computerspiele nachzudenken?

Rechtspositivistisch scheint die Antwort zunächst klar zu sein. Geht man vom geltenden Recht aus, so schreiben obige Beispiele bestimmten Computerspielen eindeutig rechtliche Relevanz zu. Allerdings machen dieselben Beispiele auch deutlich, dass die juristische Einordnung von Computerspielhandlungen noch diffus ist. Viele wichtige Fragen bleiben offen. Unter anderem ist ungeklärt, warum nicht alle Handlungen im Computerspiel *qua Spielhandlung* rechtlich legitim sind und auf welcher normativen Grundlage sich entsprechende juristische Urteile überhaupt begründen lassen. Zur Beantwortung dieser Fragen genügt kein Verweis auf geltendes Recht, denn die Rechtslage ist faktisch (noch) unklar. Die rechtspositivistische Perspektive ist somit (noch) nicht geeignet, um das Phänomen der Computerspiele rechtsphilosophisch auszuleuchten. Entsprechend ist es angebracht, einen Schritt zurück zu treten und sich zu fragen, wie ein Rechtsverhältnis im Computerspiel *unabhängig* vom geltenden Recht begründet werden kann. Mit anderen Worten: Es ist angebracht, eine Naturrechtstheorie zurate zu ziehen. In der Philosophiegeschichte finden sich einige geeignete Kandidat:innen für dieses Vorhaben. Ich habe mich aus drei Gründen für Johann Gottlieb Fichte entschieden: Erstens kommt seine Naturrechtstheorie ohne den Moralbegriff aus, weil das Recht allein aus dem Selbstbewusstsein vernünftiger Wesen deduziert wird. Die Fichte'sche Rechtsphilosophie des Computerspiels droht also nicht zu einer Ethik des Computerspiels zu werden. Zweitens lassen sich mit Fichte zwei klare und einfache Voraussetzungen für ein Rechtsverhältnis herleiten, die erstaunlich kompatibel mit Computerspielkontexten sind. Drittens treten mit Fichte wichtige normative Eigenheiten von Computerspielen hervor, die Relevanz und Potenzial weiterer rechtsphilosophischer Untersuchungen in diesem Feld sichtbar machen.

1 Ein Abriss: Fichtes Deduktion des Rechts

1.1 Die Bedingungen eines Rechtsverhältnisses

Die folgende Rekonstruktion ist kein vollständiger Nachvollzug der Argumentation Fichtes, sondern arbeitet vorrangig die spezifischen Bedingungen heraus, die für Fichte ein Rechtsverhältnis konstituieren.[1] Unweigerlich werden also Feinheiten und argumentative Zwischenschritte seiner Überlegungen zu kurz kommen. Ich beginne mit der Konklusion: dem dritten Lehrsatz von Fichtes *Grundlage des Naturrechts nach Principien der Wissenschaftslehre,* in dem er das Rechtsverhältnis als notwendiges Verhältnis zwischen endlichen Vernunftwesen bestimmt:

> *Das endliche Vernunftwesen kann nicht noch andere endliche Vernunftwesen ausser sich annehmen, ohne sich zu setzen, als stehend mit denselben in einem bestimmten Verhältnisse, welches man das Rechtsverhältniss nennt.* (III §4, S. 41)

Grundsätzlich besteht ein Rechtsverhältnis also im Verhältnis vernünftiger Wesen.[2] Wesentlich ist für Fichte dabei der Zusammenhang des ‚Sich-Selbst-Setzens' mit dem ‚Setzen' weiterer Vernunftwesen. Der Gedanke ist, dass ein Individuum als solches nur *in Abgrenzung* zu anderen Individuen denkbar ist. Das heißt, jedes Selbstbewusstsein impliziert die Existenz (mindestens) eines anderen Individuums – wodurch das Rechtsverhältnis zu einem notwendigen Verhältnis wird:

> Es findet sich in Absicht dieses Begriffes [des Rechts, S.U.], dass er nothwendig werde dadurch, dass das vernünftige Wesen sich nicht als ein solches mit Selbstbewusstseyn setzen kann, ohne sich als *Individuum,* als Eins unter mehreren vernünftigen Wesen, zu setzen, welche es ausser sich annimmt, so wie es sich selbst annimmt. (III, S. 8)

Das Bestehen eines Rechtsverhältnisses folgt also notwendig aus dem Selbstbewusstsein eines vernünftigen Wesens (und umgekehrt[3]): Es ist ein Verhältnis

---

[1] Wobei bereits die Rede von ‚Bedingungen' eines Rechtsverhältnisses mit Fichte problematisch ist, da jedes Rechtsverhältnis aus transzendentaler Perspektive *a priori* gilt. Die zu erarbeitenden Bedingungen sollten also nicht als einschränkende Bestimmungen verstanden werden, sondern als Betonung von Elementen, die in jedem Rechtsraum notwendigerweise gegeben sind.

[2] An dieser Stelle sei mir eine kleine Anmerkung gestattet, die über die reine Exegese Fichtes hinausgeht. Die Tatsache, dass auch Menschen mit tiefgreifenden kognitiven Einschränkungen klarerweise als Rechtsträger:innen verstanden werden müssen, spricht dafür, Fichtes ‚notwendige Bedingungen' für ein Rechtsverhältnis lediglich als *hinreichende* Bedingungen zu verstehen und so die Möglichkeit offen zu lassen, dass ein Rechtsverhältnis auch auf ganz andere Weise begründet werden kann. Für diesen wichtigen Hinweis danke ich Stephanie Elsen. Dem Untersuchungsziel dieses Beitrags tut diese Einschränkung keinen Abbruch, da erstens keine umfassende Rechtsphilosophie des Computerspiels, sondern vielmehr ein rechtsphilosophischer Aufschlag im Zentrum steht, der die Forschungsrelevanz dieses unbegangenen Felds aufzeigen und möglichst anschlussfähig für weitergehende Untersuchungen sein soll. Zweitens setzt das Spielen von Computerspielen ohnehin einige Fähigkeiten voraus, die sich, wie sich zeigen wird, in großen Teilen mit denjenigen Bedingungen überschneiden, die Fichte für die Existenz eines Rechtsverhältnisses festsetzt. Das ist auch einer der Gründe, weshalb sich seine Deduktion in Bezug auf Computerspiele als besonders fruchtbar erweisen wird.

[3] Fichtes Deduktion sollte nicht einseitig verstanden werden. Zwar suggeriert die Argumentationslinie Fichtes auf den ersten Blick die logische Vorrangigkeit des Selbstbewusstseins vor dem Rechtsverhältnis. Doch letztlich bedingen sich Recht und vernünftiges Selbst wechselseitig. Alain Renaut pointiert: „Die *Conditio iuris* ist die *Conditio humana* selbst" (Renaut 2001, S. 86).

a priori. Unter ‚Selbstbewusstsein' versteht Fichte keine theoretische Tatsache, sondern eine praktische ‚Tathandlung'. Zur Betonung dieses praktischen Moments spricht Fichte häufig von der Selbst *setzung* statt vom Selbstbewusstsein. So auch im ersten Lehrsatz, in dem er präzisiert, welche Eigenschaften des Individuums die Praxis des Selbstsetzens voraussetzt: *„Ein endliches vernünftiges Wesen kann sich selbst nicht setzen, ohne sich eine freie Wirksamkeit zuzuschreiben"* (III § 1, S. 17). Erst im Handeln – der Erfahrung ‚freier Selbstwirksamkeit' – wird sich das Individuum seiner selbst gewahr. Frei handeln zu können ist also Bedingung für das Selbstbewusstsein und damit auch des Rechts, womit ein erster wichtiger Baustein für ein Rechtsverhältnis gefunden wurde.

Frei handeln zu können setzt nicht nur ein Selbstbewusstsein, das Zwecke setzt, voraus, sondern auch einen Bereich, in dem diese Zwecke realisiert werden können. Entsprechend ergänzt Fichte im Folgesatz § 2, dass jede Selbstsetzung mit einer *Welt* setzung „in eins geht" (Piché 2001, S. 59): *„Durch dieses Setzen seines Vermögens zur freien Wirksamkeit setzt und bestimmt das Vernunftwesen eine Sinnenwelt außer sich"* (III § 2, S. 23). Jede Zwecksetzung setzt für ihre Realisierung also die Existenz einer Sinnenwelt voraus – im rein Geistigen lassen sich keine Zwecke verwirklichen. Zugleich geht mit der freien Zwecksetzung auch die unmittelbare Erfahrung des Ich als Wollendes einher: „Positing an end is at the same time willing to act" (Neuhouser 2001, S. 46). Indem das Individuum also etwas (handlungswirksam) will, erfährt es sich gleichermaßen als frei (durch die freie Zwecksetzung) und als begrenzt (durch die Sinnenwelt, in der die Zwecke gesetzt und realisiert werden müssen).

Damit ist die erste Bedingung für ein Rechtsverhältnis nach Fichte vollständig bestimmt: Eine freie und wirksame Handlung, als selbst- und weltsetzender Akt, muss gegeben sein. Angesichts des einleitenden Zitats dieses Beitrags mag dieses Zwischenergebnis überraschen: Nicht von Gesetzen, Personen, Gemeinwesen oder Zwang ist die Rede, sondern schlicht von freier Zwecksetzung als konstitutiver Bestandteil des Rechts. Allerdings ist die Deduktion Fichtes noch nicht an ihrem Endpunkt und zumindest *ein* zentraler Aspekt der einführenden Definition ist auch im Rechtsbegriff Fichtes integriert: Die Existenz und Interaktion mehrerer Individuen. Fichtes zweiter Lehrsatz lautet:

Das endliche Vernunftwesen kann eine freie Wirksamkeit in der Sinnenwelt sich selbst nicht zuschreiben, ohne sie auch anderen zuzuschreiben, mithin auch andere endliche Vernunftwesen ausser sich anzunehmen. (III §3, S. 30)

Der zweite Lehrsatz gibt Rätsel auf: Warum sollte eine Selbstsetzung notwendigerweise die Annahme weiterer Individuen voraussetzen? Weshalb kann ein endliches Vernunftwesen nicht ausschließlich *sich selbst* freie Wirksamkeit zuschreiben? Weshalb kann es keine Sinnenwelt setzen, in der es *allein* tätig ist? Die „Deduktion der Intersubjektivität" (Renaut 2001, S. 85) erfolgt aufgrund eines Zirkels, den Fichte in seinen bisherigen Ausführungen identifiziert:

> Alles Begreifen ist durch ein Setzen der Wirksamkeit des Vernunftwesens; und alle Wirksamkeit ist durch ein vorhergegangenes Begreifen desselben bedingt. Also ist jeder mögliche Moment des Bewusstseyns, durch einen vorhergehenden Moment desselben, bedingt, und das Bewusstseyn wird in der Erklärung seiner Möglichkeit schon als wirklich vorausgesetzt. Es lässt sich nur durch einen Cirkel erklären; es lässt sich so nach überhaupt nicht erklären, und erscheint als unmöglich. (III §3, S. 30)[4]

Mit anderen Worten: Bis hierhin wurde erarbeitet, dass sich jedes Selbstbewusstsein, als Erfahrung der Selbstwirksamkeit, eine Sinnenwelt entgegensetzt. Die Sinnenwelt ist also durch das Selbstbewusstsein bedingt. Allerdings ist ein Selbstbewusstsein nur dann denkbar, wenn bereits eine Sinnenwelt existiert, in der sich Zwecke realisieren, sich die Selbstwirksamkeit also erfahren lässt. Demnach ist das Selbstbewusstsein durch die Sinnenwelt bedingt. Kurz: Jedes Selbstbewusstsein braucht eine Sinnenwelt, in der es wirken kann, die wiederum ein Selbstbewusstsein braucht, um als Sinnenwelt evident zu sein. Fichtes Auflösung des Zirkels besteht nun darin,

> dass angenommen werde, die *Wirksamkeit des Subjects* sey mit dem *Objecte* in einem und ebendemselben Momente synthetisch vereinigt; die Wirksamkeit des Subjects sey selbst das wahrgenommene und begriffene Object, das Object sey kein anderes, als diese Wirksamkeit des Subjects, und so seyen beide dasselbe. (III §3, S. 32)

Das vom freien Ich entgegengesetzte ‚Nicht-Ich' muss also *selbst* ein freies Vernunftwesen sein, um dem Zirkel zu entgehen: ein anderes Individuum. Damit ergibt sich allerdings ein neues Problem: Wurde das Nicht-Ich zuvor nicht als Sinnenwelt bestimmt, in der sich Zwecke realisieren lassen? Als Objekt des Handelns, das von freien Individuen beliebig veränderbar ist? Wenn dieses Objekt nun aber selbst ein freies Vernunftwesen sein soll, dessen „Thätigkeit […] absolut frei sey und [das, S.U.] sich selbst bestimme" (III § 3, S. 32), so muss es als Handlungs *subjekt* und kann nicht als bloßes Objekt verstanden werden. Wie kann etwas gleichzeitig Subjekt und Objekt sein? Fichte sieht das Problem und löst es durch Integrierung einer normativen Komponente, die jeder Wechselwirkung zweier freier Vernunftwesen immanent ist. Diese Komponente ist die „Aufforderung des Subjects zum Handeln" (III § 3, S. 33). Inwiefern löst sie das Problem? Eine Aufforderung bezieht sich auf eine zu realisierende Handlung in der Zukunft. Der Aufgeforderte bekommt also „den Begriff seiner freien Wirksamkeit, nicht als etwas, das im gegenwärtigen Momente *ist,* denn das wäre ein wahrer Widerspruch; sondern als etwas, das im künftigen seyn *soll*" (III § 3, S. 33). Damit stellt Fichte

---

[4] Der Zirkel lässt sich auch als Aporie formulieren, „in die eine jede Erklärung von Selbstbewußtsein geraten muß, die sich des Modells der selbstbezüglichen Reflexion bedient: wenn jener Akt, durch den das endliche Subjekt zu Selbstbewußtsein gelangen soll, als zeitgleiche Reflexion der eigenen, spontanen Selbsttätigkeit vorgestellt wird, dann verliert im Vollzug einer solchen bewußten Vergewisserung die Subjektivität ihren Freiheitscharakter und wird in einen Gegenstand verwandelt, so daß die zu reflektierende Selbsttätigkeit erneut vorausgesetzt werden muß" (Honneth 2001, S. 70).

sicher, dass ein Individuum nicht gleichzeitig Subjekt und Objekt einer Handlung ist. Begrenzt aber eine solche Aufforderung – als *Anordnung* einer zukünftigen Praxis – nicht ebenfalls den Aufgeforderten in seiner freien Wirksamkeit und macht ihn dadurch zum Objekt? In der Tat erfährt das aufgeforderte Individuum die Aufforderung als Nötigung zu einer bestimmten Handlung. Doch gerade diese Nötigung macht ihm seine Freiheit bewusst, der Aufforderung auch *nicht* nachkommen und die Handlung unterlassen zu können. Die freie Selbstwirksamkeit als Reaktion auf das ‚Sollen' einer Aufforderung wird also nicht allein durch *„wirkliches Handeln"* (III § 3, S. 31), sondern wesentlich auch durch *„Nichthandeln"* (III § 3, S. 31) realisiert.

Es zeigt sich, dass ein vernünftiges Wesen nicht anders denkbar ist als ein solches, das seine freie Selbstwirksamkeit in Reaktion auf die Aufforderung anderer Individuen erfährt. Dies ist die zweite konstitutive Bedingung des Fichte'schen Rechtsverhältnisses: Die auffordernde Interaktion mindestens zweier Vernunftwesen muss gegeben sein. Insgesamt ist ein Rechtsverhältnis also genau dann gegeben, wenn

i) Interaktionen zwischen Vernunftwesen stattfinden, die
ii) frei und wirksam handeln.

1.2 Die Normativität des Rechts

Mit Fichte besteht ein Rechtsverhältnis in der Interaktion freier Vernunftwesen, die sich wechselseitig zum Handeln auffordern. Doch wozu genau fordern sie auf? Laut Fichte zur *Anerkennung freier Selbstwirksamkeit,* ohne die eine Selbstsetzung als Individuum nicht möglich ist. Diese Aufforderung zur Anerkennung impliziert umgekehrt auch die Anerkennung des Gegenübers: *„Ich kann einem bestimmten Vernunftwesen nur insofern anmuthen, mich für ein vernünftiges Wesen anzuerkennen, inwiefern ich selbst es als ein solches behandele"* (III § 4, S. 44). Ich kann also nur dann etwas von meinem Gegenüber fordern, wenn ich ihm auch die Fähigkeit zugestehe, meiner Forderung nachkommen zu können: die Fähigkeit zur freien Wirksamkeit. Jede Aufforderung ist auch eine Anerkennung – und beides ist „Bedingung der Möglichkeit des Selbstbewusstseyns" (III § 4, S. 46). Konkret heißt das:

> Ich setze mich als Individuum im Gegensatze mit einem anderen bestimmten Individuum, indem *ich mir* eine Sphäre für meine Freiheit zuschreibe, von welcher ich den anderen, und *dem anderen* eine zuschreibe, von welcher ich mich ausschliesse[.] (III §4, S. 51)

Das Rechtsverhältnis zweier Vernunftwesen ist also durch eine Selbstsetzung *gegensätzlich* zum anderen Individuum bestimmt: die Beanspruchung einer eigenen Freiheitssphäre, in deren Rahmen das jeweilige Vernunftwesen frei zu agieren fordert. Damit gesteht jedes Individuum aber auch dem Gegenüber eine Freiheitssphäre zu, die dadurch bestimmt ist, dass sie nicht zur eigenen Freiheitssphäre gehört. Wenn jedes Vernunftwesen in seiner Selbstwirksamkeit inklusive eigener Freiheitssphäre anerkannt werden will, diese Anerkennung aber auf Wechselseitigkeit beruht, so folgt daraus: *„Ich muss das freie Wesen ausser mir in allen Fällen anerkennen als ein solches, d. h. meine Freiheit durch den Begriff der Möglichkeit seiner Freiheit beschränken"* (III § 4, S. 52). Diese „aufgestellte Formel ist der *Rechtssatz*" (III § 4, S. 52).

Während das Rechtsverhältnis als das „deducirte Verhältniss zwischen vernünftigen Wesen, dass jedes seine Freiheit durch den Begriff der Möglichkeit der Freiheit des anderen beschränke, unter der Bedingung, dass das erstere die seinige gleichfalls durch die des anderen beschränke" (III § 4, S. 52) *deskriptiv* die Relation beschreibt, die *a priori* zwischen Vernunftwesen herrscht (das ‚Aufeinanderprallen' unterschiedlicher Freiheitssphären), so ist der Rechtssatz eine *normative* Forderung. Das ‚muss' steht nicht für eine transzendentale Notwendigkeit, sondern impliziert einen hypothetischen Imperativ, der lautet: *Wenn* ich als Individuum mit eigener Freiheitssphäre anerkannt werden will, *dann* muss ich mein Gegenüber ebenso als freies Individuum anerkennen und ihm eine eigene Freiheitssphäre zugestehen. Hier wird deutlich, was für Fichte ein Unrecht ist: dem Gegenüber keine eigene Freiheitssphäre zuzugestehen, sondern diese durch übergriffige Handlungen zu unterminieren. Fichtes normativer Rechtssatz hat anders als das Rechtsverhältnis keine Geltung *a priori*. Dennoch sieht ihn jedes Vernunftwesen unmittelbar ein, will es sich als freies und selbstwirksames Individuum verwirklichen – und *qua Vernunftwesen* will es das.

An dieser Stelle ist es nur noch ein kleiner Schritt, die Unabhängigkeit des Rechts von der Moral zu fundieren. Die „Autonomie des Rechts zeigt sich in zweierlei: zum einen in der moralfreien Begründungsargumentation, die das Recht als Selbstbewußtseinsbedingung entziffert; zum anderen im hypothetischen Charakter seiner Gültigkeit" (Kersting 2001, S. 25). Dass Fichtes Deduktion gänzlich ohne den Moralbegriff auskommt, ist auch anhand der vorliegenden Rekonstruktion ersichtlich. So geht es bei der Thematisierung freier Handlungen an keiner Stelle darum, welche oder dass die richtigen Zwecke gesetzt werden (dies ist das Thema der Moral), sondern allein darum, dass freie Zwecksetzung überhaupt notwendig – weil konstitutiv für das Selbstbewusstsein – ist (Neuhouser 2001, S. 47–48). Und auch der normative Rechtssatz darf nicht als moralische Forderung (miss-)verstanden werden, handelt es sich doch um einen *hypothetischen* Imperativ, der zwar für Vernunftwesen unmittelbar ersichtlich ist und dadurch Allgemeinheit suggeriert, aber keinem *kategorischen* Imperativ mit *unbedingter* Geltung entspricht.

2   Recht und Spiele

2.1   Rechtsverhältnis im Spiel

Was tragen die Überlegungen Fichtes für eine rechtsphilosophische Vermessung des Computerspiels aus? Eine erste, überraschende Erkenntnis lautet: Die Existenz von (vernünftigen) Spieler:innen ist *ohne* ein Rechtsverhältnis nicht denkbar, weil Fichte den Begriff des Rechts aus dem Selbstbewusstsein deduziert. Entgegen des ersten Eindrucks aus der Einleitung scheint ein Nachdenken über Rechtsverhältnisse im Computerspiel also aus ganz anderen Gründen müßig: Das Spiel scheint nicht *per se* rechtefrei, sondern umgekehrt das Recht *per se* auch im Spiel zu gelten. Wie(so) sollte sich im Spiel ein Verhältnis aufheben, das *a priori* gilt?

Spieler:innen konstituieren also notwendigerweise ein Rechtsverhältnis, da sie sich erst dadurch in ihrer Selbstwirksamkeit und als freie Individuen begreifen können. Daraus folgt aber nicht zwingend, dass wir beim Computerspielen nun aufpassen müssen, nichts Illegales zu tun. Warum nicht? Weil Rechtsverhältnis und Rechtssatz nicht dasselbe sind. Erst durch den Rechtssatz lädt sich das Rechtsverhältnis normativ auf. Und der Rechtssatz gilt erst dann, wenn beide Bedingungen eines Rechtsverhältnisses *aktual* erfüllt sind. Ein Beispiel zur Veranschaulichung: Angenommen, ein Individuum (das heißt: ein bereits anerkanntes Rechtssubjekt) begibt sich ins gesellschaftliche Exil, zum Beispiel auf eine verlassene Insel. Theoretisch herrscht dort nun ein Rechtsverhältnis, praktisch wird dieses aber nicht wirksam, weil das Handeln des Individuums keine Freiheitssphäre außer der eigenen tangiert. Die erste Bedingung i) eines Rechtsverhältnisses ist nicht aktual erfüllt. Auf der einsamen Insel ist der Rechtssatz bedeutungslos, das Rechtsverhältnis normativ leer.

Sind Computerspielwelten wie einsame Inseln? *Prima facie* gibt es einige Gemeinsamkeiten, weil beide durch ihre Abgeschlossenheit einen normativ abgegrenzten Raum zu konstituieren scheinen. Die Grenze ist einmal der Ozean, einmal der *magic circle:* „Jedes Spiel bewegt sich innerhalb seines Spielraums, seines Spielplatzes, der materiell oder nur ideell, absichtlich oder wie selbstverständlich im voraus abgesteckt worden ist" (Huizinga 2015, S. 18). Der Analogie folgend, scheinen zumindest diejenigen Spiele aus der normativen Sphäre des Rechts ausgeschlossen zu sein, die die erste Bedingung i) eines Rechtsverhältnisses – die Interaktion zwischen Vernunftwesen – nicht aktual erfüllen. Das sind alle Spiele, in denen nicht mehrere Spieler:innen miteinander (oder gegeneinander) spielen (können): Singleplayer-Spiele wie *The Last of Us Part II* oder *The Legend of Zelda: Breath of the Wild,* die eine Spieler:in alleine spielt.[5] Diese Spiele können praktisch rechtefreie Zonen konstituieren. Sie gewähren Spieler:innen eine ‚Flucht aus dem Alltag' in ein „abgesondertes, umzäuntes, geheiligtes Gebiet, in dem besondere Regeln gelten" (Huizinga 2015, S. 19), deren Bruch kein Unrecht ist, weil niemandes Freiheitssphäre tangiert wird.[6] Neben Singleplayer-Spielen existieren auch Computerspiele, die von mehreren Personen gespielt werden müssen. Eine

---

[5] Natürlich lassen sich diese Spiele auch zusammen mit anderen spielen, zum Beispiel, wenn sich Spieler:innen beim Spielen abwechseln. Diese Interaktion lädt die Spielsituation normativ auf. Es ist allerdings eine Interaktion, die nebenher *beim* Spielen und nicht *im* Spiel stattfindet. Sie ist daher nicht das Phänomen, um das es mir hier geht.

[6] Später wird sich allerdings zeigen, dass die rechtliche Relevanz von Singleplayer-Spielen nicht *gänzlich* negiert werden kann.

Interaktion zwischen Vernunftwesen ist in diesen sogenannten Multiplayer-Spielen notwendigerweise gegeben; sie erfüllen *per definitionem* Bedingung i).

Wie ist es aber mit Bedingung ii), freie und wirksame Handlungen durchführen zu können? Hier mag es auf den ersten Blick so scheinen, als ob *kein* Spiel, ob Singleplayer oder Multiplayer, ihr vollends genügen könne: „Jedes Spiel hat seine eigenen Regeln. Sie bestimmen, was innerhalb der zeitweiligen Welt, die es herausgetrennt hat, gelten soll. Die Regeln eines Spiels sind unbedingt bindend und dulden keinen Zweifel" (Huizinga 2015, S. 20). Ausschließlich im Rahmen von ‚unbedingt bindenden Regeln' in einer ‚zeitweiligen Welt' handeln zu können, würde manche:r nicht als vollwertige Freiheit begreifen wollen. Auf den zweiten Blick stellt sich die Sache aber anders dar. Mit Fichte haben wir gesehen, dass Individuen ihre freie Selbstwirksamkeit *gerade* in Momenten äußerer Aufforderung oder Nötigung erfahren. Nichts anderes tun Computerspiele: „Spiele sind Handlungsanweisungen" (Neitzel 2018, S. 225) und setzen damit freie Spielende voraus. Ihre Aufforderung lautet stets gleich: *Du musst meinen Spielregeln Folge leisten, wenn du mich spielen willst!*

Die Aufforderung teilt ihre hypothetische Struktur mit dem Rechtssatz. Das ist kein Zufall: Die Befolgung der Spielregeln ist keine transzendentale Notwendigkeit *a priori,* sondern eine normative Bedingung, die genau dann zu erfüllen ist, wenn ein bestimmtes Spiel gespielt werden soll. Spielregeln regulieren nicht nur einen abgesteckten Bereich, sondern sie *konstituieren* ihn (Rawls 1955). Breche ich also die Spielregeln oder kenne sie schlicht nicht, so spiele ich unter Umständen *ein* Spiel, aber nicht *dieses* Spiel, das die Einhaltung *dieser* Regeln fordert. Um Geltung zu beanspruchen, müssen Spielregeln nicht als ein Katalog feststehender Ge- und Verbote aufgelistet sein, sondern sie können auch implizit durch die Spielmechanik vermittelt, durch Einigung mit Mitspieler:innen errungen oder auch dynamisch veränderbar sein (so etwa bei prozessualen Regeln oder im freien Spiel). Kurz: Die Aufforderung eines Spiels, sich an seine Spielregeln zu halten, ist schlicht die Aufforderung, *dieses* und kein anderes Spiel zu spielen. Der nötigende Charakter dieser Aufforderung konstituiert die Freiheit der Spieler:in: Angesichts der Handlungsanweisung wird ihr klar, dass sie den Spielregeln Folge leisten, sie brechen oder das Spiel abbrechen kann. Spielen ist also tatsächlich „zunächst und vor allem *ein freies Handeln*" (Huizinga 2015, S. 16). Das gilt nicht nur für unseren Umgang *mit* Spielen und ihren Regeln, sondern auch für unsere Handlungen *innerhalb* des Spiels. Computerspiele bieten stets verschiedene Aktionsmöglichkeiten an; sei es nur, ob ich meine Figur in *Inside* nach rechts oder nach links steuere. Selbst bei *Solitär* muss ich wählen, von welchem Stapel ich die nächste Karte ziehe. Im Rahmen eines Spiels von bindendem Zwang zu sprechen, ist also verfehlt.

Fichtes zweite Bedingung eines Rechtsverhältnisses ist damit allerdings noch nicht vollständig erfüllt. Er betont, dass die Handlungen nicht nur frei, sondern auch *wirksam* sein müssen. Dies versteht Fichte durchaus eng: Sie müssen die *Sinnenwelt* verändern, um rechtlich relevant zu sein. Doch haben wir es beim Spielen nicht bloß mit *Spiel*welten zu tun, die gänzlich unabhängig von der Sinnenwelt existieren? Finden die Handlungen meiner Spielfigur nicht lediglich in einer imaginativ konstruierten, einer *fiktiven* Welt statt (Ulbricht 2020, S. 41–47)? Stoßen wir hier an die Grenzen des *magic circle,* der zwar freie Interaktionen zwischen Vernunftwesen, aber keine *wirksamen* Handlungen im engeren Sinne zulässt? Um diese Fragen zu beantworten, müssen wir Computerspielwelten genauer in den Blick nehmen. Sie sind nicht gleichzusetzen mit Huizingas *magic circle,* sondern reichen über ihn hinaus: Computerspielwelten konstituieren nicht nur fiktive Welten, sondern auch virtuelle Räume.

2.2 Computerspielwelten: Virtuelle Räume und fiktive Welten

Virtuelle Räume bestimme ich in Anlehnung an David Chalmers als interaktive, immersive und computergenerierte Räume (Chalmers 2017, S. 312).[7] Physikalisch sind sie zurückzuführen auf digitale Prozesse und genuiner Teil der Wirklichkeit – und damit auch der Fichte'schen Sinnenwelt. Handlungen im virtuellen Raum sind so wirklich wie gewöhnliche Alltagshandlungen: „Suppose I enter the virtual environment of *Second Life* in order to have a conversation with a friend. In what sense is what goes on fictional? I am really having a conversation with my friend: this is not fictional at all" (Chalmers 2017, S. 316). Es gibt keinen Grund, weshalb in virtuellen Räumen kein Rechtsverhältnis herrschen und der Rechtssatz nicht gelten sollte. Es handelt sich um virtuelle Erweiterungen der Sinnenwelt, nicht um eigenständige, abgeschlossene Welten. Anders ist das bei fiktiven Welten. Fiktive Welten sind imaginierte Welten, sie sind somit nur subjektiv zugänglich (Ulbricht 2020, S. 83–84). Jede fiktive Welt ist von einem konkreten Individuum imaginiert und Imaginiertes lässt sich nicht intersubjektiv teilen: Kein Individuum außer mir hat Zugriff auf die von mir imaginierte Welt. Sie existiert als individuell konstruierte, abstrakte Entität (Kripke 2014, S. 108), die also Fichtes Bedingungen für ein Rechtsverhältnis nicht erfüllt: Es interagieren in fiktiven Welten keine Individuen, sondern nur Figuren. Wirksame Handlungen im Sinne Fichtes sind hier nicht durchzuführen, denn deren Zwecke müssen in der begrenzenden Sinnenwelt gesetzt sein. Fiktive Welten begrenzen nicht: Ich kann imaginieren, alles Mögliche zu tun.

Computerspiele konstituieren einerseits virtuelle Räume, können aber andererseits auch fiktive Welten mitkonstituieren. Entsprechend stehen Spieler:innen unterschiedliche Zugänge zu Computerspielen zur Verfügung; je nach Perspektive, die sie auf ihr Spiel(en) einnehmen. Aus objektiver Außenperspektive sind alle

---

[7] Ich verstehe hier ‚Immersion' nicht so eng wie Chalmers, der damit die spezielle Perspektivität von *Virtual-Reality*-Systemen meint: „An immersive environment is one that generates perceptual experience of the environment from a perspective within it, giving the user the sense of ‚presence': that is, the sense of really being present at that perspective" (Chalmers 2017, S. 312). In dieser Untersuchung sei ‚Immersion' allgemeiner als das imaginative ‚Eintauchen' in fiktive Welten verstanden, das auch beim Lesen fesselnder Romane stattfinden kann.

Computerspielwelten virtuelle Räume, die als computergenerierte Handlungsräume genuiner Teil der Wirklichkeit sind. Auch subjektiv kann eine Computerspielwelt so verstanden werden. Zum Beispiel dann, wenn eine Spieler:in beim Spielen Ziele verfolgt, die außerhalb der Spielwelt angesiedelt sind: Sie will das Fliegen eines Hubschraubers trainieren, sich beim Organisieren eines virtuellen Bauernhofs entspannen, die Schwester in *Mario Kart 8 Deluxe* besiegen. Setzen Spielende solche Zwecke, führen sie ‚virtuelle Handlungen' durch (Ulbricht 2020, S. 25–31). Das heißt, beim Handeln begreifen sie die Computerspielwelt nicht als eigenständiges, in sich geschlossenes Realitätssystem mit genuin unabhängigen Gesetzen und Regeln (also: nicht als fiktive Welt), sondern als virtuelle Erweiterung der Wirklichkeit, in der sich wirkliche Zwecke realisieren lassen. Beim Spielen im Sinne virtuellen Handelns betreten Spieler:innen also keinen *magic circle*, sondern setzen freie Zwecke in der Sinnenwelt. Doch Computerspielwelten müssen nicht auf diese Weise verstanden werden. Wir können beim Spielen auch imaginativ eine fiktive Welt ‚betreten' und Ziele verfolgen, die *innerhalb* der individuell konstituierten Spielwelt angesiedelt sind. Dann wollen wir etwa ein Königreich retten, ein Monster besiegen oder als Erste das Ziel erreichen. Solche ‚fiktionalen Handlungen' finden im Modus des Als-Ob statt; es sind ‚Quasi-Handlungen', deren wesentlicher Gehalt imaginativ konstruiert wird (Ulbricht 2020, S. 31–41). Spieler:innen ziehen beim fiktionalen Handeln den *magic circle* selbst, der ihr Tun von der Außenwelt abgrenzen soll.[8]

Der Zugang einer Spieler:in zu einer Computerspielwelt bestimmt sich also durch ihre Spielhandlungen. Ob eine Spieler:in virtuell oder fiktional handelt, hängt wiederum von ihren Absichten ab.[9] Was folgt daraus für das Fichte'sche Recht in Computerspielwelten? Einerseits ist klar, dass der Inhalt von Absichten für den rechtlichen Status von Spielhandlungen nicht entscheidend sein kann, denn für das Bestehen eines Rechtsverhältnisses und die Geltung des Rechtssatzes spielt es keine Rolle, *welche* Zwecke gesetzt werden, sondern nur, *dass* Zwecke gesetzt werden, ergo: dass *irgendwie* (frei und wirksam) gehandelt wird. Andererseits scheinen die Eigenheiten virtueller und fiktionaler Handlungen durchaus einen rechtlichen Unterschied machen zu können: Fiktionale Handlungen sollen

---

[8] Chalmers argumentiert ähnlich: „I think one should agree that every virtual reality environment *can* be associated with both a digital world (with virtual space) and a fictional world (with physical space). However, the digital world is always present. The fictional world involving physical space is optional. The invocation of a fictional world depends entirely on the interpretation of the user, and in many cases that interpretation will not be present at all" (Chalmers 2017, S. 335). Anders als ich versteht Chalmers fiktive Welten defizitär als bloße Illusionen physischer Welten (Chalmers 2017, S. 315), weshalb er den *nicht*-fiktionalen Zugang als genuin ‚kompetenten' und angemessenen Zugang für virtuelle Realitäten (inklusive Computerspielwelten) bestimmt. Eine entsprechende Abwertung des fiktionalen Zugangs als ‚naiv' (Chalmers 2017, S. 336) nehme ich nicht vor (im Gegenteil, siehe Ulbricht 2020, S. 31–41).

[9] Zwar regen Computerspiele durch ihr Design häufig einen bestimmten Zugang an (wenn sie zum Beispiel eher kompetitiv oder eher narrativ gestaltet sind), sie können jedoch keine bestimmte Handlungsform erzwingen.

wesentlich in einer imaginierten, fiktiven Welt, virtuelle Handlungen hingegen in der rechtlich relevanten Sinnenwelt realisiert werden. Wenn eine Spieler:in in einem Singleplayer-Spiel fiktionale Handlungen durchführt, so scheint ihr Spiel nicht unter den normativen Rechtssatz zu fallen. Welche Freiheitssphäre sollte sie schon einschränken? Nutzt dieselbe Spieler:in das Singleplayer-Spiel hingegen instrumentell, zum Beispiel, um ein Verbrechen in der Sinnenwelt zu planen, so eignet ihrem (virtuellen) Spielhandeln plötzlich rechtliche Relevanz, weil sich sein Zweck auf die Sinnenwelt erstreckt. Entgegen der Argumentation Fichtes scheint die Absicht der Spieler:in hier einen entscheidenden *rechtlichen* Unterschied zu machen. Wie ist das möglich?

Die Lösung des Rätsels ergibt sich aus der begrifflichen Entwirrung des Zweckbegriffs. Ein ‚Zweck' kann als *Ursache* oder als *Auswirkung* einer Handlung verstanden werden. Die erste Lesart zielt auf Handlungsabsichten, die zweite auf Handlungsfolgen. Fichtes Begriff der ‚freien Wirksamkeit' legt den Fokus nicht auf die Absichten von Individuen, sondern auf die Wirkungen ihrer Handlungen. Es geht also ausschließlich darum, welche *Auswirkungen* das Spielen hat. Zeitigt es relevante Folgen in der Sinnenwelt, so betrifft es potenziell die Freiheitssphären anderer Personen und steht *ipso facto* unter den normativen Vorgaben des Rechtssatzes. Beschränken sich die Folgen hingegen primär auf die fiktive Welt, also auf Veränderungen audiovisueller Darstellungen und mentaler Zustände der Spieler:in, so ist das Spiel rechtlich nicht relevant, weil es keine anderen Freiheitssphären tangiert.

Die Handlungsabsichten von Spieler:innen legen zwar nicht den rechtlichen Status ihres Tuns fest, dennoch vermögen sie wichtige Hinweise für seine rechtliche Einordnung zu geben. Empirisch scheint es wahrscheinlicher zu sein, dass sich virtuelle Handlungen spürbar auf die Sinnenwelt auswirken als fiktionale Handlungen, die primär auf den rechtlich irrelevanten Kosmos des Spiels, seine fiktive Welt, zielen. Die Einteilung in virtuelle und fiktionale Handlungen ist somit zwar nicht deckungsgleich mit der Einteilung in ‚rechtlich relevante' und ‚rechtlich irrelevante' Computerspielhandlungen, aber es lassen sich Tendenzen feststellen, die die Unterscheidung für eine systematische Untersuchung von Recht im Spiel fruchtbar machen. Das gilt insbesondere für die rechtliche Einordnung von Singleplayer-Spielen. Spielhandlungen haben hier typischerweise keine relevanten Einschränkungen anderer Freiheitssphären zur Folge, außer, wenn die Spiele entsprechend genutzt werden: wenn Spieler:innen virtuell handeln. Sie führen dann beim Spielen bewusst Handlungen durch, die potenziell andere Personen betreffen, weil sie spielexterne Ziele in der Sinnenwelt verfolgen. Agieren Spieler:innen hingegen fiktional, stehen spielinterne Ziele im Zentrum. Ab und an mag auch das rechtlich relevant sein, weil das Spiel (unbeabsichtigt) die Freiheitssphären anderer Personen tangiert, die nicht (freiwillig) Teil des Spiels sind (zum Beispiel, wenn das eigene Spielen gleichzeitig unterlassene Hilfeleistung ist). In diesen Fällen ist es aber nicht das Spielen als solches, sondern der spielexterne Kontext, der das spielerische Tun rechtlich relevant macht. Fiktionale Spielhandlungen in Singleplayer-Spielen sind also nicht *prinzipiell* außerhalb der Reichweite des Rechtssatzes zu verorten, schließlich handelt es sich (im Unterschied zu rein fiktiven

Handlungen) um *wirkliche Handlungen,* die tatsächlich durchgeführt werden und als reale Ereignisse notwendigerweise Folgen in der Sinnenwelt zeitigen. Doch erschöpfen sich diese Folgen normalerweise in der Veränderung von Bildschirminhalten und von mentalen Zuständen der Spieler:in (ihrer Imagination der fiktiven Welt), sind also für den Rechtssatz nicht von Bedeutung.

Empirisch relevanter und philosophisch interessanter für rechtliche Überlegungen sind Multiplayer-Spiele, die mehrere Individuen involvieren. Spielhandlungen haben hier fast zwangsläufig Auswirkungen, die über die fiktive Spielwelt hinausreichen – egal, ob sie virtuell oder fiktional ausgeführt werden. Multiplayer-Spiele wie *World of Warcraft* oder *Grand Theft Auto Online* konstituieren virtuelle Räume, in denen verschiedene Personen (und nicht bloß fiktive Figuren) miteinander interagieren – sei es über die fiktiven Handlungen ihrer Avatare, sei es über das virtuelle Chatfenster, das Bestandteil der Spieloberfläche ist. Kann eine Spieler:in hier Unrecht tun?

Mit Fichte ist die Antwort klar: Sobald andere Individuen von meinem Handeln betroffen sind, sind Tür und Tor für die normative Geltung des Rechtssatzes geöffnet. Mit Blick auf nicht-spielerische virtuelle Räume dürfte das nicht überraschen. In sozialen Netzwerken werden regelmäßig Freiheitssphären anderer Individuen unterminiert, etwa durch Cyber-Mobbing oder Diebstahl personenbezogener Daten. Dasselbe kann auch im Rahmen von Computerspielen geschehen. An der unrühmlichen Spitze solcher Fälle stehen Diebstähle virtueller Güter, virtuelle Vergewaltigungen (Dibbell 1994) oder die Anbahnung sexuellen Kindesmissbrauchs (Rüdiger 2020), die mit Fichte eindeutig als rechtliche Vergehen eingestuft werden können, weil sie unabhängig von der fiktiven Spielwelt die Freiheitssphären anderer Individuen unterminieren (konkret: ihre Eigentums- und Persönlichkeitsrechte). Aus Perspektive des Rechts spielt die Absicht der Täter:in hier keine Rolle: Auch, wenn sie sich nur einen Spaß in der (vermeintlich) rechtefreien fiktiven Welt erlauben will oder im Rahmen eines Rollenspiels bloß fiktional im Modus des Als-Ob agiert, findet das Rechtsvergehen *de facto* im virtuellen Raum statt und untergräbt die spielexternen Freiheitssphären ihrer Mitspieler:innen. Bei echter und unverschuldeter Unwissenheit schützt die lautere Absicht möglicherweise vor einer moralischen Verurteilung, nicht aber vor der rechtlichen.

Mit Fichte ist also völlig klar, dass rechtliche Vergehen in der virtuellen Interaktion mit anderen möglich sind – auch im Computerspiel. Oft handelt es sich dabei um Rechtsverletzungen, die wir aus der nicht-virtuellen Realität kennen, die sich aber ohne Weiteres auch im virtuellen Raum durchführen lassen (wie Diebstahl oder sexuelle Belästigung).[10] Das heißt allerdings nicht, dass gängige Formen spielerischen Wettstreits besonders häufig rechtliche Probleme aufwürfen. Das Gegenteil scheint eher der Fall zu sein: Dass das Spiel rechtlich problematisch wird, ist auch in Multiplayer-Spielen nicht die Regel. Zwar haben Handlungen

---

[10] Dieser Befund deckt sich mit der juristischen Realität. Entsprechende Verbrechen mit klarer strafrechtlicher Relevanz werden in der Kriminologie unter dem Stichwort ‚Cyberkriminalität' diskutiert (Rüdiger und Bayerl 2020).

hier spürbare Folgen auf andere Individuen (und sei es nur ihr Gemütswechsel), diese Folgen schränken aber meist nicht spielexterne Freiheitssphären ein.

2.3 Zwei Grenzfälle: Regelkonformes ‚Unrecht' und Regelbruch

Bis hierhin wurden virtuelle Computerspielräume als Rechtsräume abgesteckt, die die Bedingungen für ein normativ aufgeladenes Rechtsverhältnis grundsätzlich erfüllen. Der Rechtssatz reguliert all diejenigen Spielhandlungen, die spielexterne Freiheitssphären anderer Individuen tangieren. Das sind die meisten Spielhandlungen in Multiplayer-Spielen, manchmal virtuelle Handlungen in Singleplayer-Spielen und sehr selten fiktionale Handlungen in Singleplayer-Spielen. Rechtsvergehen in Computerspielen kommen in ihren Auswirkungen ihren nicht-virtuellen Pendants häufig sehr nahe. Was aber, wenn solche Handlungen *auf Anweisung des Spiels* erfolgen? Ich meine nicht den fiktionalen ‚Diebstahl' einer Flagge des gegnerischen Teams oder diverse ‚Tötungshandlungen' im spielerischen ‚Deathmatch' (ein Spielmodus, in dem es das Ziel ist, möglichst viele Gegner:innen zu eliminieren), denn solche Handlungen verursachen typischerweise keine relevanten Freiheitseinschränkungen in der Sinnenwelt und sind daher rechtlich unproblematisch. Aber mal angenommen, ein Multiplayer-Deathmatch ist derart programmiert, dass der eigene Spiel-Tod mit der unwiderruflichen Löschung zufälliger Dateien auf dem Rechner einhergeht. Jede Spiel-Tötung führt also zur Zerstörung fremden (virtuellen) Eigentums. Die Handlungsfolgen in diesem Computerspiel reichen maßgeblich über den *magic circle* hinaus: Sie verändern nicht nur mentale Zustände, sondern zerstören das Eigentum betroffener Mitspieler:innen. Begehen Spieler:innen dieses Spiels mit ihren spielerischen Tötungshandlungen Unrecht?

Nein. Die Tötungshandlungen inklusive ihrer Auswirkungen finden nämlich *auf Basis der Spielregeln* statt, auf die sich die Spielenden geeinigt haben. Nehmen sie freiwillig und wohlinformiert am Spiel teil, geschieht kein Unrecht – selbst, wenn reale (virtuelle) Güter betroffen sind. Die Spielenden nehmen dies wissentlich und gemeinschaftlich in Kauf: Sie *wollen* ihr Eigentum aufs Spiel setzen; es ist Teil des Spiels und damit keine Einschränkung spielexterner Freiheitssphären.[11] Vielmehr wäre es eine Einschränkung der Freiheitssphäre, eine Spieler:in an ihrer Teilnahme an diesem Spiel zu hindern. Damit wird eine interessante Eigenart von Spielen deutlich: Ihre Regeln können Rechtsnormen überschreiben. Selbst wenn also im virtuellen Spielraum beide Bedingungen für ein normatives Rechtsverhältnis aktual erfüllt sind, sind *regelkonforme* Spielhandlungen darin kein Unrecht, solange gemeinschaftlich festgesetzte Spielregeln den Rechtssatz (temporär) außer

---

[11] Sollte dies nicht der Fall sein und eine Person spielt unwissend oder gezwungenermaßen das Spiel, dann geschieht freilich Unrecht. Dieses Unrecht besteht allerdings primär darin, die betroffene Person nicht informiert bzw. zum Spielen gezwungen zu haben. Erst aus diesem Umstand leitet sich die Unrechtmäßigkeit der virtuellen Spieltötung ab.

Kraft setzen. Moralisch mag es höchst problematisch sein, solche Spielhandlungen durchzuführen oder sich überhaupt auf ein solches Spiel einzulassen, rechtlich ist dies aber unerheblich, solange keine (Nicht-)Spieler:innen betroffen sind, die den Regeln nicht freiwillig zugestimmt haben.[12]

Die meisten Rechtsnormen können auf diese Weise in ihrer Geltung temporär eingeschränkt werden, aber nicht alle. Gladiatorenkämpfe oder ‚Russisch Roulette' etwa, bei denen das Leben der Teilnehmer:innen auf dem Spiel steht, scheinen nicht nur moralisch, sondern auch rechtlich problematisch zu sein – selbst, wenn die Spieler:innen freiwillig daran teilnehmen. Boxkämpfe dagegen gelten als legitim, obwohl schwere körperliche Verletzungen zu erwarten sind. Wo liegt die Grenze zwischen diesen Spielen? Welche Rechtsnormen sind so grundlegend, dass ihre Geltung nicht einmal freiwillig und temporär eingeschränkt werden darf? Dies ist eine schwierige Frage. Mit Fichte ließe sich antworten, dass genau diejenigen Rechtsnormen unverhandelbar sind, die die *Rechtsfähigkeit* eines Individuums sicherstellen; die Bedingungen der Möglichkeit seines Selbstbewusstseins. Spielregeln also, die das Selbstbewusstsein der Spielenden konkret bedrohen (was beim Gladiatoren-, nicht aber beim Boxkampf der Fall ist), können den Rechtssatz nicht außer Kraft setzen. Solche Spiele zu spielen ist rechtlich verboten, denn ihre Spielregeln verunmöglichen potenziell freies und wirksames Handeln. Glücklicherweise zielen die meisten Spiele nicht auf die Aushebelung solch grundlegender Normen, insbesondere Computerspiele nicht. *Pro tanto* sind sie dazu in der Lage, den Rechtsatz normativ einzuklammern.

Spielregeln können also Rechtsnormen temporär überschreiben. Doch was sind die Spielregeln eines Computerspiels? Die Frage ist nicht trivial. Sie ist nicht durch den reduktionistischen Verweis auf den Programmcode zu beantworten; die Regeln eines Brettspiels bestehen schließlich auch nicht in Druckerschwärze und Papier. Die meisten Computerspiele haben keine ausformulierte Spielanleitung (mehr) beiliegen. Einige Spiele führen durch sogenannte ‚Tutorials' in ihre Regeln und Mechaniken ein. Andere werfen ihre Spieler:innen ohne jede Vorbereitung in eine offene Welt, deren Gesetze und Eigenheiten erst im Spielverlauf zu erschließen sind. Viele Multiplayer-Spiele bieten einen ‚freien Modus' an, in dem Spieler:innen ohne festgeschriebene Wettbewerbsregeln oder Zielvorgaben mit allen zur Verfügung gestellten Handlungsmöglichkeiten experimentieren können. Wie lauten hier die Spielregeln? *Prima facie* sind es genau diese vom Spiel zugelassenen Handlungsmöglichkeiten, deren Ausübung regelkonform und daher *pro tanto* rechtlich unbedenklich ist (auch, wenn sie in Einzelfällen moralisch anstößig sein mögen). Sie wurden durch alle (kompetenten) Spieler:innen durch das Starten des Spiels einvernehmlich akzeptiert. Wem die Spielmechanik – als implizites Regelwerk – nicht gefällt, der:die kann ein anderes Spiel spielen.

---

[12] Politisch gibt es sicherlich gute Gründe, das Angebot von Spielen mit weitreichenden spielexternen Konsequenzen rechtlich einzuschränken. Diese Gründe speisen sich aber eher aus pragmatischen Überlegungen (etwa zum Schutz der Jugend), nicht aus dem (natur-)rechtlichen Status der Spielhandlungen selbst.

Wenn Handlungen im virtuellen Spielraum durchgeführt werden, deren Möglichkeit *nicht* von allen Spielenden einvernehmlich akzeptiert worden ist und die ihre Freiheitssphären unterminieren, etwa virtueller Diebstahl in *World of Warcraft* oder virtuelle sexuelle Belästigungen in *Grand Theft Auto Online,* dann geschieht Unrecht. Setzt die Ausübung eines virtuellen Verbrechens eine Manipulation des Programmcodes voraus (wie im Fall virtuellen Diebstahls), so ist klar, weshalb sie nicht den einvernehmlich akzeptierten Spielregeln entspricht. Doch auch ohne ein Hacken des Spiels ist ein Rechtsvergehen im Multiplayer-Spiel möglich und zwar genau dann, wenn dessen Unrechtmäßigkeit nicht *explizit* von den Spielregeln überschrieben wurde (wie im Falle des virtuellen Diebstahls *und* der virtuellen sexuellen Belästigung). Das heißt: Rechtsnormen können zwar durch Spielregeln temporär außer Kraft gesetzt werden, dies muss aber im Regelwerk des Spiels expliziert sein; sei es durch eine kollaborative Einigung aller Spieler:innen, sei es durch ein Textfenster der Entwickler:innen. Ein bloßes Offenlassen verschiedener Handlungsmöglichkeiten genügt nicht. Rechtliche Normen sind solange *integraler Bestandteil* virtueller Spielräume, wie sie nicht ausdrücklich von Spielregeln außer Kraft gesetzt werden. Kurz: Es ist nicht hinreichend, Spiel zu sein, um das Recht auszuschließen. Das Überschreiben von Rechtsnormen ist kein Automatismus, sondern ein normativ gewichtiger Akt, der aktiv vollzogen und akzeptiert werden muss.

Die allgemeine Kenntnis und Akzeptanz der Spielregeln nehmen also eine zentrale Rolle für die normative Stellung des Rechts im Spiel ein. Womit wir auf einen weiteren Grenzfall stoßen: Welchen rechtlichen Status hat das Brechen von Spielregeln? Landläufig gilt es als Unrecht. Der Vorwurf lautet, dass Regelbrüchige eine Art Vertrag brechen, der mit Beginn des Spiels geschlossen wurde: „Wir spielen gemeinsam *dieses* Spiel mit *diesen* Regeln!" Wer die Spielregeln missachtet, nimmt sich Freiheiten heraus, die er:sie den Mitspieler:innen nicht zugesteht. Schummeln oder ‚Cheaten' funktioniert nur dann, wenn dieses Vorgehen weder *bei* noch *von* allen Spielenden anerkannt wird (sonst handelt es sich nicht um eine verwerfliche Täuschung, sondern um kollektiv vorgenommene Änderungen der Spielregeln, ergo: des Spiels). Der Bruch von Spielregeln stellt also eindeutig einen Betrug an Mitspieler:innen dar. Bis zu diesem Punkt ist allerdings noch kein Rechtsvergehen nach Fichte, sondern ‚nur' ein moralisches Vergehen zu diagnostizieren. Durch das Brechen von Spielregeln weist eine Spieler:in zwar sich selbst mehr Freiheiten zu als ihren Mitspieler:innen und übergeht kollektiv akzeptierte Handlungsvorgaben, beides findet aber bloß im Rahmen des Spiels statt. Der Regelbruch hat für sich genommen keine Auswirkungen, die in relevantem Maße über das Spiel hinaus gehen.

Es wurden bereits Fälle beschrieben, bei denen das anders ist, etwa der Diebstahl virtuellen Eigentums. Solche Handlungen sind aber nicht bloß Regelbrüche. Es sind rechtliche Vergehen, weil sie *zwei* Bedingungen erfüllen: Sie sind von den Spielregeln nicht als legitime Handlungen ausgewiesen *und* sie schränken die spielexternen Freiheitssphären anderer Individuen ein. Für sich genommen ist weder das eine noch das andere hinreichend. Die Einschränkung von Freiheitssphären kann durch Spielregeln rechtlich legitimiert sein und der Spielregelbruch unterminiert als solcher nicht spielexterne Freiheitssphären. Ist das bloße Brechen von

Spielregeln also niemals ein rechtliches, sondern nur ein moralisches Vergehen? Vieles scheint dafür zu sprechen. Allerdings kennen wir Beispiele aus dem Alltag, bei denen das anders ist. Etwa Doping-Fälle in Sportspielen oder Betrugssoftware im eSport. Wird in solchen Fällen nicht zurecht von illegalen Handlungen gesprochen?

Eine (naturrechtliche) Verfechter:in dieser Position könnte wie folgt argumentieren: Schummeln und Cheaten sind einseitige Veränderungen der Spielregeln zu Gunsten der Spielbetrüger:in. Jedes Spiel ist aber essentiell durch seine Regeln konstituiert; sie sind die ‚Naturgesetze', die das Spiel aufrechterhalten: „Sobald die Regeln übertreten werden, stürzt die Spielwelt in sich zusammen" (Huizinga 2015, S. 20). Veränderte Spielregeln konstituieren also eine *andere* Welt mit *anderen* Regeln. Die ursprüngliche Spielwelt war Ergebnis einer kollaborativen Übereinstimmung aller Mitspieler:innen. Durch ihre Teilnahme am Spiel unterschrieben sie seine Spielregeln; seien diese explizit in einem Regelheft formuliert, gemeinsam am Tisch besprochen oder implizit durch Spielmechaniken im Computerspiel vermittelt. Bricht nun eine Spieler:in diese Regeln, gewinnt sie dadurch nicht nur einen ungerechten Vorteil, sondern sie missachtet die Souveränität ihrer Mitspieler:innen. Sie unterminiert ihre Entscheidung, ein bestimmtes Spiel zu spielen, und zwingt sie in ein neues. Im Rahmen dieses neuen Spiels sind die Mitspieler:innen nicht nur benachteiligt, sondern ihnen wird, mit Fichte gesprochen, *keine* Freiheitssphäre zugestanden, weil ihnen der bekannte Handlungsraum genommen wird. Die Spielbetrüger:in „zertrümmert ihre Welt" (Huizinga 2015, S. 20). Metaphorisch ausgedrückt: Aus freien Mitspieler:innen werden Spielobjekte auf dem Spielbrett der Spielbetrüger:in. Ist dies nicht der Prototyp eines Fichte'schen Rechtsvergehens?

Nicht unbedingt. Wir sollten mit der rechtlichen Verurteilung bloßen Spielregelbruchs vorsichtig sein. Wer mit einer Spielbetrüger:in ein Spiel spielt, kann schließlich ohne Weiteres das Spiel abbrechen und ein neues Spiel mit anderen Spieler:innen beginnen. Opfer von Spielbetrüger:innen können die Einschränkung ihrer Freiheitssphäre also aktiv beenden.[13] Diese Möglichkeit steht beim Spielen, anders als beim spielexternen Handeln, offen. Das liegt daran, dass sich die Freiheitssphären, die durch den bloßen Bruch von Spielregeln unterminiert werden, in der von Spielregeln bestimmten Welt erschöpfen: Sie reichen nicht über den *magic circle* hinaus und beanspruchen nur *temporäre* Geltung. Huizinga spricht von einer „zeitweilige[n] Sphäre von Aktivität" (Huizinga 2015, S. 16), C. Thi Nguyen von „temporary agency" (Nguyen 2020, S. 10–11). Es sind keine Grundfreiheiten oder „Urrechte" (III § 8, S. 94), die beim Spielen bedroht sind, sondern spielerische Quasi-Varianten, die sich beliebig verändern und neu konstituieren lassen. Ihre normative Geltung beruht nicht auf transzendentalen Begründungen oder mo-

---

[13] Damit ist nicht ausgeschlossen, dass ein Spielbetrug weitreichende psychische Folgen auf Mitspieler:innen haben kann; vor allem, wenn er lange unbemerkt bleibt und er sie viel Zeit kostet. Ich danke Maria Schwartz für diesen Hinweis. Dieser Umstand ändert zwar nichts am rechtlichen Status bloßen Spielbetrugs, wohl aber an seinem moralischen Gewicht.

ralischen Werten, sondern auf willkürlich festgesetzten Regelwerken. Durch den bloßen Regelbruch wird höchstens die vermeintliche spielexterne ‚Freiheit' beschnitten, ein *bestimmtes* Spiel mit einer *bestimmten* Person zu spielen. Letztere will dieses Spiel aber offenkundig gar nicht spielen, sondern ein anderes, manipuliertes. Entsprechend muss ihre betrügerische Handlung schlicht als (verwerfliche, aber rechtmäßige) Begrenzung anderer Freiheitssphären verstanden werden. Ein Rechtsbruch geht damit nicht einher. Der Spielregelbruch wird erst dann zum Rechtsbruch, wenn er nicht bloß das Spiel, sondern spielexterne Freiheitssphären anderer Individuen unterminiert.

3 Fazit

Mit der wachsenden Bedeutung der digitalen Lebenswelt wächst auch der Bedarf einer Rechtsphilosophie des Computerspiels. Entsprechend war es das Hauptanliegen dieses Beitrags, die Rechtsphilosophie des Computerspiels als relevantes Forschungsfeld auszuweisen. Es wurde ein naturrechtlicher Aufschlag versucht: Computerspiele wurden exemplarisch mit der Naturrechtstheorie Fichtes unter die Lupe genommen. Die wichtigsten Ergebnisse der Untersuchung – die im Kontext einer umfassenden rechtsphilosophischen Vermessung des Computerspiels nur den Status einer vorläufigen Zwischenbilanz einnehmen können – lauten:

1. Virtuelle Räume in Computerspielen konstituieren Rechtsverhältnisse – wie alle Lebensbereiche, in denen Individuen frei und wirksam handeln.
2. Spielregeln können (die meisten) Rechtsnormen normativ überschreiben: Handlungen im Computerspiel sind rechtlich irrelevant, wenn sie durch die Spielregeln explizit legitimiert sind und keine Personen betreffen, die dem Spiel nicht zugestimmt haben.
3. Unrecht geschieht, wenn Handlungen im Computerspiel die spielexternen Freiheitssphären von Individuen unterminieren, die dem Spiel nicht zugestimmt haben – entweder, weil sie anderen Spielregeln folgen (der Rechtsbruch ist dann ein Regelbruch), oder, weil sie gar nicht (mit-)spielen.
4. Rechtsvergehen finden normalerweise im Rahmen von Multiplayer-Spielen statt, doch sie sind auch im Rahmen von Singleplayer-Spielen denkbar.

Literatur

[Anonym.] 2011. *Virtuelle Güter bei Computerspielen. Begriff, rechtlicher Hintergrund und wirtschaftliche Bedeutung.* https://www.bundestag.de/blob/412052/a2ff34407556f84c-8b5a31e90db0df8c/wd-10-085-11-pdf-data.pdf. Zugegriffen: 18. Januar 2023.

Chalmers, David J. 2017. The Virtual and the Real. *Disputatio* 9(46): 309–352.

Dibbell, Julian. 1994. A Rape in Cyberspace; or, How an Evil Clown, a Haitian Trickster Spirit, Two Wizards, and a Cast of Dozens Turned a Database into a Society. In *Flame Wars. The Discourse of Cyberculture*, Hrsg. Mark Dery, 237–262. New York: Duke University Press.

Fichte, Johann G. 1971. Grundlage des Naturrechts nach Principien der Wissenschaftslehre. In *Fichtes Werke, Bd. III. Zur Rechts- und Sittenlehre I*, Hrsg. Immanuel H. Fichte [1845/1846]. Berlin: De Gruyter.

Honneth, Axel. 2001. Die transzendentale Notwendigkeit von Intersubjektivität (Zweiter Lehrsatz: § 3). In *Johann Gottlieb Fichte: Grundlage des Naturrechts*, Hrsg. Jean-Christophe Merle, 63–80. Berlin: De Gruyter.

Huizinga, Johan. 2015. *Homo Ludens. Vom Ursprung der Kultur im Spiel*, 24. Aufl. Hamburg: Rowohlt.

Kersting, Wolfgang. 2001. Die Unabhängigkeit des Rechts von der Moral (Einleitung). Fichtes Rechtsbegründung und „die gewöhnliche Weise, das Naturrecht zu behandeln". In *Johann Gottlieb Fichte: Grundlage des Naturrechts*, Hrsg. Jean-Christophe Merle, 21–38. Berlin: De Gruyter.

Kripke, Saul. 2014. *Referenz und Existenz. Die John-Locke-Vorlesungen*. Aus dem Englischen übersetzt von Uwe Voigt. Stuttgart: Reclam.

Neitzel, Britta. 2018. Involvement. In *Game Studies*, Hrsg. Benjamin Beil, Thomas Hensel und Andreas Rauscher, 219–234. Wiesbaden: Springer VS.

Neuhouser, Frederick. 2001. The Efficacy of the Rational Being (First Proposition: § 1). In *Johann Gottlieb Fichte: Grundlage des Naturrechts*, Hrsg. Jean-Christophe Merle, 39–49. Berlin: De Gruyter.

Nguyen, C. Thi. 2020. *Games. Agency As Art*. New York: Oxford University Press.

Piché, Claude. 2001. Die Bestimmung der Sinnenwelt durch das vernünftige Wesen (Folgesatz: § 2). In *Johann Gottlieb Fichte: Grundlage des Naturrechts*, Hrsg. Jean-Christophe Merle, 51–62. Berlin: De Gruyter.

Rawls, John. 1955. Two Concepts of Rules. *The Philosophical Review* 64(1): 3–32.

Renaut, Alain. 2001. Deduktion des Rechts (Dritter Lehrsatz: § 4). In *Johann Gottlieb Fichte: Grundlage des Naturrechts*, Hrsg. Jean-Christophe Merle, 81–95. Berlin: De Gruyter.

Rüdiger, Thomas-Gabriel, und Petra S. Bayerl, Hrsg. 2020. *Cyberkriminologie. Kriminologie für das digitale Zeitalter*. Wiesbaden: Springer VS.

Rüdiger, Thomas-Gabriel. 2020. *Die onlinebasierte Anbahnung des sexuellen Missbrauchs eines Kindes: Eine kriminologische und juristische Auseinandersetzung mit dem Phänomen Cybergrooming*. Frankfurt a. M.: Verlag für Polizeiwissenschaft.

Schneidereit, Nele. 2011. Rechtsphilosophie. In *Philosophie. Geschichte – Disziplinen – Kompetenzen*, Hrsg. Peggy H. Breitenstein und Johannes Rohbeck, 291–301. Stuttgart: J. B. Metzler.

Ulbricht, Samuel. 2020. *Ethik des Computerspielens. Eine Grundlegung*. Berlin: J. B. Metzler.

Spiele

Grand Theft Auto Online. 2013. Rockstar North.
Inside. 2016. Playdead.
Mario Kart 8 Deluxe. 2017. Nintendo EAD.
Metal Gear Solid V: The Phantom Pain. 2015. Kojima Productions.
Second Life. 2003. Linden Lab.
Solitär. 1990. Wes Cherry.
The Last of Us Part II. 2020. Naughty Dog.
The Legend of Zelda: Breath of the Wild. 2017. Nintendo EPD.
World of Warcraft. 2004. Blizzard Entertainment.

„Er hat den Tod verdient."
Rache und Vergeltungshandeln in Computerspielen

Maria Schwartz

1 Gewalt in Computerspielen und ihre Begründung – Genres und Indizierungskriterien

Die moralphilosophische Diskussion um Computerspiele ist unübersichtlich, was einerseits an der Bandbreite der Spielgenres liegt, andererseits am stetigen Wandel des Gegenstands der Untersuchung. In diesem Beitrag geht es um den Inhalt digitaler Spiele, denen eine bestimmte Geschichte („Story") oder Rahmenhandlung zugrunde liegt, wie es bei Action-Adventures und RPGs (Role-Playing-Games), aber auch etlichen Shootern und anderen Genres der Fall ist. Auf den Multiplayer- und insbesondere PvP (Player vs. Player)-Bereich, in dem Mechanismen des sportlichen Wettkampfs in den Vordergrund treten, wird dabei aus Platzgründen nicht eingegangen. Auch Genres, bei denen nur noch marginal spielerische Elemente vorkommen, wie Visual Novels und Walking Simulators, werde ich ausklammern, da diese eher als Filme mit Interaktionsmöglichkeit gelten können. Der interessanteste Aspekt der Thematik besteht m. E. darin, dass Spieler:innen digitale Spiele im Unterschied zur Rezeption von Büchern, Comics oder Filmen nicht nur passiv konsumieren, sondern selbst agieren und diese gestalten. Der Inhalt digitaler Spiele und das Spieler:innenverhalten, d. h. die Interaktion[1] mit selbigem, gehören untrennbar zusammen. Spielwelten existieren nicht einfach unabhängig davon, gespielt zu werden. Sie entstehen erst beim Spielen, und dies wesentlich

---

[1] „Interaktion" ist dabei ein missverständlicher Begriff (vgl. Feige 2020, S. 54). S. Günzel spricht treffend vom „Sehenhandeln" (Günzel 2008, S. 300), das Computerspielen als Tätigkeit besser beschreibt.

M. Schwartz (✉)
Fachgruppe Philosophie, Bergische Universität Wuppertal, Wuppertal, Deutschland
E-Mail: schwartz@uni-wuppertal.de

© Der/die Autor(en), exklusiv lizenziert an Springer-Verlag GmbH, DE, ein Teil von Springer Nature 2024
M. Schwartz et al. (Hrsg.), *Digitale Lebenswelt,* Digitalitätsforschung / Digitality Research, https://doi.org/10.1007/978-3-662-68863-2_12

auch durch Reflexion der Spielenden[2] als, wie Miguel Sicart sie begreift, *moral beings* (vgl. Sicart 2009, S. 61–105).

Wenn im Folgenden Rache und Vergeltungshandeln in Spielen thematisiert werden, schließen einige Überlegungen unmittelbar an die Gewaltdebatte an, die ab etwa 1999 in den Medien geführt wurde. Während Gewalthaltigkeit digitaler Spiele *per se* in der Fachliteratur als zunehmend unproblematisch gewertet wird,[3] spielt die Art und Darstellung von Gewalt nicht nur in Bezug auf Altersfreigaben, sondern auch auf Indizierungskriterien nach wie vor eine Rolle. Interessant für unser Thema ist, dass Gewalt dann als problematisch gewertet wird, wo sie nicht nur alternativlos den Hauptinhalt eines Spiels darstellt, sondern dazu noch selbstzweckhaft ausgelebt wird, z. B. ohne Einbettung in einen narrativen Kontext. Am Beispiel eines indizierten Spiels: In *Hatred* wird ein Amokläufer gespielt, der wahllos auf Menschenjagd geht und seine Opfer besonders grausam tötet. Künstlerische oder satirische Elemente sind nicht auszumachen und Marketinggründe (der ‚Skandalfaktor') dürften das entscheidende Motiv für die Entwicklung gewesen sein. Die detailliert dargestellte Gewalt, so wird in der Indizierungsbegründung argumentiert, ist einziges Konfliktlösungsmittel (vgl. BzKJ 2016, S. 17) – wobei m. E. bereits unklar ist, welcher ‚Konflikt' denn nun gelöst werden soll. Die Debatte um eindeutig grenzüberschreitende Spiele wie *Hatred* scheint mir allein deshalb nicht sehr lohnend, weil sie als Low-Budgetproduktionen spieltechnisch wenig Anreize bieten und auch unabhängig von Indizierungen kaum gespielt werden. Anders sieht es aus mit millionenfach verkauften – teils ebenfalls sehr gewalthaltigen – sog. AAA-Spielen[4], in denen Gewalt nicht Selbstzweck, sondern in den Kontext einer Story eingebettet ist. Werden in einer Spielwelt nicht wahllos Zivilisten, sondern hunderte von Soldaten oder Sklavenhaltern getötet, so wird die ausgeübte Gewalt anders gewertet. Diese haben ihren Tod schließlich, im Sinne eines Tun-Ergehens-Zusammenhangs, ‚verdient' oder *qua* Soldaten in Kauf zu nehmen. Eine besonders häufig verwendete, narrative Einbettung von Gewalt, die

---

[2] Denn: Aktive Gestaltungsmöglichkeiten sind gleich doppelt begrenzt, falls zum Regelwerk eine Story tritt, die keine beliebige Entwicklung erlaubt. So basiert z. B. *The Witcher III: Wild Hunt* auf einer Romanvorlage, die grobe Charakterzüge des Protagonisten vorgibt. Die *Assassin's Creed* Reihe wurde umgekehrt nachträglich novelliert, wodurch eine kanonische Hintergrunderzählung entsteht mit der Tendenz, von Spielenden gewählte alternative Verläufe, wie sie z. B. in *Assassin's Creed: Odyssey* möglich sind, abzuwerten. Erst durch Reflexion können Spiele mit narrativ bedingten Einschränkungen zur ‚eigenen' Geschichte werden.

[3] Bereits Jochen Venus schildert zur inzwischen abgeflauten „Killerspiel-Debatte", die sich 2007 auf einem Höhepunkt befand, die prinzipiellen Probleme empirischer Studien (vgl. Venus 2007, S. 76–80). Eine aktuelle psychologische Metastudie konstatiert zumindest nur „Effektstärken kleiner Größenordnung" (Krahé 2023, S. 131) des Konsums gewalthaltiger Computerspiele auf aggressives Verhalten.

[4] AAA oder „Triple-A"-Spiele sind Blockbuster, die mit hohen Produktionskosten und riesigen Entwicklungsteams umgesetzt werden. So waren am rund 40 Mio. Mal verkauften *The Witcher III: Wild Hunt* über 1500 Personen beteiligt, die Kosten beliefen sich auf über 80 Mio. US-$ – wobei ein Großteil davon für Marketing und Vertrieb, nicht für die eigentliche Entwicklung vorgesehen war.

von Spieler:innen ausgeübt werden soll, ist dabei der Kontext persönlicher Rache. Dann aber verschiebt sich die Frage nach der Gewalthaltigkeit von Spielen auf das moralphilosophisch interessante Thema der unterschwelligen Prägung von Weltbildern, u. a. durch Ideologien und Klischees (vgl. Filipovic 2015, S. 72–73). Sind nicht auch unerbittliche, nie endende Rachekreisläufe moralisch zu verurteilen, die unhinterfragt beim Spielen eingeübt und befürwortet werden?

Im Folgenden möchte ich zunächst die Funktion von Rachemotiven in digitalen Spielen anhand einiger Beispiele darstellen (2), dann die Begriffe „Rache" und „Vergeltung" unterscheiden (3) sowie auf Basis der Unterscheidung drei Weisen des (narrativen) Einsatzes von Rachemotiven in digitalen Spielen diskutieren (4–6). Zuletzt möchte ich die aufgeworfene Frage klären, ob Spielende (unterschwellig) negativ geprägt werden (7). Ich werde dabei nicht nur argumentieren, dass Spielende grundsätzlich zwischen Fiktion und Realität unterscheiden können, sondern dass die kritische Reflexion verschiedener *Begründungen* von Gewalt besonders gut im Rahmen digitaler Spiele eingeübt werden kann.

2 *Revenge Games?* Beispiele für die Motivationsfunktion von Rachemotiven

Während das Ausüben von Rache und privater Vergeltung (im engl. „Payback") in modernen Gesellschaften durch das institutionalisierte Recht ersetzt werden,[5] sind Racheszenarien beliebter Bestandteil nicht nur digitaler Spiele, sondern auch von Film und Literatur, insbesondere von Dramen[6]. Der entscheidende Unterschied beim Einsatz solch narrativer Elemente in Videospielen ist nun, dass ihre Funktion nicht nur im Erwecken von Emotionen besteht, sondern dass sie als Rechtfertigung und effektive Motivation für Vergeltungshandeln dienen. Dieses Handeln kann den Schwerpunkt eines gesamten Spiels ausmachen. Das Spielziel besteht dann darin, dass die Heldin oder der Held eine zunächst übermächtig scheinende Gruppe an Gegner:innen besiegt. So wird in *Far Cry 6* Schritt für Schritt ein brutales Regime ausgeschaltet, das die Bevölkerung der Insel *Yara* terrorisiert – von den Mitläufern und Unteranführern bis zum „El Presidente", dem Kopf der Gruppe. Eine Waffe trägt den Namen *Yara's Revenge*. Die Bösartigkeit der Gegner:innen wird dabei nicht nur an Verbrechen illustriert, die der Bevölkerung ganz allgemein zugefügt werden. Sie wird vielmehr an das Schicksal der Protagonistin rückgebunden. Dass man Vergeltung übt für etwas oder jemand, das/der einem

---

[5] So die gängige Interpretation (vgl. Bernhardt 2016, S. 165). Robin Fox vertritt im Anschluss an Lévi-Strauss, dass ‚primitive' oder ‚archaische' Einstellungen („Wildes Denken") auch dem modernen Menschen nicht fremd sind (vgl. Fox 2011, S. 35). Philipp Ruch schließlich spricht vom „Racherecht" (vgl. Ruch 2017, S. 287–377) und stellt die These auf, dass Rachegefühle durch das Recht nicht eingehegt, sondern sogar gefördert werden.

[6] Beispiele sind die attische Tragödie (vgl. Burnett 1998) oder das engl. Revenge-Drama des 16./17. Jh.s (vgl. Woodbridge 2010).

persönlich wichtig ist, ist konstitutiv für Rache (vgl. Bernhardt 2016, S. 189). Besonders deutlich wird diese Strategie an Spielanfängen und Prologen, die auf die Gefühle der Spieler:in abzielen und so effektiv und unmittelbar zu Rache und Vergeltung motivieren. Einige Beispiele:[7]

- *Fable* beginnt damit, dass der Protagonist als Kind mitansehen muss, wie sein Dorf überfallen, sein Vater getötet und seine Mutter und Schwester verschleppt werden.
- In *Max Payne* werden zu Beginn Frau und Tochter des Protagonisten, eines NYPD-Polizisten, ermordet.
- *Arcania,* das als vierter Teil der *Gothic*-Serie gilt, spielt zu Beginn in einem idyllischen Dorf. Der Spieler:in kommt die Rolle eines Schafhirten zu, der kleine Aufgaben erledigen muss, um seine schwangere Geliebte heiraten zu dürfen. Die Idylle wird abrupt zerstört, als das Dorf angegriffen, niedergebrannt und die Geliebte getötet wird.[8]
- *Horizon: Zero Dawn* erzählt zunächst von Kindheit und Jugend der Protagonistin Aloy, die in einer post-apokalyptischen Welt in einer Stammesgemeinschaft lebt und gemeinsam mit anderen eine Initiationsprüfung bestehen muss. Die schwierigen Beziehungen unter den Jugendlichen werden plötzlich irrelevant, als durch den Angriff maskierter Kultanhänger fast alle getötet werden.
- Im Horror-Survival Spiel *The Last of Us II* geht es um die Rache der Protagonistin Ellie, deren Ziehvater Joel zu Beginn vor ihren Augen zu Tode geprügelt wird. Stärker als in den bisher genannten Beispielen liegt der Fokus auf Beziehungen zwischen einzelnen Charakteren.[9]
- In *Far Cry 6* werden die Freunde der Protagonistin – je nach Charakterwahl auch des Protagonisten – zu Beginn auf Anweisung eines brutalen Diktators getötet, der die fiktive, isolierte Karibikinsel *Yara* kontrolliert. Als Guerillakämpferin versucht sie fortan, das Regime Schritt für Schritt auszuschalten und die Insel zu verlassen.

Gerade die *Far Cry*-Reihe, die zum Genre der *First-Person-Shooter* gehört, ist bekannt dafür, in Cut-Scenes immer wieder die Grausamkeit der auszuschaltenden Gegner:innen in Erinnerung zu rufen und damit ein Motiv für die von Spieler:innen ausgeübte Gewalt zu bieten. Die Vergeltung bis zum abschließenden Show-

---

[7] Es gibt unzählige weitere. Computerspiele, die als *Revenge Games* gelten, werden auf YouTube illustriert unter Titeln wie „Top 20 Satisfying Villain Deaths in Video Games" (https://youtu.be/60dxbqAxvT8) oder „Top 10 Acts Of Revenge In Video Games" (https://youtu.be/DIqzCTYtAu8), beide abrufbar auf dem Kanal WatchMojo.com (31.03.2023).

[8] In *Arcania* und *Max Payne* kommt als motivationales Element hinzu, dass die Hauptfigur „nichts mehr zu verlieren" hat. Andere Spiele wie *Fable* oder *Fallout 4* arbeiten – nach dem etablierten Prinzip der Prinzessinnenrettung in *Super Mario Bros.* – umgekehrt mit der Aussicht, wenigstens verschwundene oder entführte Personen noch retten zu können.

[9] Wobei die Entwickler:innen bewusst auch die Perspektive der ‚bösen' Täterin vermitteln (vgl. Wolny 2022), deren Tat ebenfalls bereits ein Racheakt war.

Down bzw. Endkampf mit einer einzigen Person, die als Hauptverantwortliche für den erlittenen Verlust gilt, zeichnet auch andere Titel aus. Handelt es sich bei all diesen Spielen nun um „Revenge-Games" insofern, dass Rache zentrales, motivierendes und unhinterfragt positiv gewertetes Element ist?

3 Die archaischen Ursprünge – Rache, Vergeltung und Vergebung im *Alten Testament*

Hierzu sind zunächst die Begriffe „Rache" und „Vergeltung" zu unterscheiden, was gut anhand eines Blicks in die Geschichte gelingt. Das Streben nach Rache ist ein menschliches Urphänomen, das in archaischen Kulturen und Stammesgemeinschaften eine große Rolle spielt. Exemplarisch möchte ich ausgewählte Rachemotive im *Alten Testament* untersuchen, wo bereits eine vielschichtige, differenzierte Reflexion geschieht. Zu Beginn des Buchs Genesis spricht Lamech, ein Nachkomme Kains:

> Ja, einen Mann erschlage ich für meine Wunde / und ein Kind für meine Strieme. Wird Kain siebenfach gerächt, / dann Lamech siebenundsiebzigfach. (Gen 4,23-24)[10]

Hier fällt auf, dass die angekündigte Vergeltung zutiefst ungerecht erscheint, da sie weit über eine angemessene Strafe hinausgeht. Zumindest in der Übersetzung der Lutherbibel (2017) heißt es in Dtn 32,35, dass die Rache bei Gott liege.[11] Was sie aber nicht gerechter macht, wenn der rächende Gott – so eine mögliche Auslegung von Ex 34,7 – die Schuld eines Menschen über mehrere Generationen hinweg verfolgt. Rache ist daher *nicht* einfach gleichzusetzen mit gerechter „Vergeltung". Letztere spielt als Strafzweck auch heute noch eine Rolle im Strafrecht und zielt darauf, erlittenes Unrecht auszugleichen. Zu diesem Zweck treten dann aber noch weitere wie Prävention und Besserung (vgl. Probst/Sprenger 1992, II.). Vergeltung ist im Unterschied zur Rache nicht nur der Tat angemessen, sondern auch keine Privatsache mehr. Die privaten Fehden des Mittelalters werden im Zuge der Aufklärung abgelöst von staatlichen Organen, von Rechtsprechung und Strafvollzug (vgl. Probst/Sprenger 1992, II.). Das von Kant befürwortete Wiedervergeltungsrecht *(ius talionis),* wo folgerichtig Mörder mit dem Tod bestraft werden, basiert nicht auf einem privaten Urteil, sondern entspricht der Strafe, die von einer übergeordneten Instanz verhängt wird (MdS 332,11–24). Die Rachbegierde ist dagegen letztlich Hass, der laut Kant „unwiderstehlich" (Anthr. 270,26) entsteht, wenn man Unrecht erleidet und in eine heftige „Leidenschaft der Wiedervergeltung"

---

[10] Bibelzitate folgen, sofern nicht anders angegeben, der revidierten Einheitsübersetzung von 2016.
[11] Interessanterweise wird in der neuesten Revision der Einheitsübersetzung (2016) an dieser u. a. Stellen „Vergeltung" statt „Rache" übersetzt, um das Bild vom rächenden Gott zu relativieren (vgl. Frevel 2017).

(Anthr. 271,7) münden kann. Rache basiert zwar auf einem Gerechtigkeitsbewusstsein, schießt aber häufig, wie an der Aussage Lamechs deutlich wird, über eine gerechte Vergeltung hinaus. Bereits im *Alten Testament* findet sich nun auch vielfach Kritik einer solch überbordenden Rache. So heißt es im Buch *Ezechiel*:

> Er hat alle diese Gräueltaten verübt. Er hat den Tod verdient. Seine Bluttaten werden auf ihm sein. (Ez 18,13)

Dann wird weiter ausgeführt:

> Der Mensch, der sündigt, nur er soll sterben. Ein Sohn soll nicht an der Schuld des Vaters mittragen und ein Vater soll nicht an der Schuld des Sohnes mittragen. (Ez 18,20)

Statt einer auf blindem Rachegefühl basierenden Vergeltung der Schuld eines Einzelnen, die auf die ganze Sippe oder Familie ausgeweitet wird, wird hier für einen Tun-Ergehens-Zusammenhang argumentiert: Jede:r bekommt, was er verdient, aber eben auch *nur* diese:r. Bereits die martialisch klingende und auch in Computerspielen gern zitierte[12] sog. Talionsformel „Auge für Auge, Zahn für Zahn" (Ex 21,24) zeigt insofern ein fortgeschrittenes Gerechtigkeitsbewusstsein, als auf Ausgleich Wert gelegt wird.[13]

Mit der Ausrichtung auf angemessene Vergeltung sollen, noch weit vor den radikalen Forderungen der Bergpredigt nach Vergeltungsverzicht (Mt 5,38–39), Rachekreisläufe durchbrochen werden. Denn typischerweise kann Rachehandeln leicht erneute Rache auslösen, wenn ihm z. B. Unschuldige zum Opfer fallen. So sühnen Eltern ihre Kinder an den Kindern der Mörder und ein Kreislauf beginnt, der nur durch Verzicht auf Rache zum Stillstand gelangt.[14] Die Ausrichtung auf strikte Wiedervergeltung scheitert schon deshalb daran, Rachekreisläufe einzudämmen, weil – eine grundsätzliche Schwäche des *ius talionis* – oft überhaupt nicht klar ist, was als ‚gerechte' Vergeltung zählen kann. Ist der Tod nicht eine vergleichsweise gnädige Strafe, wenn jemand anderen unvorstellbares Leid zugefügt hat? Sollte man Folterer wiederum foltern? Dann würde allerdings, wie es auch als Argument gegen die Todesstrafe angeführt wird, inhuman gehandelt und man stellt sich mit Verbrecher:innen auf eine Stufe. Gegen ein striktes *ius talionis* spricht vor allem, dass die zu begleichende ‚Rechnung' in den meisten Fällen notwendig offenbleibt.

---

[12] Z. B. von Charakter Yelena in *Far Cry 6,* als der Leichnam einer getöteten Admiralin unnötig zur Schau gestellt wird, was von einem greisen und weiser wirkenden Mitglied der Gruppe kritisiert wird. Auch Quests werden gerne mit „An Eye for an Eye" betitelt, z. B. in *Witcher III: Wild Hunt* oder *Far Cry 4*.

[13] U. Bail interpretiert – wie auch die Buber-Übersetzung – das hebr. *tachat* als „Ersatz", womit dann nicht einmal wörtlich eine körperliche Verletzung, sondern Entschädigungszahlungen gemeint sein könnten (vgl. Bail 2014, S. 150–151).

[14] In der Rachespirale werden Opfer sonst immer wieder erneut zu Tätern (vgl. Böhm/Kaplan 2012, S. 143–144).

Als nächster folgerichtiger Schritt, der nicht spezifisch christlich ist,[15] setzt der Gedanke der Vergebung ein. Hier wird selbst auf berechtigte und angemessene Vergeltung verzichtet – zum Beispiel, um Gewalt-Kreisläufe effektiver zu durchbrechen, als es das Vergeltungsprinzip vermag. Es ist also festzuhalten, dass Rache nicht nur früh in der Menschheitsgeschichte auftaucht, sondern auch problematisiert und zumindest durch Vergeltung ersetzt wird. Diese achtet anders als ‚blinde‘ Rache sowohl auf die richtigen Adressat:innen als auch auf das richtige Maß.

Interessant ist nun, dass die Konsequenzen blinder Rache in digitalen Spielen, die Gewalt enthalten, vergleichsweise häufig thematisiert werden, dies aber seltener für das Motiv der Vergebung zutrifft. Dass die Möglichkeit der Vergebung meist gar nicht besteht, hat freilich auch rein spielmechanische Gründe: Der Verzicht auf das Bekämpfen der Gegner beendet das Spiel.[16] Damit allerdings rückt das Motiv der Rache in den Vordergrund, das zum Kampf motivieren soll. Wie dies geschieht, wird in den nächsten Abschnitten genauer untersucht, wobei die oben aufgeworfene Frage, ob Rache unhinterfragt positiv gewertet wird, verneint werden kann – im Gegenteil wird Rache auch in Computerspielen häufig von Strafe und Vergeltung abgegrenzt.

4 Eindimensionale „Payback"-Struktur vs. narrative Brechung des Rachemotivs

Ich möchte drei verschiedene Kategorien unterscheiden in Bezug darauf, wie Rache in digitalen Spielen narrativ behandelt wird: linear, ambivalent oder kritisch.

1. Einerseits gibt es, besonders in weniger komplexen Spielen, eine klare, einlinige Aufforderung, erlebtes Unrecht zu rächen, wie es im erwähnten Titel *Arcania* der Fall ist.[17]
2. Rache wird in etlichen Spielen sowohl ausgeübt als auch problematisiert, was einen zusätzlichen Reiz und Mehrwert gegenüber dem linearen Einsatz bietet. Diese Problematisierung muss allerdings nicht gleich durch eine ‚moralische Botschaft‘ motiviert sein, wie es in manchen *Serious Games* der Fall ist. Wenn

---

[15] Auch Vergebung wird bereits im *Alten Testament* als Sache Gottes ausgezeichnet (z. B. in Ps 130,4), wobei als Sühne dann zumeist Tieropfer dargebracht werden müssen, wie in Lev 4 beschrieben.

[16] Was in *Far Cry 4* und *5* als ironisches, sog. *Easter Egg* sogar demonstriert wird: Weigert man sich in der Eingangsszene von *Far Cry 5*, den Sektenführer zu verhaften, folgt sofort der Abspann.

[17] Wobei zumindest die Story in diesem Falle komplexer ist, weil der vermeintlich für den Tod der Verlobten verantwortliche König von einem Dämon besessen ist und seinerseits der Rettung bedarf.

Spiele ein Allmachtsgefühl vermitteln,[18] lebt dies davon, dass man auch einmal gnädig sein und auf Rache verzichten kann. Gerade dadurch, dass die Entscheidung über Leben *und* Tod, Strafe oder Begnadigung bei den Spielenden liegt, entsteht das besagte, für viele reizvolle Gefühl der (All-)Macht.

Ein allzu linearer Ablauf kann umgekehrt zu einem Gefühl der Machtlosigkeit führen – wenn z. B. in *Far Cry 6* oder *Assassin's Creed: Unity* bis zuletzt keine Möglichkeit besteht, der Story eine Wendung zu geben und ein tragisches Ende zu verhindern. Besonders im letztgenannten Titel führt dies zu einer dritten möglichen Wertung:

3. Rache wird klar verurteilt, weil sie in der Konsequenz zu einem unerwünschten Verlauf oder Ende führt. Hierauf möchte ich im folgenden Abschnitt noch genauer eingehen.

Diese drei Kategorien müssen nicht notwendig in *verschiedenen* Spielen vorkommen, sondern können auch Teil ein und desselben Titels sein. So fällt das spielmechanisch vorgegebene Ziel in *Assassin's Creed: Odyssey,* alle Kultisten zu töten, zunächst unter Kategorie eins, während sowohl in der Hauptgeschichte als auch in Nebenquests öfters innegehalten und Rache im Sinne von Kategorie zwei reflektiert wird.[19]

5 „Wer die Rache sucht, gräbt zwei Gräber" – Rachekritik in *Assassin's Creed*

In *Assassin's Creed Chronicles: China,* einem im China des 16. Jh.s spielenden Ableger der Reihe, geht es um die Rache der letzten Überlebenden Shao Jun an den Templern, die ihre Bruderschaft zerstört haben. Zuletzt stellt Shao als größte aller Lektionen, die sie gelernt habe, fest: „She who seeks revenge should remember to dig two graves." Gemeint ist mit diesem leicht abgewandelten, bisweilen Konfuzius zugeschriebenem chinesischen Sprichwort, dass Rache nicht die Befriedigung und Ruhe verspricht, die gesucht wird, sondern genauso den oder die Rächende in den Tod führt bzw. zumindest schädigt.

Diese Negativbewertung von Rachehandlungen zieht sich durch die gesamte *Assassin's Creed*-Reihe, z. B. *Assassin's Creed: Odyssey* oder deutlicher noch *Assassin's Creed: Unity,* wo die Rache zuletzt zum Tod der rächenden Person führt. Die Begründung könnte dabei an verschiedenen Punkten ansetzen:

---

[18] Sog. „Power Fantasy"-Games realisieren dies, indem neben der Rolle mächtiger Held:innen auch bisweilen die Rolle von Göttern eingenommen wird, wie z. B. in *God of War. Ragnarök,* das Teil einer Spielreihe ist, in der Rache ebenfalls eine große Rolle spielt.

[19] An einigen Beispielen aus Spieldialogen: Oft genug bleibt die Tötung von Gegner:innen alternativlos und wird u. a. mit „That's for what you did to my family" kommentiert. An anderen Stellen kann auf Rache verzichtet werden – verschont man z. B. die ehemalige Pythia Praxithea, wird dies mit „Killing her for revenge won't change what happened." begründet.

- Rache macht buchstäblich „blind" im Sinne der Irrationalität, des unüberlegten, unvorsichtigen und vorschnellen Handelns. Dadurch passieren Fehler und Spielziele wie die Tötung von Gegner:innen werden allein deshalb nicht erreicht.
- Die Fixierung auf eine persönliche „Vendetta" (so der im Spiel verwendete Ausdruck) verhindert den Blick auf das große Ganze, die gemeinsame Sache. In *Assassin's Creed: Unity* wird der Protagonist, der eigenmächtig handelt und Anweisungen nicht befolgt, zuletzt aus dem Orden der Assassinen ausgeschlossen.
- Das Ausüben von Rache wird zudem auch als „ehrlos" betrachtet. So erklärt die Protagonistin in *Assassin's Creed: Odyssey,* wenn sie entscheidet, Nikolaos zu verschonen: „Though you deserve death, there is no honour in vengeance". Wobei aber aus dem Kontext nicht ganz deutlich wird, *worin* diese Ehrlosigkeit genau besteht. Einerseits ist zu vermuten, dass durch Rache die Selbstkontrolle verhindert und jemand zu ehrlosen, da inhumanen Handlungen getrieben wird. Andererseits könnte „Ehre" auch darin bestehen, sich nicht auf die gleiche Stufe zu stellen mit z. B. rachsüchtigen Gegner:innen, sondern sich besser zu verhalten.

Ein wichtiger Gedanke wurde bisher ausgespart: Warum überhaupt erscheinen Rache bzw. zumindest eine vergeltende Gewaltausübung im Sinne der Selbstjustiz den Spieler:innen als notwendig?

6 Rechtfertigung von Gewalt durch das historische, gesellschaftliche oder politische Umfeld

Wichtig für die Rechtfertigung von Gewalt in digitalen Spielen ist als narrativer Rahmen das gesellschaftspolitische Umfeld der Spielhandlung, das sich von dem moderner Demokratien oft erheblich unterscheidet.

Interessanterweise scheint das in den Indizierungskriterien genannte Kriterium der „Nahelegung von Selbstjustiz"[20] selten entscheidend zu sein. Bisweilen werden zwar – wie in *Far Cry 5,* wo man einen Deputy Sheriff spielt – von Spielenden auch Ordnungshüter:innen verkörpert. Aber wenn das nicht der Fall ist, wird in vielen bekannten und nicht indizierten Titeln auf den ersten Blick Selbstjustiz ausgeübt. Manchmal allerdings wird dies dadurch gerechtfertigt, dass es gar keine übergeordnete Instanz oder Ordnung gibt, kein funktionierendes Rechts- oder Polizeisystem. Es herrscht, wie z. B. in *Far Cry 6,* eine Militärdiktatur, der man sich im Guerillakampf entgegenstellen muss, weil es niemand sonst tut. Oder man spielt wie in *Tom Clancy's Ghost Recon: Wildlands* ein Mitglied einer Spezialeinheit,

---

[20] Vgl. die Seiten der BzKJ (o. J.), Rubrik „Was wird indiziert?" – „Gesetzlich geregelte Fallgruppen". Die geplante Eliminierung eines gesamten Regimes fällt auch kaum unter die dort ebenfalls genannten Ausnahmen der „Notwehr-, Nothilfe- oder Notstandshandlungen".

die eine staatlich autorisierte ‚Lizenz zum Töten' besitzt, weil sie im Kampf gegen ein Drogenkartell vor Ort auf sich allein gestellt ist. Andere Spiele wie *Assassin's Creed* (2007) spielen in einer historischen Epoche, die von anderen Regeln geprägt ist als die Moderne, in diesem Falle dem Mittelalter des 11. Jh.s.[21] Eine kritische Reflexion dieses politisch-gesellschaftlichen Rahmens kann bereits innerhalb der Story geschehen. In *Red Dead Redemption 2* glaubt Protagonist und Gangmitglied Arthur zu Beginn an Ideale der Gesetzlosigkeit als Freiheit, die aber nicht mehr kompatibel sind mit der gesellschaftlichen Situation im ausgehenden Wilden Westen um 1899. Er erkennt zunehmend, dass unter dem Deckmantel eines vermeintlichen Ehrenkodex' banale Kriminalität ausgeübt wird, die auch unschuldige Opfer fordert. Eine ähnliche Reflexion findet in *Mafia* statt, einem Spiel, das im Chicago der 1930er spielt. Protagonist Tommy hadert mit den Mafia-Methoden, verweigert sich diesen und wird zuletzt selbst zum Opfer. Solche Spiele können, zumindest ab einem Alter, wo Reflexion und historisches Verständnis erwartet werden kann, als ethisch wertvoll betrachtet werden. Selbst *Grand Theft Auto V* – wie *Red Dead Redemption 2* ein von Rockstar-Games vertriebener Titel – wo die Perspektive des Verbrechers weder historisch gebrochen noch sonst explizit kritisch reflektiert wird, kann eine Reflexion auslösen, wenn es als Satire oder gar Gesellschaftskritik verstanden wird.[22]

Nachdem Einsatz und Rechtfertigung von Rache- und Vergeltungsmotiven besprochen wurden, möchte ich im folgenden, letzten Abschnitt die zu Beginn aufgeworfene Frage der unterschwelligen Prägung von Spieler:innen durch Spielinhalte aufgreifen. Wenn beim Spielen eine kritische Reflexion gesellschaftlicher, auch historischer Verhältnisse geschieht, scheint dies zunächst ein sehr positiver Effekt zu sein. Sind überhaupt problematische oder negative Auswirkungen zu erwarten, wenn Rache und Vergeltung spielerisch ausgelebt werden, und falls ja, unter welchen Bedingungen?

7 Rache und Vergeltung – wertvolle Reflexionsmöglichkeit oder schädliche Prägung?

Bei der Beurteilung der Auswirkung von Spielinhalten kommen empirische Studien methodisch an ihre Grenzen, weil sich einzelne Spiele, noch weniger aber ganze Genres im Sinne einer monokausalen „Ursache" operationalisieren lassen

---

[21] Was z. B. ein pädagogischer Ratgeber positiv hervorhebt (vgl. Dahlmann 2007). Narrativ reizvoll an der gesamten Reihe ist zudem, dass man, so die Rahmengeschichte, meist einen VR-Nutzer spielt, der seinerseits nur virtuell in die historische Welt der Charaktere eintaucht und dort nicht sterben, sondern nur ‚de-synchronisiert' werden kann. Auch kann er – bis auf den Teil *Revelations* (2011) – jederzeit die Simulation verlassen.

[22] Was allerdings nicht offensichtlich ist! Die prinzipiell bei allen digitalen Spielen mögliche, kritische Reflexion ist weit entfernt vom gesellschaftskritischen „Critical Play", wie es z. B. Mary Flanagan forderte. GTA gilt bei ihr als Negativbeispiel (vgl. Flanagan 2009, S. 223).

(vgl. Venus 2007, S. 76–77). Gewaltinhalte könnten eine kritische Reflexion, welche positiv zu bewerten ist, nun sogar vorrangig ermöglichen, weil sie offen und explizit dargestellt werden. Klischees und Stereotypen werden dagegen kritisiert, weil sie weniger offensichtlich und unthematisch im Hintergrund stehen und so nur unterschwellig wirken. Dies gilt nicht nur für Rollenklischees und die Darstellung von Minderheiten, sondern auch z. B. für eine überaus positive Darstellung einzelner Nationen wie den USA in *First-Person-Shootern* mit Kriegsthematik (vgl. die Studie von Breuer et al. 2012). Auch Rache und Vergeltungsgeschichten könnten so unterschwellig ein Weltbild (mit)prägen – wie in Ez. 18,13 werden Tun-Ergehens-Zusammenhänge unhinterfragt befürwortet: Jede:r bekommt, was er oder sie verdient.

7.1 *Value clarity* in Spielwelten

Hier greift ein übergeordneter Gesichtspunkt, den Nguyen mit den Begriffen *value capture* und *value clarity* ins Spiel gebracht hat: Selbst, wenn einzelne Zusammenhänge narrativ problematisiert werden, vermitteln Spielwelten oft ein klares, von eindeutigen Werten geprägtes Bild, wie es in der Wirklichkeit nicht besteht (vgl. Nguyen 2020, S. 193–197). Eine hochdifferenzierte Spielwelt oder Story zu erschaffen wird auch dadurch erschwert, dass in Spielen bis auf wenige Ausnahmen[23] begrenzter Raum für geschriebene oder gesprochene Inhalte vorgesehen ist. Wer ein Computerspiel startet, erwartet normalerweise keine Text- oder Videoanteile im Umfang eines Films oder Romans – sonst könnte man auch gleich zu diesen Medien greifen. Die Rezeption der Geschichte nimmt auch in storylastigen Spielen oft erheblich weniger Raum und Zeit ein als andere Spielaktionen wie das Erfüllen von Missionen, der Kampf, das Sammeln von Spielgegenständen, Reisen von A nach B, dem Aufbau einer Basis u. ä. Und zwar bis dahin, dass bestimmte Spieler:innentypen Dialoge wo irgend möglich überspringen (,skippen') und nur die Aufgabenbeschreibung rezipieren. Aus gutem Grunde werden in aufwendigeren RPG-Spielwelten zahlreiche Bücher oder Schriftrollen platziert, die fakultativ gelesen werden können[24]. Ob angebotene narrative Elemente *überhaupt*, noch vor jeder Reflexion, rezipiert werden, wird den Spielenden selbst überlassen.[25] Auch das Anliegen der Schule der „Proceduralists", die z. B. im Anschluss an

---

[23] Das anspruchsvolle, von Robert Kurvitz und Aleksander Rostov entwickelte und mehrfach ausgezeichnete *Disco Elysium* lehnt sich an Pen-&-Paper-Rollenspiele an und mutet den Spielenden tiefgründige, verzweigte Dialoge in Romanumfang zu.

[24] Andere Spiele enthalten eine Enzyklopädie, in der Hintergrundinformationen zu entdeckten Tieren, Personen oder Lokalitäten separat abgerufen werden können.

[25] Als ursprüngliches *emotional Involvement* nennt K. Pohl den Wunsch, Computerspiele gewinnen zu wollen (vgl. Pohl 2008, S. 100–101). Die davon zu unterscheidende, narrativ-emotionale Involvierung (das Beispiel bei Pohl lautet: „ich möchte die Prinzessin retten"; Pohl 2008, S. 101) ist m. E. selbst in storylastigen Spielen fakultativ, da alle möglichen Spieler:innentypen angesprochen werden sollen.

Gamedesigner Ian Bogost (vgl. Bogost 2007) versucht, nicht in erster Linie über Narration, sondern die Gestaltung der Regeln anspruchsvolle Spiele zu entwickeln, war nur wenig erfolgreich. Dass sich Computerspiele gesellschaftlich etablieren, die den Effekt haben, „to produce ‚system literacy' and help people embrace complexity" (Bogost 2021, S. 31) wurde, so stellt Bogost selbst bedauernd fest, bisher nicht erreicht.[26]

Unabhängig davon, ob nun eine tiefere Reflexion stattfindet oder einfach nur zum Vergnügen gespielt wird,[27] dürfte sich die schädliche Auswirkung von ‚Revenge-Storys' in populären digitalen Spielen in Grenzen halten. Wenn nicht realisiert wird, dass reale Vorgänge und Handlungen nicht wie im Kindermärchen in „gut" und „böse" zerfallen (die erwähnte *value clarity*), liegt dies wohl weniger an der Prägung durch Spiele – oder analog, am Lesen von Märchen –, sondern an fehlender eigener Lebenserfahrung. In spielerischen Szenarien begibt man sich bewusst in ein fiktives Umfeld, das von anderen moralischen Regeln geprägt sein kann als die vertraute, eigene Gesellschaft. Das Andere, das Fremde zu erleben, in andere Rollen zu schlüpfen und im „als ob" Möglichkeiten durchzuspielen, die man im realen Leben nicht hat, machen den Reiz von Spielen wie *Assassin's Creed* aus.[28]

7.2   Verzicht auf „selbstzweckhafte" Gewalt?

Wie mit Spielinhalten umgegangen wird, liegt zuallererst am Spieler bzw. der Spielerin selbst, weshalb selbst geschmacklose Spiele wie *Hatred* nur in wenigen Ländern indiziert wurden und, da nicht strafrechtlich relevant, auch in Deutschland trotz Indizierung für Erwachsene legal erhältlich sind (vgl. USK 2022, S. 53). Auch ist durch bloßen Verzicht auf ‚selbstzweckhafte' Gewalt nicht viel gewonnen, da diese selbst bei realen Verbrechen eine untergeordnete Rolle spielt. Echte Gewalttaten bis hin zum Amoklauf sind meist umgekehrt, zumindest aus Perspektive der Täter:innen, in ein komplexes Begründungssystem eingebettet. Sowohl Gründe der Vergeltung als auch eine gesamte, oft wahnhafte Ideologie wie im Manifest des Massenmörders Breivik werden als Rechtfertigung für solche Taten angeführt.

---

[26] Kritisch gegenüber dem Anspruch von „Persuasive Games", die komplexe Botschaften vermitteln und bewusst, z. B. politisch etwas bewirken wollen, äußert sich Sicart (2011). Diese bieten zu wenig Raum für Spieler:innen als moralische Agenten, deren eigene Werte, Reflexion und Kreativität.

[27] Ein naheliegendes Motiv, das Bareither als ein Hauptmotiv für Gewalthandlungen in Spielen identifiziert (vgl. Bareither 2016, S. 15–39).

[28] Dabei ist nicht nur die Möglichkeit gesetzlosen Handelns gemeint, sondern auch die Aushebelung physikalischer Grenzen wie beim mühelosen Erklettern von Wahrzeichen mit anschließendem Sprung der Assassinen aus großer Höhe in ‚Heuhaufen'. Oder bei der waghalsigen Fahrt in Fahrzeugen, welche absurd schnell beschleunigen und so gut wie unzerstörbar sind (was auch in der *GTA*- oder *Far Cry*-Reihe der Fall ist). Auch der Bereich magischer Fähigkeiten, mit denen viele Spielcharaktere genreübergreifend ausgestattet sind, gehört hierzu.

Nicht nur vor Gericht, wo ein Interesse an Strafmilderung besteht, sondern auch z. B. in Abschiedsbriefen wird Gewalt begründet und als notwendige Re-Aktion dargestellt. Dass aus purem Spaß oder scheinbar grundlos gemordet wird – wie im Falle der Jugendlichen Brenda Ann Spencers, deren Begründung „I don't like Mondays" den gleichnamigen Song der Boomtown Rats inspirierte – ist bei realen Verbrechen selten. Auch in Computerspielen wird das Handeln abgrundtief ‚böser' Charaktere bisweilen begründet; so wird Jack the Ripper im gleichnamigen Teil von *Assassin's Creed* (DLC) das Motiv zugesprochen, mit den Morden seine Mutter zu rächen.

Die Fähigkeit und Reife der Spieler:innen, sowohl zwischen Fiktion und Realität unterscheiden zu können als auch zwischen verschiedenen Arten der Gewalt-Begründung, ist für eine Wertung von Gewaltspielen als ‚unproblematisch' daher vorauszusetzen[29]. Jugendschutz-Instanzen wie die USK allein können diese Reife allerdings nicht sicherstellen. Elternhaus, Schulen und das soziale Umfeld von – durchaus auch volljährigen – Spieler:innen sind gefordert, den Umgang mit digitalen Spielen und deren Inhalte zu thematisieren.

7.3 Kritische Reflexion und ihre Voraussetzungen

Die Grundsatzfrage, ob es nicht wünschenswert wäre, gewalthaltige digitale Spiele, auch solche mit Rache- und Vergeltungsthematik, irgendwann sämtlich durch solche zu ersetzen, die keine von Spieler:innen auszuübende Gewalt enthalten[30], möchte ich daher mit „nein" beantworten. Es wäre momentan nicht einmal denkbar, weil damit etablierte, weit verbreitete und beliebte Genres *ad acta* gelegt werden müssten. Der Trend geht, analog zum Filmbereich, eher zum Gegenteil. Je mehr Spieler:innen sich an Gewaltdarstellungen gewöhnen, desto expliziter wird diese integriert und dargestellt, wobei Spielende den Gewaltgrad oft selbst bestimmen können.[31] Natürlich gibt es viele Genres, in denen die Tötung von Gegnern[32] keinerlei Rolle spielt sowie Spiele, in denen wie in der *Life is Strange*-Reihe eine Vergebungsthematik viel Raum einnimmt. In anderen Spielen aber wird gekämpft und – offen oder aus dem Hinterhalt heraus – ‚getötet', weil genau dies Emotionen verspricht und einen Nervenkitzel, den das Bauen einer Zugtrasse in *Railroad*

---

[29] Und zwar als notwendige, nicht hinreichende Bedingung. Spiele können *an sich* problematisch sein, wenn sie z. B. zu Propagandazwecken entwickelt wurden. Ich danke Samuel Ulbricht für diesen Hinweis.

[30] Dazu gehören nicht nur andere Genres wie Aufbau- oder Rätselspiele, sondern auch Spielvarianten, die in der Nische der *Serious Games* auftauchen. Bei Flanagan wird etwa *Darfur Is Dying* erwähnt, wo man aus der Perspektive eines sudanesischen Flüchtlingskindes spielt, das überleben muss (vgl. Flanagan 2009, S. 245–246; kritischer besprochen bei Bogost 2007, S. 95–97).

[31] Zum Beispiel mit einer fakultativen „No Blood" oder „No Gore"-Option. Umgekehrt grassieren unter Nutzer:innen allerdings auch Uncut- oder Blood-Patches, die aus Jugendschutzgründen geschehene Zensur wieder rückgängig machen.

[32] Darunter verstehe ich hier sowohl Monster als auch menschliche Gegner:innen.

Tycoon, das Betreuen einer Sim-Familie in *Sims 4* oder das Rätsellösen in *Myst* so nicht mit sich bringen kann. Zudem enthält der Kampf gegen Gegner automatisch eine kompetitive Komponente, die auch im sportlichen Wettkampf wesentlich ist. Ein damit verknüpftes motivationales Element, von dem solche Genres und die Fankultur darum leben, ist die Möglichkeit, spielerische Fähigkeiten, Charakter oder Ausrüstung stetig zu verbessern, um die jeweils nächsten Gegner erfolgreich zu besiegen. Auch solche Notwendigkeiten und spielmechanischen Begründungen von Spielgewalt dürften mündigen Spieler:innen zumindest implizit bewusst sein. Dies alles gehört auch zur Fähigkeit der Unterscheidung von Fiktion und Realität, von Spiel und Ernst.

Ist diese Fähigkeit gegeben, kann eine starke Betonung von Tun-Ergehens-Zusammenhängen, verbunden mit der Rechtfertigung durch gesellschaftliche oder historische Umstände, wie in (6) geschildert, sogar in positiver Hinsicht zur Reflexion anregen. Auffällig häufig wird Gewalt in digitalen Spielen zumindest als Re-Aktion, unter dem Vorzeichen fiktiven Heldentums ausgeübt, wenn z. B. Sklaven befreit und Zivilisten beschützt werden. Und warum sollten sich Spieler:innen neben Monstern und Zombies nicht auch brutalen Regimes entgegenstellen können? Spiele sind, worauf Klager aufmerksam macht, auch *Ausdruck* einer Gesellschaft[33] (vgl. Klager 2018, S. 94–95). Dass gerechtfertigte Gewalt stets Reaktion auf vorangegangene Gewalt und manchmal das einzige Mittel ihrer Eindämmung ist, ist auch eine gesellschaftliche Realität, über die im fiktionalen Raum nachgedacht werden kann. Beliebt sind dabei auch Hoffnungsszenarien wie im Falle der zu stürzenden Diktatur in *Far Cry 6,* wo nach der temporär ausgeübten Gewalt auf der Insel *Yara* (wieder) Frieden herrschen kann.

Umso besser ist es, wenn die von Protagonisten ausgeübte Gewalt, wie es in etlichen der erwähnten AAA-Titeln geschieht (vgl. oben 4 und 5), narrativ gebrochen wird und Rachehandlungen mitsamt ihren Schattenseiten als solche bewusst gemacht werden. Oder wenn, wie in Abschn. 6 geschildert, die gesamte Rahmenerzählung und das gesellschaftliche Umfeld hinterfragt werden kann. Die Protagonist:innen erkennen vielleicht sogar, dass sie gar keine Held:innen sind, sondern auf der ‚falschen' Seite stehen – wie es in *Deus Ex, Mafia* oder *Red Dead Redemption 2* geschieht. Auch die Möglichkeit der Vergebung wird bisweilen zusätzlich, z. B. im Epilog, thematisiert, was gerade bei Racheerzählungen naheliegt.[34] Wird kein Unrecht begangen, einem kein Leid zugefügt, so gibt es nichts zu rächen, aber auch nichts zu vergeben.

---

[33] Eine Beobachtung, die offen lässt, ob die Community der Nutzer:innen nicht selbst einmal andere Erwartungen an Spielinhalte stellt, denen von Entwickler:innen auch entsprochen wird, wie es momentan z. B. in Bezug auf Rollenklischees, Diversität etc. geschieht.

[34] In *Red Dead Redemption 2, The Last of Us II* oder *God of War: Ragnarök* spielen jeweils beide Themen eine Rolle, Rache wie auch Vergebung.

7.4 Wann und wem können *Revenge-Games* schaden? Die realisierende Identifikation

Wie steht es zuletzt mit Spielen, die Rache – gemäß obiger Unterscheidung in (4) nach Kategorie eins – lediglich eindimensional zelebrieren und wo kritische Reflexion zumindest nicht naheliegt? Genau wie für die Gewaltdebatte insgesamt ist entscheidend, ob moralisch zu verurteilende Spielhandlungen unabhängig von realen Handlungen oder geradezu stellvertretend für diese ausgeführt werden. Letzteres geschieht im Sinne einer, so ein Ausdruck von Ulbricht, „realisierenden Identifikation" (Ulbricht 2020, S. 97),[35] die altersunabhängig, z. B. bei Anhänger:innen einer Ideologie oder auch bei psychisch Erkrankten auftreten könnte, aber doch sehr selten sein dürfte. Der Normalzustand ist die natürliche Distanz zum Spielgeschehen. Selbst beim Sprachgebrauch wäre zu unterscheiden, worauf sich Ausdrücke beziehen. In digitalen Spielen werden weder Monster noch Menschen noch Tiere „getötet" im Sinne der Verwendung des Verbs im realen Leben. Was dort geschieht, ist eine von Spielenden ausgelöste, fiktive Darstellung der Tötung. Interessanterweise wird häufig der positiver besetzte Begriff „Action" verwendet, wo Computerspielgewalt gemeint ist (vgl. Bareither 2016, S. 50). Man kann in Spielen eben gefahrlos, im „als ob" der Fiktion erleben, wie es sich z. B. anfühlt, sich der Rache zu überlassen. Wobei sowohl Ausbrüche des Triumphs, wie sie nicht selten in Let's Play-Videos geäußert werden, als auch Gefühle der Frustration dazu gehören, wenn eine Geschichte schlecht endet oder eine Gegner:in ungestraft davonkommt. Auch ein vermeintlicher Triumph kann sich plötzlich schal anfühlen, weil man, so ein beliebter Plot-Twist, vielleicht unversehens den oder die ‚Falschen' getötet hat. Was sich wiederum niemals *genauso* anfühlen kann wie entsprechendes Scheitern im echten Leben, weil und wenn dabei stets bewusst ist, dass man gerade spielt.[36] Wobei der zunehmend steigende, technisch mögliche Realismus- und Immersionsgrad digitaler Spiele hier auch neue Fragen aufwirft.[37]

Zusammenfassend wurde festgestellt, dass viele populäre Computerspiele bereits spielmechanisch bedingt von Rache- und Vergeltungsnarrativen leben. Bei näherer Betrachtung sind mindestens drei verschiedene Weisen des narrativen Einsatzes möglich. Alle drei erlauben eine kritische Reflexion von Rachemotiven, die

---

[35] Spielhandlungen („fiktionale Handlungen") können laut Ulbricht nicht – so die Position des „Amoralismus" – vollständig von moralischer Bewertung ausgenommen werden, sondern einer solchen im Falle sog. ‚realisierender', mentaler Identifikation unterliegen (vgl. Ulbricht 2020, S. 97–100).

[36] Ob es sich bei *allen* in Bezug auf Fiktionen erlebten Gefühlen nur um „Quasi-Emotionen" handelt (so Ulbricht 2020, S. 34 unter Bezug auf Kendall L. Walton), wäre aber zu fragen.

[37] Besonders bei VR-Spielen ist die Distanzmöglichkeit geringer, wenn mit vollem Körpereinsatz oder unter Verwendung nachgebildeter Schusswaffen gespielt wird. Dies ist allerdings auch der Fall bei einem Sport wie Paintball, wo sich Teams mit Farbmarkierungen beschießen. Dass allzu reale VR-Simulationen das klassische Computerspiel ablösen, ist unwahrscheinlich, weil VR-Spiele, je immersiver, je anstrengender werden. Schwert- und Bogenkampf etwa, wie er in *Orbus VR* gefordert ist, ist körperlich so anstrengend, dass der Übergang zum Sport fließend ist.

Spielenden allerdings mehr oder weniger nahegelegt werden kann. Zuletzt wurde gefragt, ob und wann diese Narrative als ethisch problematisch zu betrachten sind. Dies dürfte nur im seltenen Ausnahmefall einer ‚realisierenden Identifikation' durch Spieler:innen der Fall sein. Normalerweise wird die Fähigkeit vorausgesetzt, sowohl zwischen Fiktion und Realität als auch zwischen verschiedenen Begründungen von Gewalt zu unterscheiden. Gerade in der letzteren Unterscheidungsleistung im Rahmen kritisch-ethischer Reflexion besteht das positive Potenzial digitaler Spiele, die mit solchen Narrativen arbeiten.

Literatur

Bail, Ulrike. 2014: Ein Gott der Rache? Überlegungen zu einem Gottesbild der alttestamentlichen Psalmen. *Praktische Theologie* 46(3): 149–155.
Bareither, Christoph. 2016. *Gewalt im Computerspiel. Facetten eines Vergnügens*. Bielefeld: transcript.
Bernhardt, Fabian. 2016. Was ist Rache? Versuch einer systematischen Bestimmung. In *Recht und Emotion I. Verkannte Zusammenhänge*, Hrsg. Hilge Landweer und Dirk Koppelberg, 162–193. Freiburg/München: Alber.
Bogost, Ian. 2007. *Persuasive Games. The Expressive Power of Videogames*. Cambridge, MA: MIT Press.
Bogost, Ian. 2021. Persuasive Games. A Decade Later. In *Persuasive Gaming in Context*, Hrsg. Teresa de la Hera et al., 29–39. Amsterdam: Amsterdam University Press.
Böhm, Tomas und Suzanne Kaplan. ²2012. *Rache. Zur Psychodynamik einer unheimlichen Lust und ihrer Zähmung*, Gießen: Psychosozial-Verlag.
Breuer, Johannes, Ruth Festl, und Thorsten Quandt. 2012. Digital war: An empirical analysis of narrative elements in military first-person shooters. *Journal of Gaming & Virtual Worlds* 4(3): 215–237.
Burnett, Anne Pippin. 1998. *Revenge in Attic and Later Tragedy*. Berkeley u. a.: University of California Press.
BzKJ. 2016. Online-Spiel „Hatred" indiziert, Entscheidung Nr. 12371 (V) vom 20.04.2016. *BPJM aktuell* 2: 15–22.
BzKJ. oJ. *Was wird indiziert?* https://www.bzkj.de/bzkj/indizierung/was-wird-indiziert. Zugegriffen: 5. Oktober 2023.
Dahlmann, David. 2007. Assassin's Creed (2007). In *Spieleratgeber NRW*. https://www.spieleratgeber-nrw.de/Assassins-Creed.1541.de.1.html. Zugegriffen: 5. Oktober 2023.
Deutsche Bibelgesellschaft, Hrsg. 2017. *Die Bibel. Rev. Lutherübersetzung*, Stuttgart.
Feige, Daniel Martin. 2020. Computerspiele. Die verspielte Gesellschaft. In *Stichworte zur Zeit. Ein Glossar*, Hrsg. Heinrich Böll Stiftung, 49–60. Bielefeld: transcript.
Filipovic, Alexander. 2015. Ethik des Computerspielens. Ein medienethischer Einordnungsversuch. In *Was wird hier gespielt? Computerspiele in Familie 2020*, Hrsg. Sandra Bischoff et al., 69–80. Opladen, Berlin u. a.: Budrich.
Flanagan, Mary. 2009. *Critical Play. Radical Game Design*. Cambridge MA, London: MIT-Press.
Fox, Robin. 2011. *The Tribal Imagination: Civilization and the Savage Mind*. Cambridge MA: Harvard University Press.
Frevel, Christian. 2017. Revidierte Einheitsübersetzung. Nicht mehr mit Rache. In *CiG* vom 29.01.2017. https://www.herder.de/cig/zeitgeschehen/2017/01-06-2017/revidierte-einheitsuebersetzung-nicht-mehr-mit-rache/. Zugegriffen: 5. Oktober 2023.
Günzel, Stephan. 2008. Böse Bilder? Sehenhandeln im Computerspiel. In *Das Böse heute. Formen und Funktionen*, Hrsg. Werner Faulstich, 295–305. Paderborn: Brill, Fink.

Kath. Bibelanstalt Stuttgart, Hrsg. 2016. *Die Bibel. Einheitsübersetzung der Heiligen Schrift. Gesamtausgabe*, Stuttgart.
Kant, Immanuel. 1797 (1968). Die Metaphysik der Sitten. In *Kants Werke. Akademie Textausgabe* Bd. VI, Hrsg. Preußische Akademie der Wissenschaften, 203–493. Berlin, New York: De Gruyter. [MdS]
Kant, Immanuel. 1798 (1968). Anthropologie in pragmatischer Hinsicht. In *Kants Werke. Akademie Textausgabe* Bd. VII, Hrsg. Preußische Akademie der Wissenschaften, 117–333. Berlin, New York: De Gruyter. [Anthr.]
Klager, Christian. 2018. Die Ethik des Als-ob. Video- und Computerspiele als technische Sphären der Ethik. *Jahrbuch Technikphilosophie* 4: 85–99. Baden-Baden: Nomos.
Krahé, Barbara. 2023. Auswirkungen gewalthaltiger Videospiele auf aggressives und prosoziales Verhalten. In *Computerspielforschung. Interdisziplinäre Einblicke in das digitale Spiel und seine kulturelle Bedeutung*, Hrsg. Ralf Biermann, Johannes Fromme und Florian Kiefer, 117–137. Opladen u. a.: Barbara Budrich.
Nguyen, Thi C. 2020. *Agency as an Art*. Oxford: Oxford University Press.
Pohl, Kirsten. 2008. Ethical Reflection and Involvement in Computer Games. In *Conference Proceedings of the Philosophy of Computer Games*, Hrsg. Stephan Günzel, Michael Liebe und Dieter Mersch, 92–107. Potsdam: Potsdam University Press.
Probst, Peter und Gerhard Sprenger. 1992. Rache. In *Historisches Wörterbuch der Philosophie online*, Hrsg. Joachim Ritter, Karlfried Gründer und Gottfried Gabriel, Basel: Schwabe. https://doi.org/10.24894/HWPh.7965.0692.
Ruch, Philipp. 2017. *Ehre und Rache: Eine Gefühlsgeschichte des antiken Rechts*. Frankfurt a. M.: Campus.
Sicart, Miguel. 2011. Against Procedurality. *Game Studies* 11(3). https://gamestudies.org/1103/articles/sicart_ap. Zugegriffen: 5. Oktober 2023.
Sicart, Miguel. 2009. *The Ethics of Computer Games*. Cambridge, MA; London: MIT Press.
USK (Unterhaltungssoftware Selbstkontrolle). 2022. *Kinder und Jugendliche schützen. Orientierung fördern. Alterskennzeichen für digitale Spiele in Deutschland*. Download unter: https://usk.de/die-usk/broschueren/. Zugegriffen: 5. Oktober 2023.
Ulbricht, Samuel. 2020. *Ethik des Computerspielens. Eine Grundlegung*. Berlin: Metzler.
Venus, Jochen. 2007. Du sollst nicht töten spielen. Medienmorphologische Anmerkungen zur Killerspiel-Debatte. *Zeitschrift für Literaturwissenschaft und Linguistik* 146: 67–90.
Woodbridge, Linda. 2010. *English Revenge Drama. Money, Resistance, Equality*. Cambridge: Cambridge University Press.
Wolny, Patricia. 2022. Verspielte Perspektive in ‚The Last of Us Part II' – Das Leben als Spiel. *Paidia* vom 21.07.2022. https://www.paidia.de/verspielte-perspektive-in-the-last-of-us-part-ii-das-leben-als-spiel/. Zugegriffen: 5. Oktober 2023.

Spiele

Assassin's Creed. Ubisoft (Reihe), darin: Assassin's Creed (2007), Assassin's Creed: Revelations (2011), Assassin's Creed III (2012), Assassin's Creed IV: Black Flag – Freedom Cry (2013; DLC), Assassin's Creed: Unity (2014), Assassin's Creed: Syndicate – Jack the Ripper (2015; DLC), Assassin's Creed: Odyssey (2018).
Assassin's Creed Chronicles: China. 2015. Climax Studios/Ubisoft Montreal.
Darfur is Dying. 2006. Suzana Ruiz, Take Action Games.
Deus Ex. 2000. Ion Storm Austin/Eidos Interactive.
Disco Elysium. 2019. ZA/UM.
Fable. 2004/2014. Lionhead Studios/Microsoft Game Studios.
Fallout 4. 2015. Bethesda Game Studios/Bethesda Softworks.
Far Cry. Ubisoft (Reihe), darin: Far Cry 4 (2014), Far Cry 5 (2018), Far Cry 6 (2021).
Grand Theft Auto V. 2013. Rockstar North/Rockstar Games, Take 2 Interactive.

God of War: Ragnarök. 2022. SIE Santa Monica Studio/Sony Interactive Entertainment.
Hatred. 2015. Destructive Creations.
Horizon: Zero Dawn. 2017. Guerilla Games/Sony Interactive Entertainment.
Life is Strange. 2015. Dontnod Entertainment/Square Enix.
Mafia. 2002. Illusion Softworks/Gathering of Developers, 2K Games.
Max Payne. 2001. Remedy Entertainment/Gathering of Developers.
Myst. 1993/2020. Cyan/Broderbund.
Orbus VR: Reborn. 2019. Orbus Online, LLC.
Railroad Tycoon. 1990. MPS Labs/Microprose.
Super Mario Bros. 1985. Nintendo.
The Last of Us II. 2020. Naughty Dog/Sony Interactive Entertainment.
The Sims 4. 2014. Maxis, The Sims Studio/Electronic Arts.
The Witcher III: Wild Hunt. 2015. CD Project Red/Warner Bros.
Tom Clancy's Ghost Recon: Wildlands. 2017. Ubisoft Paris u. a./Ubisoft.

Playing for a Better Planet. Computerspiele und ihr Potenzial für die Umwelt- und Klimaethik

Susanna Endres, Christian Gürtler und Claudia Paganini

1   Einführung: Zwischen Wissen und Handeln

Die Klimakrise bedroht die Grundlagen des menschlichen Lebens und erfordert ein gesellschaftsübergreifendes, globales Umdenken. Nicht zuletzt Klimaaktivist:innen wie die Gruppe der „Letzten Generation" haben das Thema in den Aufmerksamkeitsfokus der breiten Öffentlichkeit gerückt. Die Reaktionen sind zu einem Teil Unverständnis, Anfeindungen, verbale und physische Gewalt. Doch es gibt auch Zustimmung. Neben sich solidarisierenden Wissenschaftler:innen, Ärzt:innen und Künstler:innen zeigen insbesondere junge Menschen für die Protestaktionen Verständnis, wie aus einer nicht repräsentativen Umfrage des NDR (2023) hervorgeht. Diese hat ergeben, dass immerhin 51 % der 16–29-Jährigen die Aktionen der Klimaaktivist:innen für angemessen erachten, im Gegensatz zu 28 % der über 30-Jährigen.

Die Relevanz und Dringlichkeit von Umweltthemen scheint von jungen Menschen sehr bewusst wahrgenommen zu werden: Laut der internationalen LEMOCC-Studie (Learning Mobility in Times of Climate Change) gaben 93,1 % der jungen Befragten an, dass der Klimawandel für sie ein ernst-, bzw. ein sehr ernstzunehmendes Thema darstellt. Dennoch engagiert sich laut LEMOCC lediglich

---

S. Endres (✉)
Katholische Stiftungshochschule München, München, Deutschland
E-Mail: susanna.endres@ksh-m.de

C. Gürtler
Friedrich-Alexander-Universität Erlangen-Nürnberg, Erlangen, Deutschland
E-Mail: christian.guertler@fau.de

C. Paganini
Hochschule für Philosophie München, München, Deutschland
E-Mail: claudia.paganini@hfph.de

ein Drittel von ihnen aktiv im Klimaschutz (Bartels/Karic 2023). Und auch in der breiten Bevölkerung ist im Angesicht der Krise und trotz täglich veröffentlichter Meldungen von Extremwetterereignissen etc. kaum ein Umdenken zu verzeichnen und zwar im eigenen Handeln genau so wenig wie auf der Ebene der gesellschaftlichen Mitgestaltung. Die Anzahl der angemeldeten SUVs (Brandt 2022) steigt genauso wie die Anzahl an Kreuzfahrtpassagieren (CLIA; IG River Cruise 2022) und auch das allgemein geäußerte Interesse an Themen rund um Natur- und Umweltschutz bleibt verhalten (IfD Allensbach 2023).

Obige Eindrücke veranschaulichen auf anekdotische Weise, dass Wissen und Handeln nicht zwangsläufig miteinander korrelieren. Als eine zentrale Herausforderung, mit der sich Umwelt- und Klimaethiker:innen auseinanderzusetzen haben, ist damit die Frage, wie die Diskrepanz zwischen Wissen und Handlungsmotivation überwunden und umweltgerechtes Handeln unterstützt werden kann. Der nachfolgende Beitrag versucht sich entsprechenden Fragen spezifisch mit Blick auf das Potenzial von Computerspielen zu nähern, indem er diskutiert, inwiefern diese dazu beitragen können, klimagerechtes Handeln anzuregen und das Bewusstsein für Umwelt-Themen zu stärken. Der Fokus auf Computerspiele erscheint dabei vor allem aufgrund deren vielfältiger Zugänge zum Thema eingängig: Sie schaffen es, Spielende auf emotionaler Ebene zu berühren und einen Perspektivenwechsel anzuregen (Zimprich 2023).

2 Der Mensch, die außermenschliche Natur und das Klima

Bevor nun jedoch die Chancen, die Computerspiele für eine Auseinandersetzung mit Umwelt- und Klimathemen bieten können, diskutiert werden, ist zunächst zu klären, was unter Umweltethik zu verstehen ist und worin ihre zentralen Forderungen bestehen. Die Umweltethik (auch Naturethik oder ökologische Ethik genannt) wird in der Regel als eine Bereichsethik verstanden, als ein Teilgebiet der normativen Ethik also, das sich mit einem bestimmten Lebensbereich anwendungsorientiert auseinandersetzt. Im Fall der Umweltethik mit der außermenschlichen Natur und folglich mit all dem, „was nicht vom Menschen gemacht wurde, sondern aus sich selbst heraus entstanden ist" (Fenner 2010, S. 114). In der Vielfalt der bestehenden Bereichsethiken nimmt die Umweltethik damit eine Sonderstellung ein. Anders als beispielsweise die Medizin-, Technik-, Wirtschafts- oder Medienethik, aber auch die traditionelle, allgemeine Ethik, fragt sie nicht nach dem normativ-richtigen Umgang des Menschen mit seinen Mitmenschen. Vielmehr steht bei ihr die menschliche Beziehung zur Natur und sein Handeln in Bezug zu dieser im Fokus: Umweltethik „befasst sich als Teildisziplin der Bereichsethiken oder auch ,angewandten Ethiken' mit der Rechtfertigung und Kritik menschlichen Verhaltens gegenüber der äußeren, belebten oder unbelebten, nicht-menschlichen Natur." (Reuschel-Czermak 2012, S. 73).

Ein solcher Zugang ist begründungsbedürftig, gilt es doch zu diskutieren, welche moralische Relevanz der Natur zukommt und in was für einem Verhältnis

Mensch und Natur zueinander stehen. Dazu finden sich in der Literatur im Wesentlichen zwei konträre Zugänge: So kann das Bemühen um einen angemessenen Umgang mit der Umwelt mit dem instrumentellen Nutzen, den diese für den Menschen hat, begründet werden. Diese anthropozentrische Deutung stellt somit weiterhin den Menschen ins Zentrum und erachtet die Natur nur insofern für schützenswert, als sie für das menschliche Überleben und Wohlergehen von Bedeutung ist. Eine physiozentrische Perspektive nimmt man dagegen ein, wenn man der außermenschlichen Natur einen Eigenwert zuspricht, um dessentwillen diese als schützenswert erachtet wird (Fenner 2010). Welchen dieser beiden Grundüberzeugungen man zu folgen geneigt ist, hat weitreichende Konsequenzen für die Frage, wie ein moralisch gutes Handeln gegenüber der nichtmenschlichen Natur aussehen könnte.

Der vorliegende Beitrag jedoch konzentriert sich auf die Frage, wie Computerspiele dazu beitragen können, dass Menschen stärker motiviert werden, ihr eigenes Umwelt- und Klimahandeln zu hinterfragen, zu optimieren bzw. von den politischen Verantwortungsträger:innen Transformationsprozesse einzufordern. Insofern ist er sowohl mit Blick auf einen anthropozentrischen als auch auf einen physiozentrischen Zugang anschlussfähig. Das gilt umso mehr, als das Ernstnehmen der Klimakrise längst nicht mehr bloß der Imperativ einer holistischen Ethik ist, die selbst der unbelebten Natur, also auch dem Klima, einen moralischen Status zugestehen würde. Vielmehr kann Klimaethik gegenwärtig insofern sehr banal anthropozentrisch gedacht werden, als letztlich nicht mehr und nicht weniger auf dem Spiel steht als die Zukunft des Menschen selbst.

3 Gaming und Ethik

Was bewegt Menschen zum Handeln? Warum fällt es Menschen insbesondere im Hinblick auf die außermenschliche Natur und das Klima besonders schwer, verantwortungsbewusst und also moralisch zu agieren? Wie lässt sich entsprechendes Handeln im Kontext von Computerspielen anregen und fördern? Und: Worin besteht die Aufgabe der Medienpädagogik?

Einen solchen Fokus zu wählen, ist nicht selbstverständlich. Denn die Debatte rund um den Themenkomplex „Computerspiele, Moral und Ethik" wurde in der Öffentlichkeit lange Zeit primär unter dem Einfluss der Bewahrpädagogik diskutiert. Dies führte dazu, dass den spezifischen Anforderungen der Lebensweltorientierung und Medienangemessenheit eher skeptisch begegnet wurde. Im Zentrum der Aufmerksamkeit standen häufig Themen wie Gewalt und Sexualität, wobei argumentiert wurde, dass es aus ethischen Gründen nicht vertretbar sei, Jugendliche mit derartigen Bildern und Eindrücken zu konfrontieren. Diese würden ihre Entwicklung gefährden, Gewalt als sozial akzeptable Handlungsweise einführen und in weiterer Folge normalisieren (Möller/Krahé 2012). Diese Problembereiche werden in der wissenschaftlichen Community nach wie vor diskutiert.

Anliegen des vorliegenden Beitrags ist es jedoch, nach dem Potenzial digitaler Spiele für die ethische Reflexion und das moralische Handeln zu fragen und zwar insbesondere mit Blick auf umwelt- und klimaethische Themen. Unterschiede zwischen Serious und Entertainment Games werden dabei nicht systematisch diskutiert, sondern lediglich dort in den Blick genommen, wo sie in der jeweils berücksichtigten Literatur eine Rolle spielen. Das liegt zum einen daran, dass eine ausführliche Auseinandersetzung mit den beiden Gattungen den Rahmen sprengen würde, zum anderen daran, dass die Grenzziehung in unserem Kontext nur mäßig sinnvoll erscheint, als moralisches Lernen sich nicht nur durch die moralische Qualität der Spiele, ein klassisches Merkmal der Serious Games also, ereignet, sondern auch durch die Qualität des Spielens selbst. Daher werden im Folgenden die Potenziale für moralische Bildung mit Serious und Entertainment Games primär aus einer spieltheoretischen und handlungsorientierten Perspektive betrachtet (Lippok 2020).

Eine wichtige Grundlage für moralisches Agieren ist, dass ausreichend relevante Informationen vorhanden sind. Dies gilt auch für umwelt- und klimagerechtes Handeln. Sachwissen, normative Begründungsmuster sowie die hieraus abgeleiteten Imperative bieten daher ein hilfreiches Werkzeug, das eigene „gute" Handeln in Bezug auf Natur und Klima zu unterstützen. Zusätzlich zu den klassischen „Serious Games" kommen daher auch einfache Lernspiele wie Quizze in den Blick. Wissensvermittlung kann jedoch auch in komplexeren Spielumgebungen erfolgen, wo Umweltthemen und Nachhaltigkeitskonzepte auf spielerische Weise vermittelt werden, was zu einem tieferen Verständnis und einem besseren Erinnern führen kann.

Doch selbst wenn Wissen als Grundlage für Handlungsänderung anzusehen ist, reicht dies nicht aus, um tatsächlich ins Tun, in die Transformation zu kommen. Ein Mehr an Umweltwissen führt nicht automatisch zu moralisch anspruchsvollerem Handeln, wie empirische Daten zum Beispiel in Kontext von Aufmerksamkeitskampagnen zeigen (Schuitema/Bergstad 2019). Woran das liegt, werden wir später im Zusammenhang mit dem Themenkomplex „Gaming, Emotionen und Imagination" näher erörtern. Eine Ursache dafür, dass der Schritt vom Begreifen zum Tun so schwierig ist, dürfte jedoch sein, dass einzelne, für sich genommen als sinnvoll erkennbare bzw. erkannte Ziele häufig zueinander in einem Widerspruch stehen oder zu stehen scheinen. Auch werden die eigenen Handlungsmöglichkeiten zumeist als gering eingestuft, was die Motivation reduziert. Das bedeutet, dass Interferenzen mit anderen Handlungsgründen entstehen, was zur Folge hat, dass selbst die überzeugendsten und auch im individuellen Fall akzeptierten Handlungsgründe mit ihrem Motivationspotenzial nicht immer durchschlagen (Schuitema/Bergstad 2019).

Viele Spiele sind außerdem einfach gestaltet und reduzieren moralische Entscheidungen auf das Anzeigen von Karma-Punkten oder auf Belohnungssysteme, die das moralische Urteilsvermögen der Spielenden nicht herausfordern. Dies führt dazu, dass das Bewerten und Selbstbeurteilen im Spiel gewissermaßen Teil der Mechanik bleibt, aber keine eigenständige Selbstreflexion fördert (Weßel 2016). Games dagegen, die moralische Dilemmata – also Situationen, in denen es keine klare richtige Antwort gibt, sondern jede Entscheidung moralische Prinzipien verletzt – in ihre Storyline integrieren, werden mit Blick auf ihre moralische Qualität in der Literatur besser bewertet. Die Entscheidung ist hier ebenso dringend wie bedeutsam (Wimmer 2014), die Notwendigkeit des moralischen Scheiterns ist stets präsent, was insofern nicht irrelevant zu sein schein, als sie von manchen Autor:innen als Prüfstein von moralischer Qualität gewertet wird (Lippok 2020).

Damit moralische Dilemmata aber effektiv integriert werden können, müssen bestimmte spielmechanische und narrative Faktoren berücksichtigt werden. Moralische Entscheidungen müssen den Verlauf des Spiels beeinflussen, und es darf nicht offensichtlich sein, welche Wahl die „beste" ist, da sonst die Spielenden aus strategischen Gründen handeln, anstatt moralische Erwägungen zu berücksichtigen. Die Spieloptionen sollten also gewissermaßen als „uninformierte Entscheidungen" (Pohl 2010) gestaltet sein, damit auf diese Weise ihre Tragweite spürbar wird. Schließlich sind moralische Dilemmata besonders wirkungsvoll, wenn die Möglichkeit des Zurücksetzens auf einen früheren Spielstand deaktiviert und damit die Bedeutung der Entscheidung erhöht ist.

Auch ist es wichtig, dass die Gamer persönlich in das Spiel involviert sind und die Entscheidung nicht nur für den Spielfortschritt, sondern auch für sich selbst als bedeutsam erachten, weil nur so eine hohe emotionale und moralische Beteiligung erreicht werden kann (Wimmer 2014). Die Plausibilität der Interaktionen mit der Spielwelt und die Glaubwürdigkeit der Begegnungen zwischen Nicht-Spieler-Charakteren (NPCs) sind ebenfalls entscheidend für moralische Entscheidungen, müsste man andernfalls doch mit einer Einschränkung der Immersion der Spielenden rechnen (Zagal 2009). Empirische Studien zum ethischen Lernen in Computerspielen zeigen außerdem, dass die Anwender:innen das Spielgeschehen oft nach moralischen Prinzipien bewerten, die sie aus ihrem Alltag kennen und denen sie Geltung zuschreiben (Witting 2010). Dies geschieht besonders in Situationen, in denen man stark in die Handlung des Spiels eingebunden ist. Wenn es jedoch um den Spielfortschritt geht, findet eine Zuspitzung auf utilitaristische Motive statt (Weßel 2016). Insgesamt sind die emotionalen Reaktionen der Gamer auf Spielsituation und -narration oft entscheidend für ihr moralisches Urteilsvermögen (Ring 2012; Funiok/Ring 2013), doch dazu später.

Schließlich gilt zu beachten, dass die strukturelle Voreingenommenheit von Entscheidungen in Computerspielen dazu führen kann, dass in ethisch relevanten Situationen problematische moralische Stereotype reproduziert werden. Daher sollte bei der Auswahl von moralischen Dilemmata in Computerspielen für pädagogische Zwecke auch der gesellschaftliche Kontext berücksichtigt werden (Rakkomkaew Butt/Dunne 2017). Eine weitere Besonderheit der medienpädagogischen Arbeit mit Computerspielen stellt der Faktor „Unsicherheit" dar, dem speziell mit Blick auf Umwelt- und Klimaschutz besondere Relevanz zuzukommen scheint.

So argumentiert van Schaik, dass Lehrende Unsicherheit tendenziell auszublenden versuchen, weil sie sich ansonsten mit ihren eigenen Grenzen konfrontieren müssten. Da Unsicherheit aber wesentlich zum Leben und insbesondere zum moralischen Urteilen und Handeln dazugehört, sollte ihr im Unterricht ein höherer Stellenwert eingeräumt werden. Das gilt insbesondere für die Umwelt- und Klimaethik, die den handelnden Menschen mit einer Vielzahl an offenen Fragen konfrontiert und zwar sowohl was die inhaltliche Einordnung betrifft – Wie stellt sich die Situation dar? –, als auch mit Blick auf Ressourcen, sinnvolle Strategien und das Verhalten der anderen, speziell deren Bereitschaft zu kooperieren. Da diese Unsicherheiten im „echten" Leben massiven Stress verursachen und in weiterer Folge eher zum Rückzug als zum Engagement veranlassen, ist es sinnvoll, beim Gaming, wo gerade durch Ungewissheit Spannung und Spielmotivation erzeugt werden, Situationen der Unsicherheit aushalten bzw. Stress tolerieren zu lernen (van Schaik 2023). Darüber hinaus verhindert das Erleben von Unsicherheit, die zugelassen werden kann, weil eben keine reale, sondern nur eine spielerische Exposition geschieht, dass Menschen sich nicht – als Abwehrreaktion – hinter monokausalen Erklärungen und rigiden Lösungen verstecken.

Will man Computerspiele mit umwelt- und klimarelevanten Narrativen also sinnvoll im Kontext der moralischen Bildung einsetzen, ist insbesondere auf die durch das Spiel angestoßenen psychischen Dynamiken zu achten. Diese ergeben sich u. a. aus den Handlungsmöglichkeiten, welche sich den Spielenden eröffnen. Für Lehrende ist daher eine intensive Auseinandersetzung mit Storyline, Spielmechanik und den Interaktionen zwischen Gamern und Spiel unabdingbar. Gerade weil aufgrund des fiktionalen Charakters von Computerspielen die Übertragung von Spielerfahrungen auf das „reale" Leben nicht immer einfach ist, kann pädagogisches Handeln erforderlich sein, um diese Übertragung gezielt anzuregen und Reflexionsprozesse zu begleiten (Lippok 2020).

4 Gaming und Emotionen

Eine zentrale Herausforderung der Umwelt- und Klimaethik ist es, dass selbst überzeugende Handlungsgründe nur selten konsequent in Handlungen übersetzt werden, beispielsweise da Interferenzen mit anderen Handlungsmotivationen bestehen. An eben dieser Stelle wird die Bedeutung von Emotionen für die ethische Entscheidungsfindung ersichtlich – und damit das Potenzial, das Computerspielen zur Förderung umwelt- und klimagerechten Handelns mitbringen. Games schaffen es, in Bezug auf die Spielsituation Gefühle zu wecken, neue Perspektiven zu eröffnen und damit einen anderen Zugang zu Umweltthemen aufzubauen (Ackermann/Braun/Freitag 2022).

Eine relevante Empfindung, die das individuelle Handeln in Bezug auf Natur und Klima beeinflussen könnte, ist die Furcht. Auch wenn Furcht in der Regel nicht als moralisches Gefühl gewertet wird, ist ihr im Bezug auf die Umwelt- und Klimaethik eine wichtige Rolle zuzuschreiben. So kann die Angst vor den verheerenden Folgen der Klimakrise dazu führen, dass das eigene Handeln überdacht wird und die Notwendigkeit sich zu engagieren nicht nur auf kognitiver, sondern auch auf emotionaler Ebene nachvollzogen werden kann. Im Alltag können die direkten Konsequenzen des eigenen Tuns auf Umwelt und Klima jedoch nur selten beobachtet werden (Reuschel-Czermak 2012). Anders ist dies bei Computerspielen: Hier besteht die Chance, durch drastische Bilder die Folgen von umwelt- und klimaschädlichem Verhalten darzustellen. Dabei bleibt jedoch zu berücksichtigen, dass allgemeine Gefühle und Eindrücke wie z. B. Furcht meist nicht von langer Dauer sind.

Dazu kommt noch, dass es sich beim menschlichen Handeln um einen komplexen Prozess handelt. Zu Beginn steht, darin kommen die unterschiedlichen Erklärungsmodelle überein, das Bewusstsein, dass Handeln notwendig ist und an dieser Stelle kann die im Gaming stimulierte Furcht vor der Klimakrise positiv verstärkend wirken. Für den nächsten Schritt jedoch, das Begreifen, dass ich selbst (mit)verantwortlich bin, scheint sie schon nicht mehr besonders nützlich zu sein und für Schritt drei, sinnvolle Handlungen identifizieren und als machbar einstufen, sind negative Emotionen sogar schädlich, weil sie tendenziell dazu führen, dass Menschen sich hilflos und gerade nicht als selbstwirksam erleben, was in der Folge eher in einem Rückzug als in Engagement resultiert. Speziell die Angst zu scheitern dürfte sich negativ auf proaktives Handeln auswirken, wohingegen positive Emotionen wie etwa die Freude, den Erwartungen relevanter Dritter entsprochen zu haben, verstärkende Effekte haben (Stern 2000). In der spielerischen Umsetzung von umwelt- und klimaethischen Anliegen sollte der Fokus daher vermutlich weniger auf dem angstvollen Wachrütteln der Gamer als auf Empowerment und positiver Verstärkung liegen.

Eine Chance, die Computerspielen darüber hinaus in Bezug auf die Förderung individueller Kompetenzen zugeschrieben werden kann, ist, dass sie geeignet sind einen Perspektivenwechsel anzustoßen. In diesem Kontext wird die Empathie zu einer relevanten Größe, welche selbstverständlich auch in Bezug auf umweltethische Themen von Bedeutung sein kann. Verstanden als die Fähigkeit oder Disposition, die Gefühle anderer zu erkennen, sie selbst emotional zu empfinden und entsprechend darauf zu reagieren (Plantinga/Smith 1999) schafft Empathie eine Verbindung zwischen Gefühl und Intellekt: Sie umfasst einerseits die Bereitschaft, sich intellektuell in die Situation und die Intentionen anderer hineinzuversetzen, und andererseits die Fähigkeit, Emotionen zu verstehen und selbst nachzufühlen (Reichenbach 2018). „Respekt vor einem Gegenüber, hier der Natur, zu entwickeln und Verantwortung für dieses Gegenüber zu übernehmen, setzt voraus, sich zu demjenigen, dem gegenüber man sich verantwortlich zeigen und verhalten will, in ein Verhältnis zu setzen, in einem Verhältnis zu stehen, dieses als ein solches zu erfahren und schließlich zu reflektieren" (Reuschel-Czermak 2012, S. 75).

Indem Computerspiele Perspektivwechsel ermöglichen und es den Spielenden erlauben, in die Rolle des Anderen, etwa auch in die der nichtmenschlichen Natur, zu schlüpfen, können sie Reflexionsprozesse anstoßen. Interessant erscheint an dieser Stelle auch der Kontrast, der durch die technische Komponente von Gaming aufgemacht wird: Um Empathie und Perspektivenwechsel im Kontext von Umwelt- und Klimathemen zu erfahren, werden technische Geräte ohne „echten" Naturbezug eingesetzt. Das Einfühlen in die außermenschliche Natur und nichtmenschliche Tier erfolgt aus sicherer Distanz und in einer „cleanen" Umgebung. Dies kann durchaus kritisch gesehen werden: Gehen hier möglicherweise wertvolle Erfahrungen verloren? Wie nachhaltig sind die Emotionen, die man im technisch-digitalen Spiel entwickelt? Kann sich hieraus tatsächlich Mitgefühl entwickeln? Diese Fragen scheinen insbesondere deshalb relevant, weil rezente Studien gezeigt haben, dass Menschen in digitalen Kommunikationssituationen weniger spontane Empathie zeigen als in der Face-to-Face-Interaktion (Liu et al. 2007). Da Begegnungen über die Bildschirme digitaler Endgeräte aber immer maßgeblicher den Alltag prägen, sollte dieser Befund Anlass sein, die Möglichkeiten, digitale Empathie zu fördern, intensiv zu beforschen, nicht zuletzt, weil es sich hierbei auch um ein Schlüsselelement handelt, wenn es um die Bekämpfung von Hassrede im Netz und Cybergewalt geht.

Neben der Möglichkeit, Empathie zu wecken, können Computerspiele andererseits gerade aufgrund ihrer Distanz eine positive Wirkung entfalten, indem sie nämlich als sichere Schutzräume fungieren, in denen die Spielenden in unbekannte Rollen schlüpfen und neue Perspektiven auf die Welt erproben können. In dieser virtuellen Umgebung haben die Nutzer:innen die Chance, mit unterschiedlichen Verhaltensweisen zu experimentieren, ohne negative Konsequenzen für ihr „echtes" Leben befürchten zu müssen. Computerspiele können somit als soziale Räume angesehen werden, in denen Menschen „sozial und ethisch relevante Erfahrungen machen können, um sich durch das Probehandeln im Computerspiel selbst reflektieren zu können" (Lippok 2020, S. 198). Will man hier einmal mehr die Brücke zur Medienpädagogik schlagen will, lässt sich daraus ableiten, dass Games, insbesondere wenn es um umweltethische Fragen wie die Interspezies- oder Klimagerechtigkeit geht, gezielt für Lern- und Trainingszwecke, beispielsweise zur Empathieförderung, eingesetzt werden können (Zimprich 2023). Der Lerneffekt müsste dann nicht notwendigerweise im Erproben von Entscheidungssituationen oder im Einüben von moralischem Handeln liegen, sondern im empathischen Erweitern der eigenen Wahrnehmung und des eigenen Horizonts.

5 Gaming und Gesellschaft

Wenn Computerspiele bislang vorwiegend im Kontext der Förderung von Wissen und emotionaler Beteiligung betrachtet wurden, so stand dabei in erster Linie die Handlungskompetenz des Individuums im Fokus. Allerdings nimmt, gerade wenn es um umwelt- und klimaethische Problemstellungen geht, auch die Gesellschaft als Handlungsträgerin eine wichtige Rolle ein, etwa wenn rechtliche Regelungen oder staatliche Subventionen umweltgerechtes Handeln unterstützen sollen. Aber auch soziale Anerkennung und Wertschätzung kann Umwelthandeln anregen. Hier kommen Multiplayer-Spiele und Gaming-Events in den Blick wie das jährlich stattfindende „Green Game Jam", das im Rahmen der Kooperation „Playing For The Planet Alliance" der Vereinten Nationen und der Games-Branche stattfindet. Dabei werden Spielstudios dazu aufgefordert, das Thema Klima und Nachhaltigkeit in ihre Games zu integrieren und so Aufmerksamkeit zu generieren bzw. die Gelegenheit für Anschlusskommunikation zu schaffen (Playing for the Planet 2023).

Gerade weil politische Entscheidungen nicht unabhängig von den einzelnen Bürger:innen getroffen werden, bringen Computerspielende als wesentlicher Teil der sozialen Gesellschaft das Potenzial mit, Einfluss auf politische Prozesse zu nehmen. Zuallererst aber entstehen beim Spielen Reflexionsräume, Strategie- und Simulationsspiele eröffnen neue Sichtweisen. Dabei kommt es im virtuellen Kontext zu einer aktiven, handelnden Auseinandersetzung mit simulierten Situationen, über die insgesamt Lebenserfahrung bereitgestellt wird (Klimmt 2006). Diese steht im digitalen Kontext nicht für sich allein, sondern hat Auswirkungen auf die nicht-digitale Lebensrealität, in der die eigene Gaming-Praxis eine transformative Kraft entfalten kann: Computerspiele sind demnach als performative Medien zu betrachten, die in soziale Welten eingebettet sind, in Interaktion mit diesen treten und sie insofern verändern können (Ackermann 2017).

6   Gaming, Imagination und Imaginationsräume

Computerspiele bieten also – so könnte ein erstes Fazit lauten – eine Reihe an Möglichkeiten, umwelt- und klimagerechtes Handeln zu unterstützen. Entscheidend ist dabei, ob das entsprechende Spiel durch Inhalt, Design und Spielmechanik Reflexionsprozesse anstößt, die geeignet sind, eine größere Sensibilität und Handlungsmotivation zu erzeugen (Mitgutsch/Schrammel 2008). Über die inhaltliche und formale Passung hinaus jedoch ist die Frage relevant, ob das Spiel in sich stimmig ist oder ob der Eindruck entsteht, es sei für moralpädagogische Zwecke instrumentalisiert worden. Denn: „Moralisches Lernen in Computerspielen erfolgt nicht nur durch die moralische Qualität der Spiele, sondern [auch] durch die moralische Qualität des Spielens." (Lippok 2020, S. 202) Damit ethische Reflexionsprozesse angeregt werden können, ist es förderlich, wenn sich Spielende in die Geschichte des Spiels hineinversetzt fühlen (Lippok 2020), diese weiterdenken und imaginieren können.

Die diesbezüglichen Möglichkeiten haben sich im Laufe der Zeit stark verändert. So waren die Spielenden in den digitalen textbasierten Abenteuern wie MUDs (Multi-User Dungeons) oder von analogen Rollenspielen wie Pen-and-Paper-Rollenspielen noch auf die eigene Vorstellungskraft angewiesen, um Räume, Spielfiguren und Handlungen zu imaginieren. In diesen früheren Spielformen waren die visuellen und auditiven Elemente stark begrenzt. Textbeschreibungen skizzierten die Umgebungen, Charaktere und Handlungen. Die Spielenden mussten diese Beschreibungen nutzen, um sich eine Vorstellung von der Spielwelt zu machen. Ihre Vorstellungskraft war der Schlüssel, um eine reichhaltige und lebendige Spielerfahrung zu schaffen. Die Fähigkeit, sich in die Welt des Spiels hineinzuversetzen und sie in Gedanken zu visualisieren, war von entscheidender Bedeutung.

Warum ist die Frage, inwieweit Computerspiele Imagination zulassen, aber überhaupt ethisch relevant? Zunächst einmal kann man Imagination als Fähigkeit beschreiben, die jenseits des unmittelbaren Hier und Jetzt oder sogar jenseits der sinnlichen Erfahrung liegt. Diese Fähigkeit ermöglicht es, die Grenzen der Wahrnehmung zu überwinden und mithilfe von Fantasie und Einbildungskraft auf die Ebene des de facto Gegebenen, über die konkreten, greifbaren Dinge hinauszugehen und sich selbst in Situationen vorstellen, die gegenwärtig nicht existieren und möglicherweise nie existieren werden (Herbrik 2011).

Im Alltag imaginieren wir andauernd und nützen selbstverständlich die sich daraus ergebenden Ressourcen. Menschen entwerfen, planen, träumen, erfinden und füllen Lücken, indem sie Symbole verwenden oder das, was sie nicht wissen, mit Vermutungen und Annahmen ausfüllen. Georg Simmel argumentiert in *Das Geheimnis und die geheime Gesellschaft,* dass Beziehungen zwischen Menschen auf einem Fundament des Wissens übereinander aufbauen, gleichzeitig jedoch das Nichtwissen eine wichtige Rolle im menschlichen Zusammenleben spielt. Wahrnehmung, Vorstellungskraft und Idealisierungskraft beeinflussen das Bild, das Menschen voneinander konstruieren. Diese Vorstellungen können nicht durch sicheres Wissen ersetzt werden (Simmel 1992).

Schütz und Luckmann gehen noch einen Schritt weiter und zeigen auf, dass das Imaginieren in Form eines phantasierenden Vorstellens stark in jedem menschlichen Handlungsprozess präsent ist. Jede nicht-routinemäßige Handlung beginnt mit einem Handlungsentwurf, dessen Ziel zunächst allein in der Vorstellung präsent ist. Diese Vision beeinflusst und lenkt die Handlung. Das Imaginieren ist somit als bedeutsamer Beitrag zur sozialen Konstruktion der Wirklichkeit zu sehen (Schütz/Luckmann 1984), Castoriadis erklärt den Entstehungsprozess von Gesellschaft überhaupt aus dem Imaginären heraus (Castoriadis 1997).

Im Alltag ist es oft nicht erforderlich, das Imaginierte explizit zu machen oder zu reflektieren, besonders wenn es sich um Routinen handelt. Doch wenn die durch das Imaginäre entworfenen Ideen, Fantasien, Pläne und Vorstellungen auch andere Menschen leiten sollen, müssen sie auf irgendeine Weise kommuniziert werden (Plessner 1982). Insofern ist für Welz die Imagination in Bezug auf ethische Orientierung unverzichtbar, vermittelt sie doch mentale Bilder, Metaphern und Erzählungen, die sich – einmal mitgeteilt – unweigerlich auch auf unser Handeln auswirkt und auf diese Weise als (um)gestaltende Kraft zu einer (Neu)Orientierung beitragen können. Die Imagination wird dann zum Motor der Transformation und der ethischen Reflexion, gibt Hoffnung, reduziert Ungewissheit (Welz 2022) und erlaubt uns in Form der Utopie – wie Borchers betont – die Macht des Faktischen zu durchbrechen und uns wieder als selbstwirksame Handlungssubjekte zu begreifen (Borchers 2013) „Ein solcher Raum ist vermutlich wichtiger als je zuvor – denn die Maßnahmen, die notwendig sind zur Minderung der Treibhausgas-Emissionen oder zur Anpassung an das sich ändernde Klima übersteigen die Vorstellungskraft so ziemlich jedes Menschen", schreibt Staud. Diese ‚Vorstellungskluft' („imagination gap") aber könnte das Spielen zu schließen helfen, denn im Unterschied zur Wissenschaft ist es nicht Prinzipien wie Objektivität oder Ausgewogenheit verpflichtet, sondern darf mit Konventionen und Routinen brechen, Menschen irritieren und den Alltag aus einer neuen Perspektive betrachten (Staud 2016).

Imagination eröffnet Gedankenräume, in denen mental etwas „vorgestellt" wird. Räume haben mit Grenzen zu tun, mit der Schaffung von Übergängen, der Konstruktion von Identitäten und möglicherweise auch der Ausübung von Macht. Infolge der postmodernen Kulturtheorie werden sie nicht mehr als natürliche, objektive Entitäten gedacht, sondern als subjektiv und durch kulturelle Kategorisierungen geformt. Sie sind dynamisch, unterliegen kulturellen Verhandlungen und sind in ihrer Abstraktion oft schwer zu fassen. Landkarten und Raummedien unterstützen die menschliche Vorstellung von Räumen, konstruieren imaginäre Räume (Hermann/Laack/Schüler 2015). Die sinnliche Erfahrung von Räumen aber hilft bei der Orientierung in der Welt, Wissensräume können besetzt und soziale Wahrnehmungsräume geformt werden. Diese imaginierten Welten können in materieller Form erlebbar gemacht werden, z. B. durch physische Artefakte und die sinnliche Erfahrung beim Navigieren im Internet oder das Spielen von Computerspielen. Mit dem Fortschritt der Technologie und der Verfügbarkeit von leistungsstarken Computern und Spielekonsolen nahm die Bedeutung selbst generierter Imaginationsräume zunächst ab. Moderne Computerspiele setzen auf beeindruckende Grafiken, realistische Animationen und immersive Soundeffekte. Statt verpixelten Darstellungen, die nur mit viel Fantasie zu lesen waren, können Spielende heute in ebenso gigantische wie detailgenaue 3D-animierte Welten eintauchen.

Darüber hinaus sind die Spielfiguren in diesen Spielen oft mit realistischer Mimik und Gestik ausgestattet, was dazu beiträgt, eine noch tiefere Immersion in die Spielwelt zu schaffen. Die Notwendigkeit, sich Dinge vorzustellen, wird dadurch erheblich reduziert, da die visuellen und auditiven Elemente der Spiele die Vorstellungskraft der Spielenden ersetzen. Dies gilt aber nicht uneingeschränkt. Denn in dem Moment, wo die Spielenden mit einer Dilemmasituation konfrontiert werden, verlangt es ihnen das Spiel ab, einen Moment innezuhalten und nachzudenken. Das Bewusstsein darum, dass die zu treffende Entscheidung das weitere Spielgeschehen maßgeblich beeinflussen wird und nicht rückgängig gemacht werden kann, erzwingt oder – positiv gelesen – ermöglicht diese kurze Denkpause und eröffnet den Raum für die Vorstellung möglicher Handlungsentwürfe. In dieser Reflexionsphase setzen die Spielenden ihre Vorstellungskraft ein, um verschiedene mögliche Szenarien zu antizipieren. Diese Phase der Imagination ähnelt dem Vorstellen, Wünschen, Fürchten und Träumen im alltäglichen Leben und bietet auf diese Weise die Gelegenheit, eine für die ethische Reflexion wie für die moralische Entscheidungsfindung essentielle Fähigkeit zu schulen.

7   Theorie und Praxis

Soweit einige theoretische Überlegungen, wie sich Computerspiele in der Umwelt- und Klimaethik positiv auf die Förderung von moralischem Verhalten auswirken können. Dabei ist deutlich geworden, dass eine Einschätzung insofern schwierig ist, als auf individueller wie auf gesellschaftlicher Ebene zugleich mehrere Herausforderungen adressiert werden müssen, nämlich 1) die aktuelle Situation adäquat wahrnehmen, 2) emotional angemessen reagieren und 3) entsprechend handeln. Im Sinn einer ersten Annäherung wurden daher die unterschiedlichen Forschungsansätze, welche diese Ebenen für sich genommen oder in ihrer Gesamtheit diskutieren, systematisch zusammengeführt. Was aussteht, ist der Bezug zur Praxis, der bisher auf einzelne Verweise beschränkt geblieben ist.

Dies soll nun unter Berücksichtigung einer Studie von Galeote und Hamari nachgeholt werden, die 150 Computerspiele (109 Serious Games und 41 Entertainment Games), die sich thematisch mit dem Klimawandel beschäftigen, untersucht haben. Dabei haben sie 15 Eigenschaften expliziert, die relevant sein können, wenn es darum geht, klimagerechtes Handeln zu fördern. Inwiefern bzw. unter welchen Bedingungen sie das tatsächlich sind, war nicht Gegenstand der Studie und könnte oder müsste daher mithilfe eines geeigneten Designs in einer Follow-up-Studie eigens erhoben werden.

Auch wenn dieser empirische Befund erst einzuholen ist, zeigt sich bereits anhand der Auswertung von Galeote und Hamari, dass die bereits mehrfach angesprochene Qualität des Spielens in der Mehrzahl der Games einen hohen Stellenwert hat. 88 % der Spiele weisen eine Feedback-Orientierung auf und zwar meist in Form von positiven Konsequenzen, 86,67 % kommen ohne lange Erklärungen aus, was mit Blick auf die Klimaethik allerdings problematisch sein kann, da die Komplexität der Zusammenhänge auf diese Weise nicht adäquat abgebildet wird. 78 % der Spiele wurde von Galeote und Hamari das Attribut „Fun", definiert als eine reichhaltige Spielerfahrung, zugesprochen, einzelne Spiele gelten für sie dagegen als zu technisch *(2050 Calculator)* oder überkomplex *(3rd World, Balance of the Planet)*, 77,33 % wurden in einem positiven Sinn als herausfordernd bewertet. Auch wenn die Studie beim Faktor Simulation nur auf 51,33 % kommt, dürften die genannten überdurchschnittlich häufig vorkommenden Merkmale die Immersion der Spielenden ausreichend fördern und damit den Grundstein für Imagination, das Erproben neuer Perspektiven und schließlich auch für ein engagiertes Handeln legen.

Die dafür aber nicht minder zentrale inhaltliche Stringenz scheint bloß bedingt vorhanden zu sein: So verfügen lediglich 51,33 % der Spiele über sinnstiftende Narrative, 30,67 % wurden insofern als bedeutungsvoll eingestuft, als sie die Auswirkungen der Klimakrise auf Menschen und Biodiversität zum Thema machen und 33,33 % können als glaubwürdig gelten, wobei selbst bei den wenigen Games, die in einem Echte-Welt-Szenario spielen, keine Quellen angeführt werden. Etwa die Hälfte der Spiele kann als handlungsmotivierend angesehen werden, insofern sie experimentelles Lernen fördern (68,67 %), über Belohnungssysteme verfügen (65,33 %) – wobei klimagerechtes Handeln in der Regel als einzig sinnvolle Spieloption dargestellt wird –, Effizienz fördern (62 %), den Spielenden fiktive Charaktere mit Entscheidungsgewalt anbieten (58 %) oder durch die Möglichkeit, neue Levels zu erzielen, einen Spielanreiz schaffen (53,33 %). Allerdings definieren lediglich 32 % der Games erreichbare Ziele im Sinn einer direkten Gamifikation des eigenen Lebens. Der Großteil kann das allein deshalb nicht leisten, weil sie in unrealistischen Extrem-Szenarios spielen, soziale Interaktionen schließlich werden in nicht einmal jedem fünften Spiel (18,67 %) gefördert (Galeote/Hamari 2021). Soweit erste Zahlen, welche die zuvor dargestellten theoretischen Zugänge zumindest etwas mehr in die Nähe der Praxis rücken.

Anstatt eines Resümees soll das bis jetzt Skizzierte zum Abschluss aber noch an einem konkreten Computerspiel namens *Frostpunk* erprobt werden: Das Game handelt von einer Zivilisation, die im Jahr 1883 einer alternativen Zeitlinie von einer Eiszeit überrascht wird. Jede Form von Sozialleben kommt unter den Extrembedingungen zum Erliegen. Als Gerüchte in Umlauf geraten, es gäbe im Norden Englands Kohlevorkommen, bricht eine Expedition von London aus auf, um eine neue und womöglich letzte Zuflucht zu finden. Die Gamer schlüpfen dabei in die Rolle der Anführer:innen, in deren Befehlsgewalt nun eine Truppe völlig verzweifelter Menschen steht, die von der Naturgewalt auf ihre bloße Existenz zurückgeworfen wurden. In einer völlig vereisten Umwelt, in der es kaum noch Hoffnung auf ein Überleben gibt, ist der Status des Leaders stets prekär. Treffen die Spielenden (zu viele) falsche Entscheidungen, ist ihr Leben auch aufgrund der ständig drohenden Meuterei in Gefahr. *Frostpunk* zwingt die Gamer daher nicht nur, Unsicherheiten auszuhalten, sondern auch in massiv bedrohlichen Situationen weiterhin rational zu agieren (Schlicker 2018).

Das Game verfügt über ein sinnstiftendes Narrativ, verspricht ein reichhaltiges Spielerlebnis, verleiht den Spielenden Handlungsmacht, zwingt sie zur Effizienz und stellt sie vor zahlreiche moralische Herausforderungen, bei denen es sich großteils um Dilemmata handelt, denn es gibt keine Möglichkeit, die vielen Krisen zu lösen, ohne dass dadurch gravierende Nachteile entstehen würden. Abhängig von den getroffenen Entscheidungen gibt es verschiedene Enden des Spiels. So ist es für die Spielenden unabdingbar, bevor sie eine Entscheidung im Spiel treffen die möglichen Änderungen in ihrem Lager zu imaginieren, um mögliche Folgen abschätzen zu können. Die im „echten" Leben in der Regel als Belastung empfundene Unsicherheit kann lustvoll exploriert werden.

Zugleich ist *Frostpunk* herausfordernd, denn egal, wie die Entscheidungen ausfallen, es gibt stets Akteure im Spiel (NPCs), die Unmut äußern werden. Ob man eine günstige oder ungünstige Wahl getroffen hat, wird nicht unmittelbar aufgelöst. Es zeigt sich erst auf lange Sicht und als Folge vieler Einzelentscheidungen, ob die Spielaufgabe gemeistert wurde. Dafür wird im Spiel einerseits über Feedback eine Rückmeldung zur Güte der Spielentscheidungen gegeben. Andererseits aber verbleibt die Aufmerksamkeit fokussierende Spannung, weil auf eine Spielentscheidung keine direkte Wertung folgt und fordert die Spielenden immer wieder dazu auf, ihre Fähigkeit des „moralischen Imaginierens" anzuwenden, um weitere mögliche Szenarien abschätzen zu können.

Ob bzw. in welchem Maß Spiele wie *Frostpunk* dazu beitragen können, dass die Spielenden im Kontext der Umwelt- und Klimaethik ihre eigene Verantwortung erkennen und stärker ins Handeln kommen, wird mithilfe geeigneter empirischer Zugänge zu hinterfragen sein. Welche Aspekte hierbei eine Rolle spielen könnten, sollte jedoch aus dem bisher Gesagten hervorgegangen sein. Auch wenn die Rolle der Medienpädagogik nicht ausführlich diskutiert werden konnte, empfiehlt es sich – gerade in der Situation der relativen Unsicherheit hinsichtlich der durch das Spielen angestoßenen Wirkungen – selbst in die Rolle der Explorierenden zu schlüpfen und gemeinsam mit den Schüler:innen und Studierenden zu erkunden, anstatt top-down definiertes Wissen weiterzugeben. Unabhängig davon, welches Konzept von Pädagogik man favorisieren mag, scheint das jedenfalls dem Charakter des (gemeinsamen) Spielens am besten gerecht zu werden.

Literatur

Ackermann, Judith und Juchems, Marc 2017. Twitch plays Pokémon als kollektive Let's Play-Performance. In *Phänomen Let´s Play-Video. Entstehung, Ästhetik, Aneignung und Faszination aufgezeichneten Computerspielhandelns*, Hrsg. Judith Ackermann, 119.131. Wiesbaden: Springer Fachmedien.

Ackermann, Judith, Laijana Braun und Rebecca Freitag. 2022. Gaming for Sustainability. Durch Spieldesign Verständnis und Handlungsmotivation im Bereich Nachhaltigkeit stärken. In *Lasst uns spielen! Medienpädagogik und Spielkulturen*, (= Schriften zur Medienpädagogik 58), Hrsg. Martin Geisler et al., 1–15. München: kopaed.

Bartels, Agnetha und Senka Karic. 2023. A gap between talk and action? Engagement junger Menschen im Kontext des Klimawandels. *Voluntaris* 11: 11–24.

Borchers, Dagmar. 2013. Die Technisierung der Mensch-Tier-Beziehungen. In *Technik in Dystopien*, Hrsg. Viviana Chilese und Heinz-Peter Preusser, 209–222. Heidelberg: Universitätsverlag Winter.

Brandt, Matthias. 2022. Infografik: SUV-Anteil erreicht 2021 neuen Rekordwert. *Statista Infografiken*. https://de.statista.com/infografik/19572/anzahl-der-neuzulassungen-von-suv-in-deutschland/.

Castoriadis, Cornelius. 1997. *Gesellschaft als imaginäre Institution. Entwurf einer politischen Philosophie*. 2. Aufl. Frankfurt a. M.: Suhrkamp.

CLIA; IG River Cruise. 2022. Kreuzfahrt: Passagiere aus Deutschland bis 2021. *Statista*. https://de.statista.com/statistik/daten/studie/180388/umfrage/passagiere-von-kreuzfahrten-aus-deutschland/.

Fenner, Dagmar. 2010. *Einführung in die angewandte Ethik*. Tübingen: Francke Verlag.

Funiok, Rüdiger und Sebastian Ring. 2013. Das auch „moralisch" handelnde Subjekt. Ethik und Computerspielen. In *Das handelnde Subjekt und die Medienpädagogik*, Hrsg. Anja Hartung, 207–215. München: koepaed.

Galeote, Daniel Fernández und Hamari, Juho. 2021. Game-based Climate Change Engagement: Analyzing the Potential of Entertainment and Serious Games. *Proceedings of the ACM on Human-Computer Interaction* 5: 1–21.

Herbrik, Regine. 2011. *Die kommunikative Konstruktion imaginärer Welten*. Wiesbaden. Springer.

Hermann, Adrian, Laack, Isabel und Schüler, Sebastian. 2015. Imaginationsräume In *Religion – Imagination – Ästhetik. Vorstellungs- und Sinneswelten in Religion und Kultur*. Hrsg. Anett Wilke und Lucia Traut, 235–269. Göttingen: Vandenhoeck und Ruprecht.

IfD Allensbach. 2023. Naturschutz, Umweltschutz – Interesse in Deutschland 2023. *Statista* https://de.statista.com/statistik/daten/studie/170945/umfrage/interesse-an-naturschutz-und-umweltschutz/.

Lippok, Michael. 2020. Life is about Choices. Moralische Bildung im Rahmen der medienpädagogischen Arbeit mit Computerspielen. In *Spielzeug, Spiele und Spielen*, Hrsg. Volker Mehringer und Wiebke Waburg, 197–213. Wiesbaden: Springer Fachmedien Wiesbaden.

Liu, Xiao, Yoshie Sawada, Takako Takizawa, Hiroko Sato, Mahito Sato, Hironosuke Sakamoto, Toshihiro Utsugi, Kunio Sato, Hiroyuki Sumino, Shinichi Okamura und Tetsuo Sakamaki. 2007. Doctor-Patient Communication: A Comparison between Telemedicine Consultation and Face-to-Face Consultation. *Internal Medicine* 46(5): 227–232. https://doi.org/10.2169/internalmedicine.46.1813.

Mitgutsch, Konstantin und Schrammel, Sabrina 2008. Spielerische Gewalt – Skizze einer ludischen Kultur des Spiels „Counter-Strike". In *Faszination Computerspielen. Theorie – Kultur – Erleben*, Hrsg. Konstantin Mitgutsch und Herbert Rosenstingl, 69–82. Wien: new academic press.

Möller, Ingrid, und Barbara Krahé. 2012. *Mediengewalt als pädagogische Herausforderung. Ein Programm zur Förderung der Medienkompetenz im Jugendalter*. Göttingen: Hogrefe.

NDR. 2023. Umfrage: „Letzte Generation" geht Mehrheit zu weit. https://www.ndr.de/ndrfragt/Umfrage-Letzte-Generation-geht-Mehrheit-zu-weit,ergebnisse1158.html. Zugegriffen: 5. Oktober 2023.

Plantinga, Carl und Smith, Greg. 1999. *Passionate Views. Film, Cognition, and Emotion.* Baltimore: Johns Hopkins University Press.

Playing for the Planet. 2023. *Green Game Jam 2023.* https://greengamejam.playing4theplanet.org/.

Plessner, Helmuth. 1982. *Mit anderen Augen. Aspekte einer philosophischen Anthropologie.* Stuttgart: Reclam.

Rakkomkaew Butt, Mahli-Ann, und Daniel Dunne. 2017. Rebel girls and consequence in Life is Strange and The Walking Dead. *Games and Culture* 14(4). https://doi.org/10.1177/1555412017744695.

Pohl, Kirsten. 2010. Repräsentation von Moral im Computerspiel am Beispiel von Fable. In *Computerspiele – Neue Herausforderungen für die Ethik?* Hrsg. Rafael Capurro und Petra Grimm, 109–125. Stuttgart: Franz Steiner.

Reuschel-Czermak, Christine. 2012. Motivation in der Umweltethik. In *Warum wir handeln: Philosophie der Motivation,* Hrsg. Godehard Brüntrup und Maria Schwartz, 71–108. Stuttgart: Verlag W. Kohlhammer.

Reichenbach, Roland. 2018. Die Herzensbildung und die Erziehung der Gefühle. In *Bildung und Emotion,* Hrsg. Matthias Huber & Sabine Krause, S. 17–40, Wiesbaden: Springer VS.

Ring, Sebastian 2012. Wie kommt die Moral ins Spiel? Spielerdiskurse über moralische Implikationen des Spiels Grand Theft Auto IV. In *Chancen digitaler Medien für Kinder und Jugendliche. Medienpädagogische Konzepte und Perspektiven,* Hrsg. Jürgen Lauffer und Renate Röllecke, 239–250. München: kopaed.

van Schaik, Fiona. 2023. What Happens if…? Uncertainty in Games and Climate Change Education. *Environmental Education Research*: 1–18. https://doi.org/10.1080/13504622.2023.2225811.

Schlicker, Alexander. 2018. Erst das Fressen, dann die Moral. Die Aufbau-Simulation „Frostpunk" macht uns zum eiskalten Survival -Strategen. https://diezukunft.de/review/game/erst-das-fressen-dann-die-moral. Zugegriffen: 5. Oktober 2023.

Schütz, Alfred und Luckmann Thomas. 1984. *Strukturen der Lebenswelt.* Bd 2. Frankfurt a. M.: Suhrkamp.

Schuitema Geertje und Bergstad, Cecilia J. 2019. Acceptability of Environmental Policies. In *Environmental Psychology. An Introduction,* Hrsg. Linda Steg, Agnes E. van den Berg und Judith I. M. de Groot, 255–266. Toronto: John Wiley & Sons Ltd.

Simmel, Georg. 1992. *Soziologie. Untersuchungen über die Formen der Vergesellschaftung.* Gesamtausgabe, Bd II, Frankfurt a. M.: Suhrkamp.

Staud, Toralf. 2016. Was ist „Klimawandelkunst"? Und was kann sie erreichen? https://www.klimafakten.de/meldung/was-ist-klimawandelkunst-und-was-kann-sie-erreichen. Zugegriffen: 5. Oktober 2023.

Stern, Paul C. 2000. New Environmental Theories: Towards a Coherent Theory of Environmentally Significant Behavior. *Journal of Social Issues* 56(3): 407–424.

Welz, Clauda. 2022. Hoffnung(slosigkeit) angesichts von Krieg, Klimakatastrophe und Lebenskrisen: Emotion, Imagination und Orientierung. *Cursor_ Zeitschrift Für Explorative Theologie.* https://cursor.pubpub.org/pub/issue8-welz-hoffnung. Zugegriffen: 5. Oktober 2023.

Weßel, André. 2016. Ethik und Games. Möglichkeiten digitaler Spiele zur Reflexion moralischen Handelns. *Medien + Erziehung* 60(6): 123–134.

Witting, Tanja. 2010. Wie Computerspiele beeinflussen. *AJS Informationen. Analysen, Materialien, Arbeitshilfen zum Jugendschutz* 46(1), 10–16. Online verfügbar unter: www.ajsbw.de/media/files/ajs-info/AJS-Info_1-2010.pdf. Zugegriffen: 29. Oktober 2016.

Wimmer, Jeffrey. 2014. Moralische Dilemmata in digitalen Spielen. *Communicatio Socialis* 47(3): 274–282.

Zagal, Jose P. 2009. Ethically Notable Videogames: Moral Dilemmas and Gameplay. In *Breaking new ground: Innovation in games, play, practice and theory. Proceedings of DiGRA International Conference*, Hrsg. DiGRA. https://pubweb.eng.utah.edu/~zagal/Papers/Zagal-EthicallyNotableVideogames.pdf. Zugegriffen: 5. Oktober 2023.

Zimprich, Thorsten. 2023. Förderung von Empathie in der Gamedesignpraxis: Entwurf einer Schnittstelle von Gamedesignexpertise und Fachexpertise für (Serious) Games mit dem Ziel einer höheren Vergleichbarkeit. *IU Discussion Papers – Design, Architektur & Bau*. https://www.econstor.eu/handle/10419/273715.

MIX
Papier aus verantwortungsvollen Quellen
Paper from responsible sources
FSC® C105338

If you have any concerns about our products,
you can contact us on
ProductSafety@springernature.com

In case Publisher is established outside the EU,
the EU authorized representative is:
Springer Nature Customer Service Center GmbH
Europaplatz 3, 69115 Heidelberg, Germany

Printed by Libri Plureos GmbH
in Hamburg, Germany